建设工程资料填写与组卷系列丛书

# 建筑分项工程资料填写与组卷范例
# 地基基础工程

本书编委会　编

中国建材工业出版社

**图书在版编目(CIP)数据**

建筑分项工程资料填写与组卷范例.地基基础工程/
《建筑分项工程资料填写与组卷范例》编委会编.—北京:
中国建材工业出版社,2008.1
ISBN 978-7-80227-376-4

Ⅰ.建… Ⅱ.建… Ⅲ.①建筑工程-技术档案-档案
管理②地基-基础(工程)-技术档案-档案管理
Ⅳ.TU712 G275.3

中国版本图书馆CIP数据核字(2007)第188969号

## 内 容 提 要

本书依据《建筑工程施工质量验收统一标准》(GB 50300—2001)、并参照北京市《建筑工程资料管理规程》(DBJ 01—51—2003),结合建筑地基与基础工程专业特点,以工程实例的方式,全面介绍了工程资料管理基本常识及建筑地基与基础工程资料的填写与组卷要求。全书内容主要包括工程资料管理概述、地基与基础工程管理、技术与测量资料、地基与基础各分项工程资料、地基与基础工程资料归档管理。

本书可供建筑施工单位各级技术管理人员、工程建设监理人员、质量监理人员使用,也可供工程资料管理人员参考使用。

**建筑分项工程资料填写与组卷范例——地基基础工程**
本书编委会 编

出版发行:中国建材工业出版社
地　　址:北京市西城区车公庄大街6号
邮　　编:100044
经　　销:全国各地新华书店
印　　刷:北京密云红光印刷厂
开　　本:787mm×1092mm 1/16
印　　张:23
字　　数:619千字
版　　次:2008年1月第1版
印　　次:2008年1月第1次
书　　号:ISBN 978-7-80227-376-4
定　　价:45.00元

---

**本社网址:**www.jccbs.com.cn **网上书店:**www.kejibook.com
**本书如出现印装质量问题,由我社发行部负责调换。电话:**(010)88386906
**对本书内容有任何疑问及建议,请与本书责编联系。邮箱:**dayi51@sina.com

# 《建设工程资料填写与组卷系列丛书》

## 主要编写人员所在单位

中国建筑科学研究院
北京市建筑科学研究院
中国建筑工程总公司
中铁建设集团总公司
中建一局集团有限公司
北京建工集团有限公司
北京市政建设集团有限公司
北京城乡建设集团有限公司
北京住总集团有限责任公司
北京城建设计研究总院
北京市政工程设计总院
北京工业设计研究院
北京市建设职工大学
北京市双圆监理咨询公司
北京市方园监理咨询公司

# 建筑分项工程资料填写与组卷范例——地基基础工程

## 编委会

# 前　言

近年来，随着建筑行业的迅猛发展，建筑工程资料发挥着重要的作用。建筑工程资料作为展示工程项目的管理水平和体现规范标准力度的载体，逐渐引起了建筑业主管部门及管理者的重视。建筑工程资料是建筑工程施工过程中形成的各种工程资料，并按照一定原则分类、组卷，最后移交到城建档案部门归档的整个建筑工程的历史纪录，是工程建设不可缺少的技术档案。

但是，现在有很多建筑施工企业，乃至建设单位、监理单位的工程资料管理水平极不平衡，仍存在严重的偏差，例如：对种类繁多、数量巨大、来源广泛的工程资料无法科学地分类；对现行标准规范的了解程度不够，缺乏灵活运用的方式方法；缺乏必要的工程资料管理经验等。同时，广大有志于从事建筑工程行业的人士，很想在短时间内对工程资料的编制与管理有全面了解，但又苦于没有接触工程技术资料的机会。为此，我们组织有关方面的专家学者编写了《建筑分项工程资料填写与组卷范例》系列丛书。

本套丛书包括以下分册：

《地基基础工程》

《主体结构工程》

《装饰装修工程》

《机电安装工程》

《钢结构工程》

丛书主要根据《建筑工程施工质量验收统一标准》(GB 50300—2001)、《建设工程文件归档整理规范》(GB/T 50328—2001)以及建筑工程各分部分项工程的相关标准规范进行编写。整套丛书均以范例的形式进行阐述，具有很强的可读性。而且丛书中还附有大量施工质量验收记录表格，这样可以方便广大建筑工程施工人员及管理人员更好地了解和掌握标准规范的内容和要求。

本套丛书与市面上其他图书比较。主要具有以下特色：

1. 工程资料填写内容和要求标准化：丛书资料充分借鉴了近年来新颁布或修订的建筑工程法规、规范、标准，将新的标准规范与工程资料紧密地结合起来，而且丛书中将工程施工过程中形成的重要资料均一一列出，并归纳总结出了详细的工程资料编制管理与归档要求，参考性很强。

2. 专业分包工程资料管理的标准化：本丛书涵盖了建筑施工中涉及的大多

数专业工程，详细列出不同专业的管理程序、资料组卷、填写内容等(例如，支护、桩基、钢结构、机电安装、装饰装修等)，具有很强的实用性。

3. 资料编目、组卷标准化：丛书结合《建设工程文件归档整理规范》(GB/T 50328—2001)，借鉴许多工程资料管理的编目及组卷方法，推出一套实用性极强的目录，贯穿于每一分册，使内容非常条理化、标准化。

4. 工程资料分类、编号的标准化：尤其是针对施工物资、隐蔽工程验收等资料管理混乱的问题，有了明确的要求，突出了实用性。

在本套丛书编写过程中，我们收集了一些具有较高实用价值的工程资料编制填写实例及相关资料表格，丛书因限于篇幅，没有全部予以采用。为方便读者更好地理解本丛书的内容，以及能参照本丛书的内容更好地进行工程资料编制工作，我们将陆续对收集的部分工程资料编制填写实例及相关表格进行归纳、整理及补充，并放在相关网站上(www.jccbs.com.cn)，以供广大读者免费下载，敬请读者关注。

丛书语言简练、重点突出、内容翔实，且整套丛书编写形式统一，方便使用，具有较强的指导作用和使用价值。丛书适合于工程施工、监理、设计等广大技术人员在编制工程资料时使用。由于编者水平和知识的有限，书中难免会出现错误和疏漏，恳请专家和有关人士批评指正。

丛书编委会

# 目　　录

# 第一章　工程资料管理概述

## 第一节　工程资料的组成

工程资料是指在工程建设过程中形成的各种形式的信息记录，包括基建文件(A类)、监理资料(B类)、施工资料(C类)和竣工图(D类)四大类。工程资料的组成，如图1-1所示。

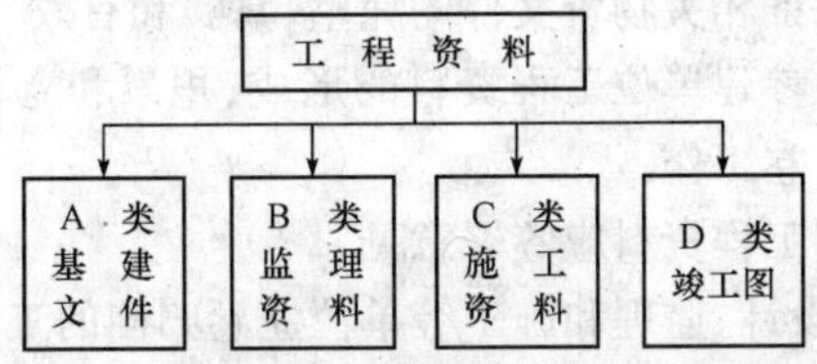


图1-1　工程资料组成示意图

1. 基建文件

建设单位在工程建设过程中形成的文件，分为工程准备文件和竣工验收等文件。

(1)工程准备文件。工程开工以前，在立项、审批、征地、勘察、设计、招标投标等工程准备阶段形成的文件。

(2)竣工验收文件。建设工程项目竣工验收活动中形成的文件。

2. 监理资料

监理单位在工程设计、施工等监理过程中形成的资料。

3. 施工资料

施工单位在工程施工过程中形成的资料。

4. 竣工图

工程竣工验收后，真实反映建设工程项目施工结果的图样。

## 第二节　工程资料管理职责

### 一、通用职责

(1)工程资料的形成应符合国家相关的法律、法规、施工质量验收标准和规范、工程合同与设计文件等规定。

(2)工程各参建单位应将工程资料的形成和积累纳入工程建设管理的各个环节和有关人员的职责范围。

(3)工程资料应随工程进度同步收集、整理并按规定移交。

(4)工程资料应实行分级管理，由建设、监理、施工单位主管(技术)负责人组织本单位工程资料的全过程管理工作。建设过程中工程资料的收集、整理工作和审核工作应有专人负责，并按规定取得相应的岗位资格。

(5)工程各参建单位应确保各自文件的真实、有效、完整和齐全,对工程资料进行涂改、伪造、随意抽撤或损毁、丢失等的,应按有关规定予以处罚,情节严重的,应依法追究法律责任。

## 二、工程各参建单位职责

1. 建设单位职责

(1)应负责基建文件的管理工作,并设专人对基建文件进行收集、整理和归档。

(2)在工程招标及与参建各方签订合同或协议时,应对工程资料和工程档案的编制责任、套数、费用、质量和移交期限等提出明确要求。

(3)必须向参与工程建设的勘察、设计、施工、监理等单位提供与建设工程有关的资料。

(4)由建设单位采购的建筑材料、构配件和设备,建设单位应保证建筑材料、构配件和设备符合设计文件和合同要求,并保证相关物资文件的完整、真实和有效。

(5)应负责监督和检查各参建单位工程资料的形成、积累和立卷工作,也可委托监理单位检查工程资料的形成、积累和立卷工作。

(6)对须建设单位签认的工程资料应签署意见。

(7)应收集和汇总勘察、设计、监理和施工等单位立卷归档的工程档案。

(8)应负责组织竣工图的绘制工作,也可委托施工单位、监理单位或设计单位,并按相关文件规定承担费用。

(9)列入城建档案馆接收范围的工程档案,建设单位应在组织工程竣工验收前,提请城建档案馆对工程档案进行预验收,未取得《建设工程竣工档案预验收意见》的,不得组织工程竣工验收。

(10)建设单位应在工程竣工验收后三个月内将工程档案移交城建档案馆。

2. 勘察、设计单位职责

(1)应按合同和规范要求提供勘察、设计文件。

(2)对须勘察、设计单位签认的工程资料应签署意见。

(3)工程竣工验收,应出具工程质量检查报告。

3. 监理单位职责

(1)应负责监理资料的管理工作,并设专人对监理资料进行收集、整理和归档。

(2)应按照合同约定,在勘察、设计阶段,对勘察、设计文件的形成、积累、组卷和归档进行监督、检查;在施工阶段,应对施工资料的形成、积累、组卷和归档进行监督、检查,使工程资料的完整性、准确性符合有关要求。

(3)列入城建档案馆接收范围的监理资料,监理单位应在工程竣工验收后两个月内移交建设单位。

4. 施工单位职责

(1)应负责施工资料的管理工作,实行技术负责人负责制,逐级建立健全施工资料管理岗位责任制。

(2)应负责汇总各分包单位编制的施工资料,分包单位应负责其分包范围内施工资料的收集和整理,并对施工资料的真实性、完整性和有效性负责。

(3)应在工程竣工验收前,将工程的施工资料整理、汇总完成。

(4)应负责编制两套施工资料,其中移交建设单位一套,自行保存一套。

## 三、城建档案馆职责

(1)应负责接收、收集、保管和利用城建档案的日常管理工作。

(2)应负责对城建档案的编制、整理、归档工作进行监督、检查、指导,对国家和北京市重点、大型工程项目的工程档案编制、整理、归档工作应指派专业人员进行指导。

(3)在工程竣工验收前,应对列入城建档案馆接收范围的工程档案进行预验收,并出具《建设工程竣工档案预验收意见》。

## 第三节　工程资料管理规定与流程

### 一、基建文件管理规定与流程

1. 基建文件管理规定

(1)基建文件必须按有关行政主管部门的规定和要求进行申报、审批,并保证开、竣工手续和文件完整、齐全。

(2)工程竣工验收应由建设单位组织勘察、设计、监理、施工等有关单位进行,并形成竣工验收文件。

(3)工程竣工后,建设单位应负责工程竣工备案工作。按照关于竣工备案的有关规定,提交完整的竣工备案文件,报竣工备案管理部门备案。

2. 基建文件管理流程

基建文件管理流程如图 1-2 所示。

### 二、监理资料管理规定与流程

1. 监理资料管理规定

(1)应按照合同约定审核勘察、设计文件。

(2)应对施工单位报送的施工资料进行审查,使施工资料完整、准确,合格后予以签认。

2. 监理资料管理流程

监理资料管理流程如图 1-3 所示。

### 三、施工资料管理规定与流程

1. 施工资料管理规定

(1)施工资料应实行报验、报审管理。施工过程中形成的资料应按报验、报审程序,通过相关施工单位审核后,方可报建设(监理)单位。

(2)施工资料的报验、报审应有时限性要求。工程相关各单位宜在合同中约定报验、报审资料的申报时间及审批时间,并约定应承担的责任。当无约定时,施工资料的申报、审批不得影响正常施工。

(3)建筑工程实行总承包的,应在与分包单位签订施工合同中明确施工资料的移交套数、移交时间、质量要求及验收标准等。分包工程完工后,应将有关施工资料按约定移交。

2. 施工资料管理流程

(1)施工技术资料管理流程如图 1-4 所示。

(2)施工物资资料管理流程如图 1-5 所示。

(3)施工质量验收记录管理流程如图 1-6 所示。

(4)分项工程质量验收流程如图 1-7 所示。

(5)子分部工程质量验收流程如图 1-8 所示。

(6)分部工程质量验收流程如图 1-9 所示。

(7)工程验收资料管理流程如图 1-10 所示。

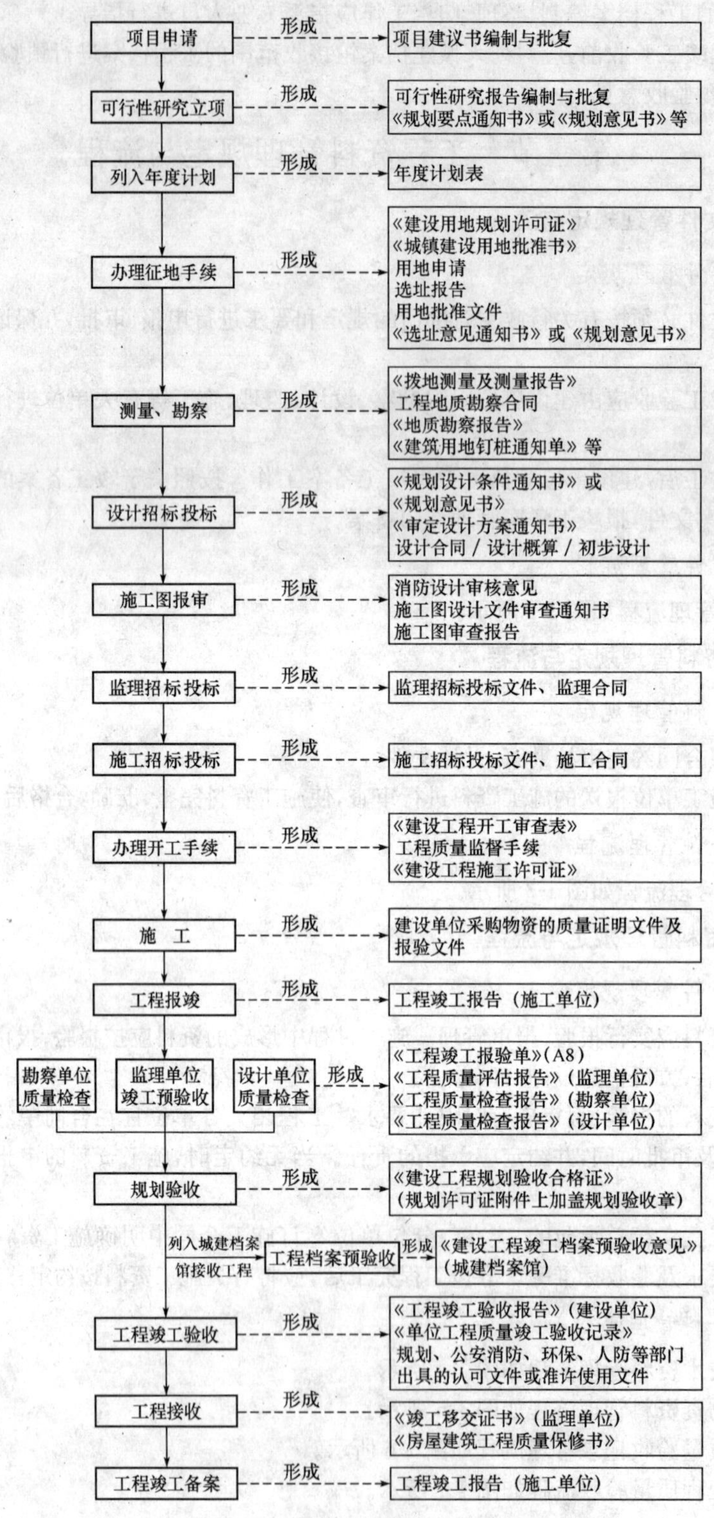


图 1-2　基建文件管理流程

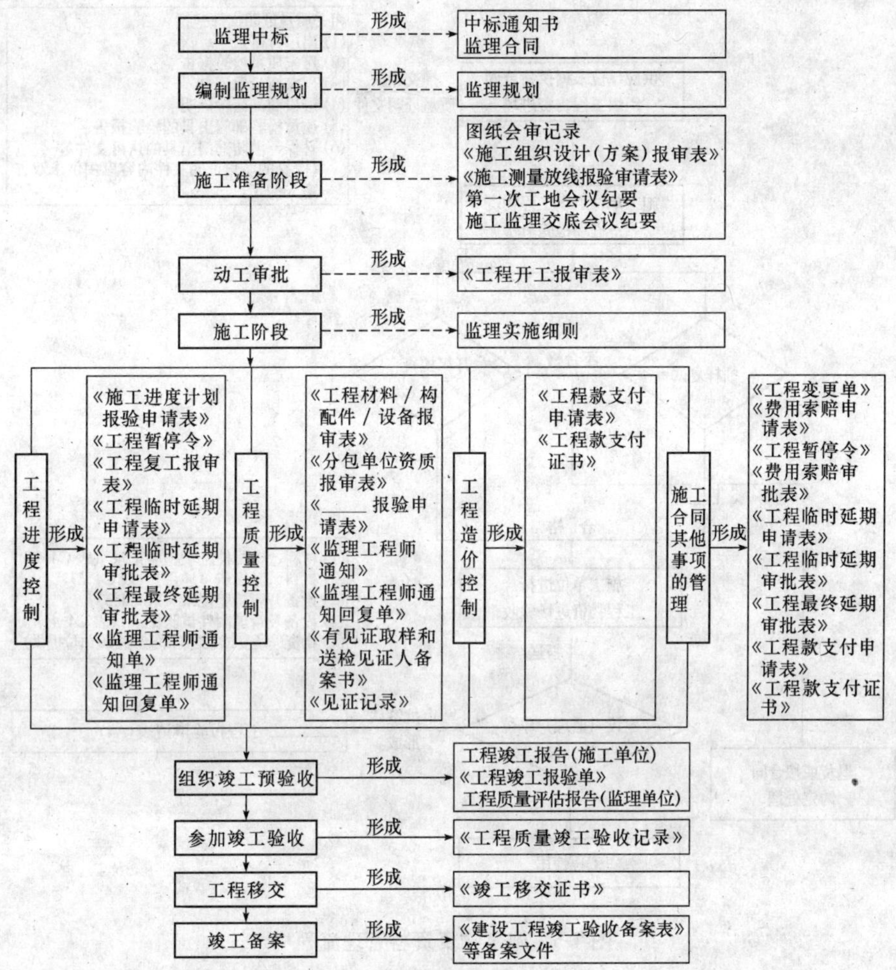


图 1-3　监理资料管理流程

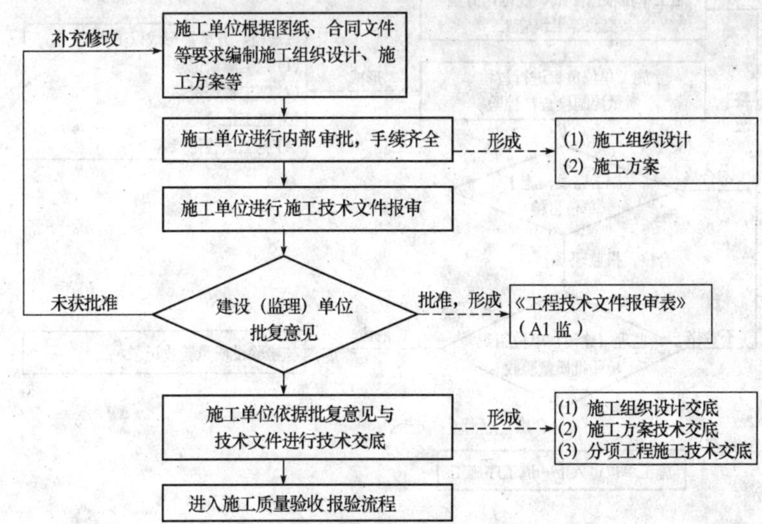


图 1-4　施工技术资料管理流程

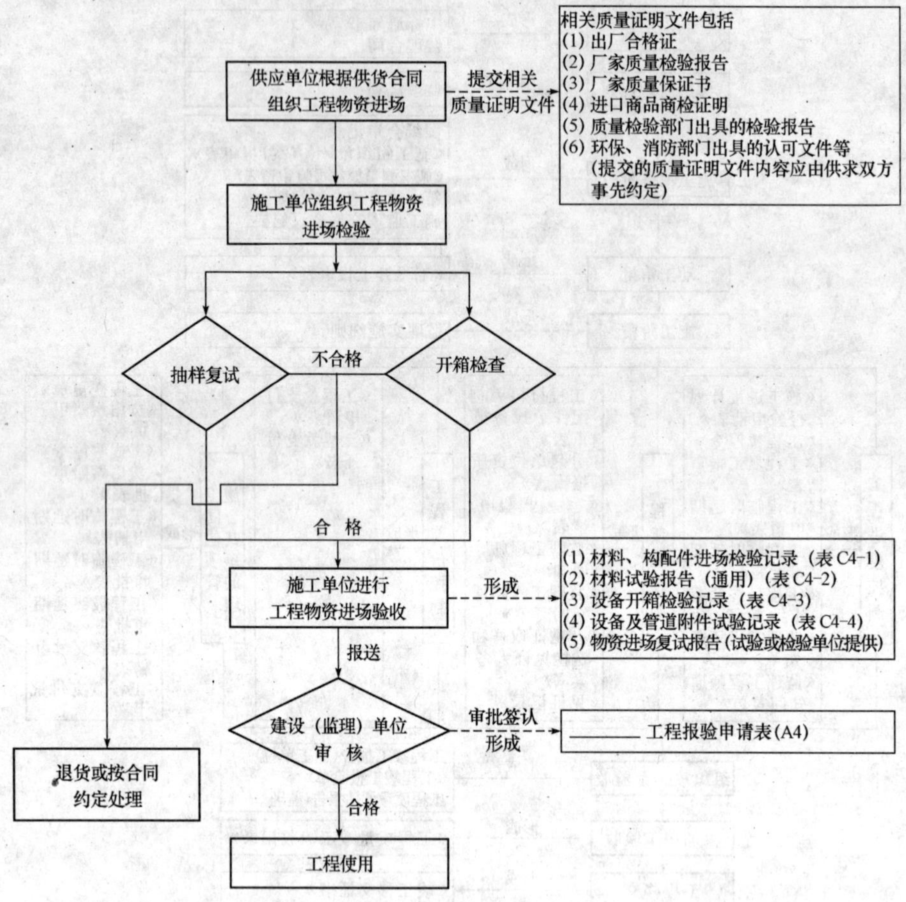


图 1-5 施工物资资料管理流程

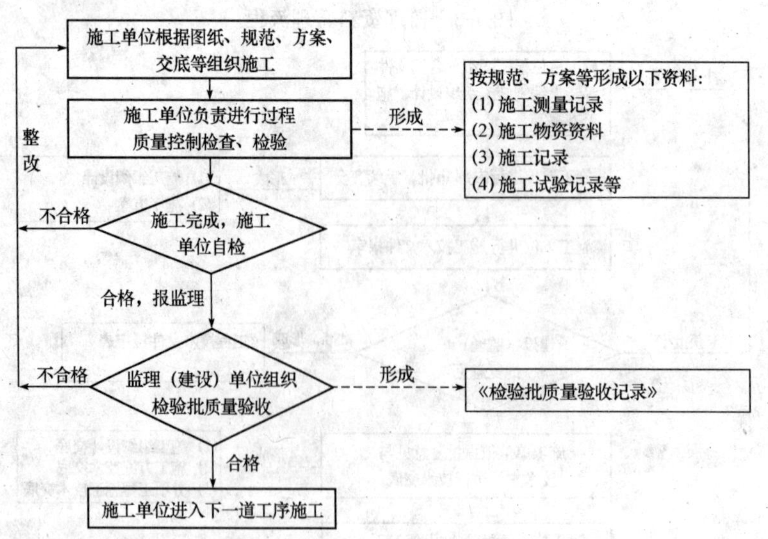


图 1-6 施工质量验收记录管理流程

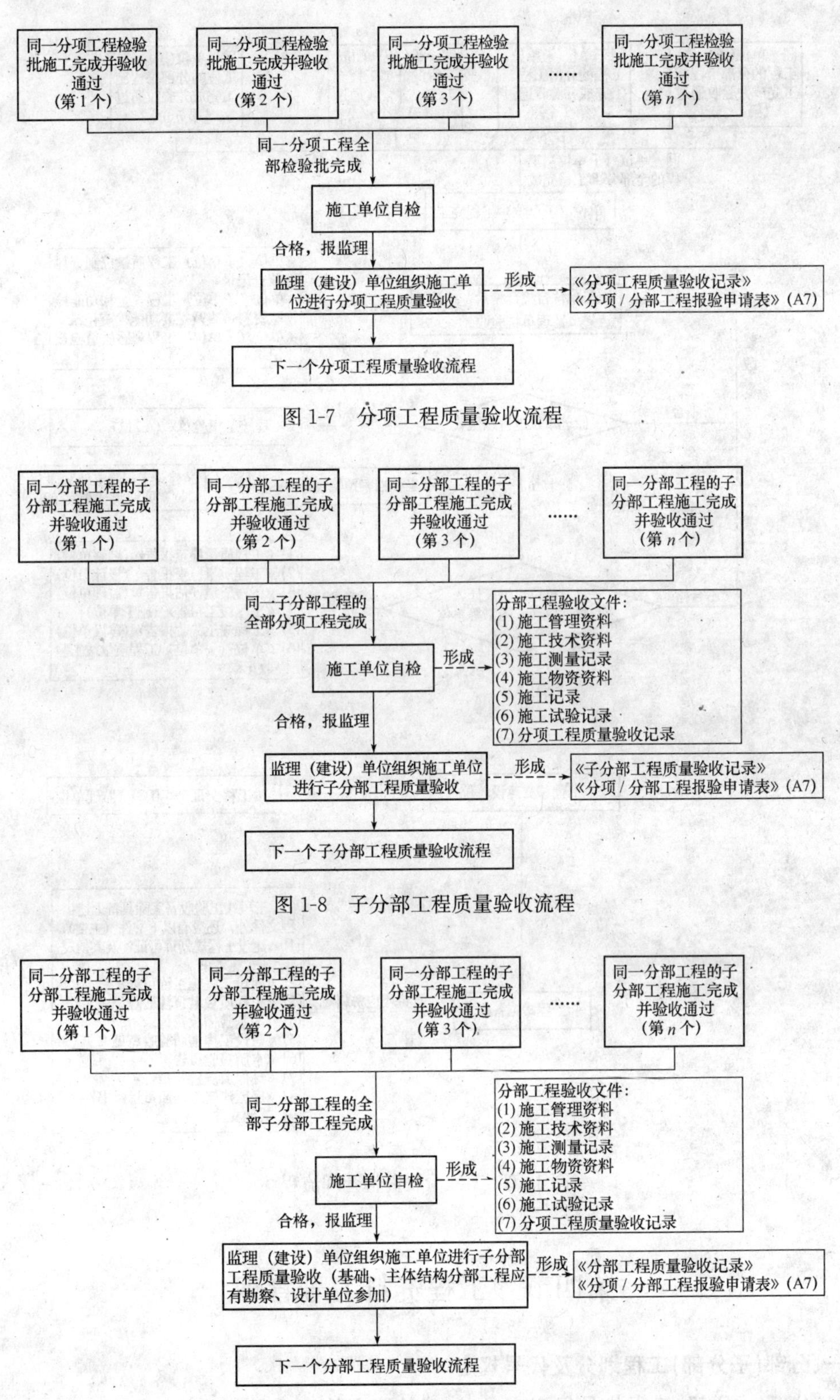


图 1-7　分项工程质量验收流程



图 1-8　子分部工程质量验收流程



图 1-9　分部工程质量验收流程

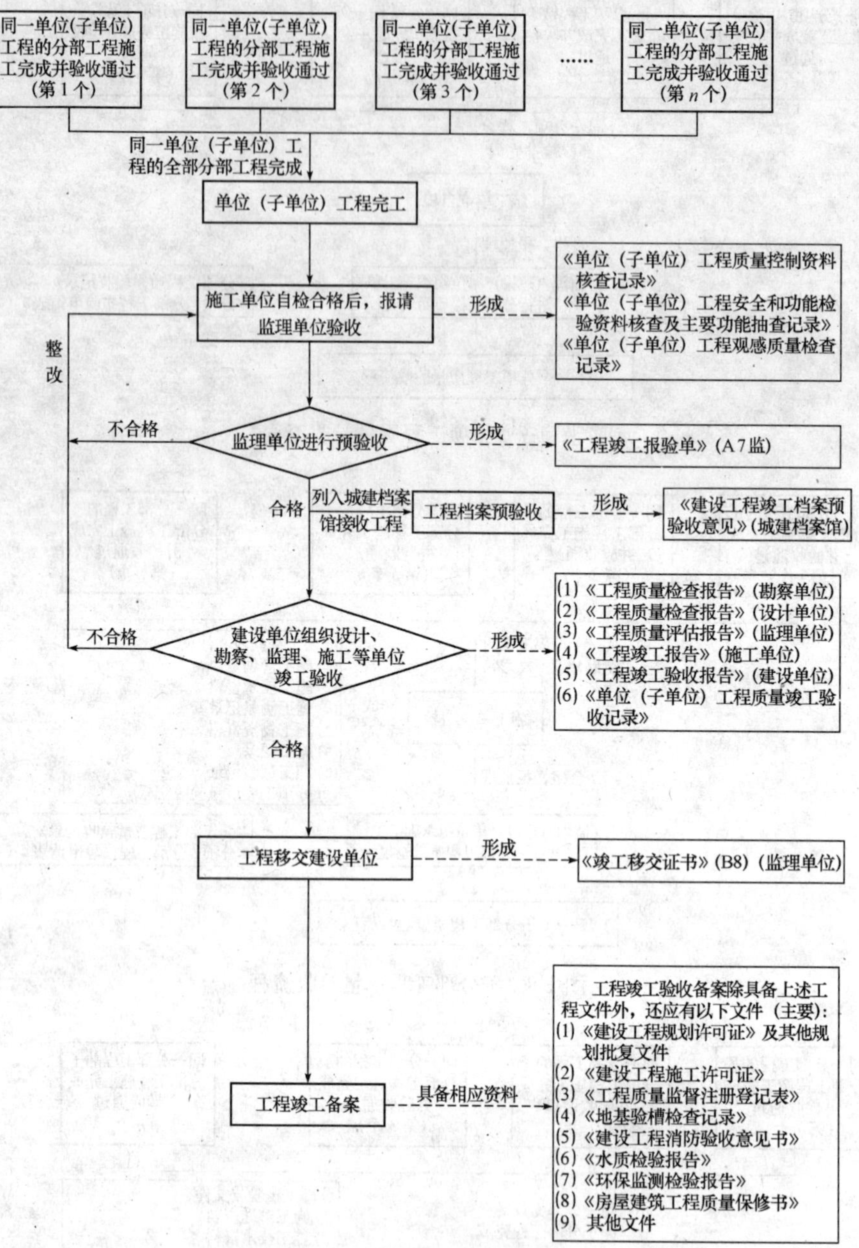


图 1-10　工程验收资料管理流程

# 第四节　工程资料编号管理

## 一、分部(子分部)工程划分及代号规定

(1)分部(子分部)工程代号规定应参考《建筑工程施工质量验收统一标准》(GB 50300—2001)的分部(子分部)工程划分原则与国家质量验收推荐表格编码要求,并结合施工资料分类编

号特点制定。

(2)建筑工程共分为九个分部工程，分部(子分部)工程划分及代号见表 1-1。对于专业化程度高、施工工艺复杂、技术先进的子分部工程应分别单独组卷。须单独组卷的子分部名称及代号见表 1-1。

**表 1-1　　分部(子分部)工程划分及代号**

| 序号 | 分部工程名称 | 分部工程代号 | 应单独组卷的子分部 | 应单独组卷的子分部代号 |
|---|---|---|---|---|
| 1 | 地基与基础 | 01 | 有支护土方 | 02 |
| | | | 地基(复合) | 03 |
| | | | 桩　基 | 04 |
| | | | 钢结构 | 09 |
| 2 | 主体结构 | 02 | 预应力 | 01 |
| | | | 钢结构 | 04 |
| | | | 木结构 | 05 |
| | | | 网架与索膜 | 06 |
| 3 | 建筑装饰装修 | 03 | 幕　墙 | 07 |
| 4 | 建筑屋面 | 04 | | |
| 5 | 建筑给水排水及采暖 | 05 | 供热锅炉及辅助设备 | 10 |
| 6 | 建筑电气 | 06 | 变配电室(高压) | 02 |
| 7 | 智能建筑 | 07 | 通信网络系统 | 01 |
| | | | 建筑设备监控系统 | 03 |
| | | | 火灾报警及消防联动系统 | 04 |
| | | | 安全防范系统 | 05 |
| | | | 综合布线系统 | 06 |
| | | | 环境 | 09 |
| 8 | 通风与空调 | 08 | | |
| 9 | 电　梯 | 09 | | |

## 二、施工资料编号的组成

(1)施工资料编号应填入右上角的编号栏。

(2)通常情况下，资料编号应 7 位编号，由分部工程代号(2 位)、资料类别编号(2 位)和顺序号(3 位)组成，每部分之间用横线隔开。

编号形式如下：

××—××—×××　　　　——→　共 7 位编号

①　　②　　③

①为分部工程代号(共 2 位)，应根据资料所属的分部工程，按表 1-1 规定的代号填写。

②为资料的类别编号(共 2 位)，应根据资料所属类别，按表 1-2 规定的类别编号填写。

③为顺序号(共 3 位)，应根据相同表格、相同检查项目，按时间自然形成的先后顺序号填写。

举例如下：

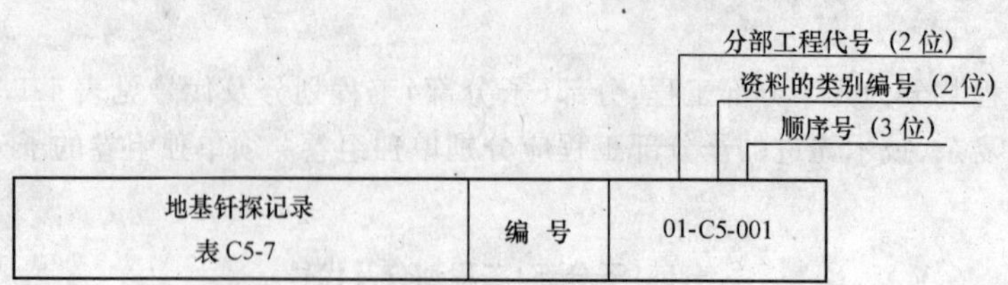


表 1-2　　工程资料分类表

| 类别编号 | 工程资料名称 | 表格编号（或资料来源） | 归档保存单位 | | | |
|---|---|---|---|---|---|---|
| | | | 施工单位 | 监理单位 | 建设单位 | 城建档案馆 |
| **A 类** | **基建文件** | | | | | |
| **A1** | **决策立项文件** | | | | | |
| A1-1 | 项目建议书 | 建设单位 | | | ● | ● |
| A1-2 | 项目建议书的批复文件 | 建设主管部门 | | | ● | ● |
| A1-3 | 可行性研究报告 | 工程咨询单位 | | | ● | ● |
| A1-4 | 可行性报告的批复文件 | 有关主管部门 | | | ● | ● |
| A1-5 | 关于立项的会议纪要、领导批示 | 组织单位 | | | ● | ● |
| A1-6 | 专家对项目的有关建议文件 | 建设单位 | | | ● | ● |
| A1-7 | 项目评估研究资料 | 建设单位 | | | ● | ● |
| **A2** | **建设用地、征地、拆迁文件** | | | | | |
| A2-1 | 征占用地的批准文件和对使用国有土地的批准意见 | 政府有关部门 | | | ● | ● |
| A2-2 | 规划意见书及附图 | 规划部门 | | | ● | ● |
| A2-3 | 建设用地规划许可证、许可证附件及附图 | 规划部门 | | ● | ● | ● |
| A2-4 | 国有土地使用证 | 国有土地管理部门 | | | ● | ● |
| **A3** | **勘察、测绘、设计文件** | | | | | |
| A3-1 | 工程地质勘察报告 | 勘察单位 | ● | ● | ● | ● |
| A3-2 | 水文地质勘察报告 | 勘察单位 | ● | ● | ● | ● |
| A3-3 | 建筑用地钉桩通知单 | 规划部门 | ● | ● | ● | ● |
| A3-4 | 验线通知单 | 规划部门 | ● | ● | ● | ● |
| A3-5 | 规划设计条件通知书及附图 | 规划部门 | | | ● | ● |
| A3-6 | 审定设计方案通知书及附图 | 规划部门 | | | ● | ● |
| A3-7 | 审定设计方案通知书要求，征求有关人防、环保、消防、交通、园林、市政、文物、通讯、保密、河湖、教育等部门的审查意见和要求取得的有关协议 | 有关部门 | | | ● | ● |
| A3-8 | 初步设计图及说明 | 设计单位 | | | ● | |
| A3-9 | 施工图设计及说明 | 设计单位 | | ● | ● | |

续表

| 类别编号 | 工程资料名称 | 表格编号（或资料来源） | 归档保存单位 | | | |
|---|---|---|---|---|---|---|
| | | | 施工单位 | 监理单位 | 建设单位 | 城建档案馆 |
| A3-10 | 设计计算书 | 设计单位 | | | ● | |
| A3-11 | 消防设计审核意见 | 消防局 | | ● | ● | ● |
| A3-12 | 施工图设计文件审查通知书及施工图审查报告 | 规划部门 | | ● | ● | ● |
| **A4** | **工程招投标及承包合同文件** | | | | | |
| A4-1 | 勘察招投标文件 | 建设、勘察单位 | | | ● | |
| A4-2 | 设计招投标文件 | 建设、设计单位 | | | ● | |
| A4-3 | 施工招投标文件 | 建设、施工单位 | ● | ● | ● | |
| A4-4 | 监理招投标文件 | 建设、监理单位 | | ● | ● | |
| A4-5 | 勘察合同 | 建设、勘察单位 | | | ● | |
| A4-6 | 设计合同 | 建设、设计单位 | | | ● | |
| A4-7 | 施工合同 | 建设、施工单位 | ● | ● | ● | |
| A4-8 | 监理合同 | 建设、监理单位 | | ● | ● | |
| **A5** | **工程开工文件** | | | | | |
| A5-1 | 年度施工任务批准文件 | 建设主管部门 | | | ● | ● |
| A5-2 | 修改工程施工图通知书 | 规划部门 | | | ● | ● |
| A5-3 | 建设工程规划许可证、附件及附图 | 规划部门 | ● | ● | ● | ● |
| A5-4 | 建设工程施工许可证 | 规划部门 | ● | ● | ● | ● |
| A5-5 | 工程质量监督手续 | 质量监督机构 | ● | ● | ● | ● |
| **A6** | **商务文件** | | | | | |
| A6-1 | 工程投资估算文件 | 工程造价咨询单位 | | | ● | |
| A6-2 | 工程设计概算 | 工程造价咨询单位 | | | ● | |
| A6-3 | 施工图预算 | 工程造价咨询单位 | ● | ● | ● | |
| A6-4 | 施工预算 | 施工单位 | ● | ● | ● | |
| A6-5 | 工程结(决)算 | 合同双方 | ● | ● | ● | ● |
| A6-6 | 交付使用固定资产清单 | 建设单位 | | | ● | ● |
| A6-7 | 建设工程概况 | | | | ● | ● |
| **A7** | **工程竣工验收及备案文件** | | | | | |
| A7-1 | 建设工程竣工验收备案表 | 建设单位 | ● | ● | ● | ● |
| A7-2 | 工程竣工验收报告 | 建设单位 | ● | ● | ● | ● |
| A7-3 | 由规划、公安消防、人防、环保等部门出具的认可文件或准许使用文件 | 主管部门 | ● | ● | ● | ● |
| A7-4 | 《房屋建筑工程质量保修书》 | 建设与施工单位 | ● | ● | ● | |
| A7-5 | 《住宅质量保证书》、《住宅使用说明书》 | 建设单位 | | | ● | |
| A7-6 | 建设工程规划验收合格证 | 规划部门 | ● | ● | ● | ● |

续表

| 类别编号 | 工程资料名称 | 表格编号（或资料来源） | 归档保存单位 | | | |
|---|---|---|---|---|---|---|
| | | | 施工单位 | 监理单位 | 建设单位 | 城建档案馆 |
| | | | | | | |
| A7-7 | 建设工程竣工档案预验收意见 | 城建档案馆 | | ● | ● | |
| **A8** | **其他文件** | | | | | |
| A8-1 | 合同约定由建设单位采购的材料、构配件和设备的质量证明文件及进场报验文件 | 建设单位 | ● | ● | ● | |
| A8-2 | 工程竣工总结 | 建设单位 | | | ● | ● |
| A8-3 | 工程未开工前的原貌、竣工新貌照片 | 建设单位 | | | ● | ● |
| A8-4 | 工程开工、施工、竣工的录音录像资料 | 建设单位 | | | ● | ● |
| **B类** | **监理资料** | | | | | |
| **B1** | **监理管理资料** | | | | | |
| | 监理规划、监理实施细则 | 监理单位 | | ● | ● | ● |
| | 监理月报 | 监理单位 | | ● | ● | |
| | 监理会议纪要 | 监理单位 | ● | ● | ● | |
| | 监理工作日志 | 监理单位 | | ● | | |
| | 监理工作总结（专题、阶段和竣工总结） | 监理单位 | | ● | ● | ● |
| **B2** | **监理工作记录** | | | | | |
| | 施工组织设计（方案）报审表 | A2表 | ● | ● | ● | |
| | 施工测量放线报验申请表 | A4表 | ● | ● | ● | |
| | 施工进度计划报验申请表 | A4表 | ● | ● | ● | |
| | 工程材料/构配件/设备报审表 | A9表 | ● | ● | ● | |
| | 工程开工报审表 | A1表 | ● | ● | ● | |
| | 分包单位资格报审表 | A3表 | ● | ● | ● | |
| | 分项/分部工程报验申请表 | A4表 | ● | ● | ● | |
| | 工程复工报审表 | A1表 | ● | ● | ● | |
| | 工程变更费用报审表 | | ● | ● | ● | |
| | 费用索赔申请表 | A8表 | ● | ● | ● | |
| | 工程款支付申请表 | A5表 | ● | ● | | |
| | 工程临时延期申请表 | A7表 | ● | ● | ● | |
| | 监理工程师通知回复单 | A6表 | ● | ● | | |
| | 监理工程师通知单 | B1表 | ● | ● | | |
| | 不合格项处置记录 | | ● | ● | ● | |
| | 工程暂停令 | B2表 | ● | ● | ● | |
| | 工程临时延期审批表 | B4表 | ● | ● | ● | |
| | 工程最终延期审批表 | B5表 | ● | ● | ● | |

续表

| 类别编号 | 工程资料名称 | 表格编号（或资料来源） | 归档保存单位 | | | |
|---|---|---|---|---|---|---|
| | | | 施工单位 | 监理单位 | 建设单位 | 城建档案馆 |
| B2 | 费用索赔审批表 | B6表 | ● | ● | ● | |
| | 工程款支付证书 | B3表 | ● | ● | ● | |
| | 旁站监理记录 | | ● | ● | ● | |
| | 质量事故报告及处理资料 | 责任单位 | ● | ● | ● | ● |
| | 见证取样备案文件 | 监理单位 | ● | ● | ● | |
| B3 | **竣工验收资料** | | | | | |
| | 工程竣工报验单 | A10表 | ● | ● | ● | |
| | 竣工移交证书 | | ● | ● | ● | ● |
| | 工程质量评估报告 | 监理单位 | ● | ● | ● | ● |
| B4 | **其他资料** | | | | | |
| | 监理工作联系单 | C1表 | ● | ● | ● | |
| | 工程变更单 | C2表 | | ● | ● | |
| **C类** | **施工资料** | | | | | |
| C0 | **工程管理与验收资料** | | | | | |
| | 工程概况表 | 表C0-1 | ● | | | ● |
| | 建设工程质量事故调(勘)察笔录 | 表C0-2 | ● | ● | ● | ● |
| | 建设工程质量事故报告书 | 表C0-3 | ● | ● | ● | ● |
| | 单位(子单位)工程质量竣工验收记录 | | ● | ● | ● | ● |
| | 单位(子单位)工程质量控制资料核查记录 | | ● | ● | ● | |
| | 单位(子单位)工程安全和功能检查资料核查及主要功能抽查记录 | | ● | ● | ● | |
| | 单位(子单位)工程观感质量检查记录 | | ● | | ● | |
| | 室内环境检测报告 | 检测单位提供 | ● | | ● | |
| | 施工总结 | 施工单位编制 | ● | | ● | ● |
| | 工程竣工报告 | 施工单位编制 | ● | ● | ● | ● |
| C1 | **施工管理资料** | | | | | |
| | 施工现场质量管理检查记录 | 表C1-1 | ● | ● | | |
| | 企业资质证书及相关专业人员岗位证书 | 施工单位提供 | ● | | | |
| | 见证记录 | 监理单位提供 | ● | ● | | |
| | 施工日志 | 表C1-2 | ● | | | |
| C2 | **施工技术资料** | | | | | |
| | 施工组织设计及施工方案 | 施工单位编制 | ● | | | |
| | 技术交底记录 | 表C2-1 | ● | | | |
| | 图纸会审记录 | 表C2-2 | ● | ● | ● | ● |
| | 设计变更通知单 | 表C2-3 | ● | ● | ● | ● |
| | 工程洽商记录 | 表C2-4 | ● | ● | ● | ● |

续表

| 类别编号 | 工程资料名称 | 表格编号（或资料来源） | 归档保存单位 | | | |
|---|---|---|---|---|---|---|
| | | | 施工单位 | 监理单位 | 建设单位 | 城建档案馆 |
| C3 | **施工测量记录** | | | | | |
| | 工程定位测量记录 | 表 C3-1 | ● | ● | ● | ● |
| | 基槽验线记录 | 表 C3-2 | ● | | ● | ● |
| | 楼层平面放线记录 | 表 C3-3 | ● | | | |
| | 楼层标高抄测记录 | 表 C3-4 | ● | | | |
| | 建筑物垂直度、标高测量记录 | 表 C3-5 | ● | | ● | |
| | 沉降观测记录 | 测量单位提供 | ● | ● | ● | ● |
| C4 | **施工物资资料** | | | | | |
| | **通用表格** | | | | | |
| | 材料、构配件进场检验记录 | 表 C4-1 | ● | | | |
| | 材料试验报告(通用) | 表 C4-2 | ● | | ● | |
| | 设备开箱检验记录(机电通用) | 表 C4-3 | ● | | | |
| | 设备及管道附件试验记录(机电通用) | 表 C4-4 | ● | | ● | |
| | **建筑与结构工程** | | | | | |
| | **出厂质量证明文件** | | | | | |
| | 各种物资出厂合格证、质量保证书和商检证等 | 供应单位提供 | ● | | ● | |
| | 半成品钢筋出厂合格证 | 表 C4-5 | ● | | ● | |
| | 预制混凝土构件出厂合格证 | 表 C4-6 | ● | | ● | |
| | 钢构件出厂合格证 | 表 C4-7 | ● | | ● | |
| | 预拌混凝土出厂合格证 | 表 C4-8 | ● | | ● | ● |
| | **检测报告** | | | | | |
| | 钢材性能检测报告 | 供应单位提供 | ● | | ● | ● |
| | 水泥性能检测报告 | 供应单位提供 | ● | | ● | |
| | 外加剂性能检测报告 | 供应单位提供 | ● | | ● | |
| | 防水材料性能检测报告 | 供应单位提供 | ● | | ● | |
| | 砖(砌块)性能检测报告 | 供应单位提供 | ● | | ● | |
| | 门、窗性能检测报告(建筑外窗应有三性检测报告) | 供应单位提供 | ● | | ● | |
| | 吊顶饰面材料性能检测报告 | 供应单位提供 | ● | | ● | |
| | 饰面板材性能检测报告 | 供应单位提供 | ● | | ● | |
| | 饰面石材性能检测报告 | 供应单位提供 | ● | | ● | |
| | 饰面砖性能检测报告 | 供应单位提供 | ● | | ● | |
| | 涂料性能检测报告 | 供应单位提供 | ● | | ● | |
| | 玻璃性能检测报告(安全玻璃应有安全检测报告) | 供应单位提供 | ● | | ● | |
| | 壁纸、墙布防火、阻燃性能检测报告 | 供应单位提供 | ● | | ● | |

续表

| 类别编号 | 工程资料名称 | 表格编号（或资料来源） | 归档保存单位 | | | |
|---|---|---|---|---|---|---|
| | | | 施工单位 | 监理单位 | 建设单位 | 城建档案馆 |
| | 装修用粘结剂性能检测报告 | 供应单位提供 | ● | | ● | |
| | 防火涂料性能检测报告 | 供应单位提供 | ● | | ● | |
| | 隔声/隔热/阻燃/防潮材料特殊性能检测报告 | 供应单位提供 | ● | | ● | |
| | 钢结构用焊接材料检测报告 | 供应单位提供 | ● | | ● | |
| | 高强度大六角头螺栓连接副扭矩系数检测报告 | 供应单位提供 | ● | | ● | |
| | 扭剪型高强螺栓连接副预拉力检测报告 | 供应单位提供 | ● | | ● | |
| | 木结构材料检测报告（含水率、木构件、钢件） | 供应单位提供 | ● | | ● | |
| | 幕墙性能检测报告（三性试验） | 供应单位提供 | ● | | ● | ● |
| | 幕墙用硅酮结构胶检测报告 | 供应单位提供 | ● | | ● | ● |
| | 幕墙用玻璃性能检测报告 | 供应单位提供 | ● | | ● | |
| | 幕墙用石材性能检测报告 | 供应单位提供 | ● | | ● | ● |
| | 幕墙用金属板性能检测报告 | 供应单位提供 | ● | | ● | |
| | 材料污染物含量检测报告（执行GB 50325—2001） | 供应单位提供 | ● | | ● | |
| C4 | **复试报告** | | | | | |
| | 钢材试验报告 | 表C4-9 | ● | | ● | ● |
| | 水泥试验报告 | 表C4-10 | ● | | ● | ● |
| | 砂试验报告 | 表C4-11 | ● | | ● | ● |
| | 碎（卵）石试验报告 | 表C4-12 | ● | | ● | ● |
| | 外加剂试验报告 | 表C4-13 | ● | | ● | ● |
| | 掺合料试验报告 | 表C4-14 | ● | | ● | |
| | 防水涂料试验报告 | 表C4-15 | ● | | ● | |
| | 防水卷材试验报告 | 表C4-16 | ● | | ● | |
| | 砖（砌块）试验报告 | 表C4-17 | ● | | ● | ● |
| | 轻集料试验报告 | 表C4-18 | ● | | ● | |
| | 预应力筋复试报告 | 检测单位提供 | ● | | ● | ● |
| | 预应力锚具、夹具和连接器复试报告 | 检测单位提供 | ● | | ● | |
| | 装饰装修用门窗复试报告 | 检测单位提供 | ● | | ● | |
| | 装饰装修用人造木板复试报告 | 检测单位提供 | ● | | ● | |
| | 装饰装修用花岗石复试报告 | 检测单位提供 | ● | | ● | |
| | 装饰装修用安全玻璃复试报告 | 检测单位提供 | ● | | ● | |

续表

| 类别编号 | 工程资料名称 | 表格编号（或资料来源） | 归档保存单位 | | | |
|---|---|---|---|---|---|---|
| | | | 施工单位 | 监理单位 | 建设单位 | 城建档案馆 |
| C4 | 装饰装修用外墙面砖复试报告 | 检测单位提供 | ● | | ● | |
| | 钢结构金相试验报告 | 检测单位提供 | ● | | ● | ● |
| | 钢结构用钢材复试报告 | 检测单位提供 | ● | | ● | ● |
| | 钢结构用焊接材料复试报告 | 检测单位提供 | ● | | ● | |
| | 钢结构用高强度大六角头螺栓连接副复试报告 | 检测单位提供 | ● | | ● | |
| | 钢结构用扭剪型高强螺栓连接副复试报告 | 检测单位提供 | ● | | ● | |
| | 木结构材料复试报告 | 检测单位提供 | ● | | ● | |
| | 幕墙用铝塑板复试报告 | 检测单位提供 | ● | | ● | ● |
| | 幕墙用石材复试报告 | 检测单位提供 | ● | | ● | ● |
| | 幕墙用安全玻璃复试报告 | 检测单位提供 | ● | | ● | |
| | 幕墙用结构胶复试报告 | 检测单位提供 | ● | | ● | ● |
| | **建筑给水、排水及采暖工程** | | | | | |
| | 管材的产品质量证明文件 | 供应单位提供 | ● | | ● | |
| | 主要材料、设备等的产品质量合格证及检测报告 | 供应单位提供 | ● | | ● | |
| | 绝热材料的产品质量合格证、检测报告 | 供应单位提供 | ● | | ● | |
| | 给水管道材料卫生检测报告 | 供应单位提供 | ● | | ● | |
| | 成品补偿器预拉伸证明书 | 供应单位提供 | ● | | ● | |
| | 卫生洁具环保检测报告 | 供应单位提供 | ● | | ● | |
| | 锅炉（承压设备）焊缝无损探伤检测报告 | 供应单位提供 | ● | | ● | |
| | 水表、热量表的计量检定证书 | 供应单位提供 | ● | | ● | |
| | 安全阀、减压阀的调试报告及定压合格证书 | 分别由试验单位及供应单位提供 | ● | | ● | |
| | 主要器具和设备安装使用说明书 | 供应单位提供 | ● | | ● | |
| | **建筑电气工程** | | | | | |
| | 低压成套配电柜、动力、照明配电箱（盘柜）出厂合格证、生产许可证、试验记录、CCC认证及证书复印件 | 供应单位提供 | ● | | ● | |
| | 电力变压器、柴油发电机组、高压成套配电柜、蓄电池柜、不间断电源柜、控制柜（屏、台）出厂合格证、生产许可证和试验记录 | 供应单位提供 | ● | | ● | |

续表

| 类别编号 | 工程资料名称 | 表格编号（或资料来源） | 归档保存单位 | | | |
|---|---|---|---|---|---|---|
| | | | 施工单位 | 监理单位 | 建设单位 | 城建档案馆 |
| C4 | 电动机、电加热器、电动执行机构和低压开关设备合格证、生产许可证、CCC 认证及证书复印件 | 供应单位提供 | ● | | ● | |
| | 照明灯具、开关、插座、风扇及附件出厂合格证、CCC 认证及证书复印件 | 供应单位提供 | ● | | ● | |
| | 电线、电缆出厂合格证、生产许可证、CCC 认证及证书复印件 | 供应单位提供 | ● | | ● | |
| | 导管、电缆桥架和线槽出厂合格证 | 供应单位提供 | ● | | ● | |
| | 型钢和电焊条合格证和材质证明书 | 供应单位提供 | ● | | ● | |
| | 镀锌制品（支架、横担、接地极、避雷用型钢等）和外线金具合格证和镀锌质量证明书 | 供应单位提供 | ● | | ● | |
| | 封闭母线、插接母线合格证、安装技术文件、CCC 认证及证书复印件 | 供应单位提供 | ● | | ● | |
| | 裸母线、裸导线、电缆头部件及接线端子、钢制灯柱、混凝土电杆和其他混凝土制品合格证 | 供应单位提供 | ● | | ● | |
| | 主要设备安装技术文件 | 供应单位提供 | ● | | ● | |
| | 智能建筑系统工程（执行现行标准、规范） | 专业施工单位提供 | ● | | ● | |
| | **通风与空调工程** | | | | | |
| | 制冷机组等主要设备和部件的产品合格证、质量证明文件 | 供应单位提供 | ● | | ● | |
| | 阀门、疏水器、水箱、分集水器、减震器、储冷罐、集气罐、仪表、绝热材料等出厂合格证、质量证明及检测报告 | 供应单位提供 | ● | | ● | |
| | 板材、管材等质量证明文件 | 供应单位提供 | ● | | ● | |
| | 主要设备安装使用说明书 | 供应单位提供 | ● | | ● | |
| | **电梯工程** | | | | | |
| | 电梯设备开箱检验记录 | 表 C4-19 | ● | | ● | |
| | 电梯主要设备、材料及附件出厂合格证、产品说明书、安装技术文件 | 供应单位提供 | ● | | ● | |
| C5 | **施工记录** | | | | | |
| | **通用表格** | | | | | |
| | 隐蔽工程检查记录 | 表 C5-1 | ● | | ● | ● |
| | 预检记录 | 表 C5-2 | ● | | | |

续表

| 类别编号 | 工程资料名称 | 表格编号（或资料来源） | 归档保存单位 | | | |
|---|---|---|---|---|---|---|
| | | | 施工单位 | 监理单位 | 建设单位 | 城建档案馆 |
| C5 | 施工检查记录（通用） | 表 C5-3 | ● | | | |
| | 交接检查记录 | 表 C5-4 | ● | ● | | |
| | **建筑与结构工程** | | | | | |
| | 基坑支护变形监测记录 | 专业施工单位提供 | ● | | | |
| | 桩（地）基施工记录 | 专业施工单位提供 | ● | | ● | ● |
| | 地基验槽检查记录 | 表 C5-5 | ● | | ● | ● |
| | 地基处理记录 | 表 C5-6 | ● | | ● | ● |
| | 地基钎探记录（应附图） | 表 C5-7 | ● | | ● | ● |
| | 混凝土浇灌申请书 | 表 C5-8 | ● | ● | | |
| | 预拌混凝土运输单 | 表 C5-9 | ● | | | |
| | 混凝土开盘鉴定 | 表 C5-10 | ● | | | |
| | 混凝土拆模申请单 | 表 C5-11 | ● | | | |
| | 混凝土搅拌测温记录表 | 表 C5-12 | ● | | | |
| | 混凝土养护测温记录表（应附图） | 表 C5-13 | ● | | | |
| | 大体积混凝土养护测温记录（应附图） | 表 C5-14 | ● | | | |
| | 构件吊装记录 | 表 C5-15 | ● | | | |
| | 焊接材料烘焙记录 | 表 C5-16 | ● | | | |
| | 地下工程防水效果检查记录 | 表 C5-17 | ● | | ● | |
| | 防水工程试水检查记录 | 表 C5-18 | ● | | ● | |
| | 通风（烟）道、垃圾道检查记录 | 表 C5-19 | ● | | | |
| | 预应力筋张拉记录（一） | 表 C5-20 | ● | | ● | ● |
| | 预应力筋张拉记录（二） | 表 C5-21 | ● | | ● | ● |
| | 有粘结预应力结构灌浆记录 | 表 C5-22 | ● | | ● | ● |
| | 钢结构施工记录 | 专业施工单位提供 | ● | | ● | |
| | 网架（索膜）施工记录 | 专业施工单位提供 | ● | | ● | |
| | 木结构施工记录 | 专业施工单位提供 | ● | | ● | |
| | 幕墙注胶检查记录 | 专业施工单位提供 | ● | | ● | |
| | **电梯工程** | | | | | |
| | 电梯承重梁、起重吊环埋设隐蔽工程检查记录 | 表 C5-23 | ● | | ● | ● |
| | 电梯钢丝绳头灌注隐蔽工程检查记录 | 表 C5-24 | ● | | ● | ● |
| | 电梯导轨、层门的支架、螺栓埋设隐蔽工程检查记录 | 表 C5-25 | ● | | ● | ● |
| | 电梯电气装置安装检查记录（一）、（二）、（三） | 表 C5-26 | ● | | ● | |

续表

| 类别编号 | 工程资料名称 | 表格编号（或资料来源） | 归档保存单位 | | | |
|---|---|---|---|---|---|---|
| | | | 施工单位 | 监理单位 | 建设单位 | 城建档案馆 |
| C5 | 电梯机房、井道预检记录 | 表 C5-27 | ● | | ● | |
| | 自动扶梯、自动人行道安装与土建交接预检记录 | 表 C5-28 | ● | | ● | |
| | 自动扶梯、自动人行道的相邻区域检查记录 | 表 C5-29 | ● | | ● | |
| | 自动扶梯、自动人行道电气装置检查记录（一）、（二） | 表 C5-30 | ● | | ● | |
| | 自动扶梯、自动人行道整机安装质量检查记录 | 表 C5-31 | ● | | ● | |
| C6 | **施工试验记录** | | | | | |
| | **通用表格** | | | | | |
| | 施工试验记录（通用） | 表 C6-1 | ● | | ● | |
| | 设备单机试运转记录（机电通用） | 表 C6-2 | ● | | ● | ● |
| | 系统试运转调试记录（机电通用） | 表 C6-3 | ● | | ● | ● |
| | **建筑与结构工程** | | | | | |
| | 锚杆、土钉锁定力（抗拔力）试验报告 | 检测单位提供 | ● | | ● | |
| | 地基承载力检验报告 | 检测单位提供 | ● | | ● | ● |
| | 桩检测报告 | 检测单位提供 | ● | | ● | ● |
| | 土工击实试验报告 | 表 C6-4 | ● | | ● | ● |
| | 回填土试验报告（应附图） | 表 C6-5 | ● | | ● | ● |
| | 钢筋机械连接型式检验报告 | 技术提供单位提交 | ● | | ● | |
| | 钢筋连接工艺检验（评定）报告 | 检测单位提供 | ● | | ● | |
| | 钢筋连接试验报告 | 表 C6-6 | ● | | ● | ● |
| | 砂浆配合比申请单、通知单 | 表 C6-7 | ● | | | |
| | 砂浆抗压强度试验报告 | 表 C6-8 | ● | | ● | |
| | 砌筑砂浆试块强度统计、评定记录 | 表 C6-9 | ● | | ● | ● |
| | 混凝土配合比申请单、通知单 | 表 C6-10 | ● | | | |
| | 混凝土抗压强度试验报告 | 表 C6-11 | ● | | ● | |
| | 混凝土试块强度统计、评定记录 | 表 C6-12 | ● | | ● | ● |
| | 混凝土抗渗试验报告 | 表 C6-13 | ● | | ● | ● |
| | 混凝土碱总量计算书 | 混凝土供应单位提供 | ● | | ● | ● |
| | 饰面砖粘结强度试验报告 | 表 C6-14 | ● | | ● | |
| | 后置埋件拉拔试验报告 | 检测单位提供 | ● | | ● | |
| | 超声波探伤报告 | 表 C6-15 | ● | | ● | ● |
| | 超声波探伤记录 | 表 C6-16 | ● | | ● | ● |
| | 钢构件射线探伤报告 | 表 C6-17 | ● | | ● | ● |

续表

| 类别编号 | 工程资料名称 | 表格编号（或资料来源） | 归档保存单位 | | | |
|---|---|---|---|---|---|---|
| | | | 施工单位 | 监理单位 | 建设单位 | 城建档案馆 |
| | 磁粉探伤报告 | 检测单位提供 | ● | | ● | ● |
| | 高强螺栓抗滑移系数检测报告 | 检测单位提供 | ● | | ● | |
| | 钢结构焊接工艺评定 | 检测单位提供 | ● | | ● | |
| | 网架节点承载力试验报告 | 检测单位提供 | ● | | ● | |
| | 钢结构涂料厚度检测报告 | 检测单位提供 | ● | | ● | |
| | 木结构胶缝试验报告 | 检测单位提供 | ● | | ● | |
| | 木结构构件力学性能试验报告 | 检测单位提供 | ● | | ● | |
| | 木结构防护剂试验报告 | 检测单位提供 | ● | | ● | |
| | 幕墙双组分硅酮结构胶混匀性及拉断试验报告 | 检测单位提供 | ● | | ● | |
| | **给排水及采暖工程** | | | | | |
| | 灌(满)水试验记录 | 表 C6-18 | ● | | | |
| | 强度严密性试验记录 | 表 C6-19 | ● | | ● | ● |
| | 通水试验记录 | 表 C6-20 | ● | | | |
| | 吹(冲)洗(脱脂)试验记录 | 表 C6-21 | ● | | | |
| | 通球试验记录 | 表 C6-22 | ● | | ● | |
| | 补偿器安装记录 | 表 C6-23 | ● | | | |
| **C6** | 消火栓试射记录 | 表 C6-24 | ● | | ● | ● |
| | 安全附件安装检查记录 | 表 C6-25 | ● | | ● | ● |
| | 锅炉封闭及烘炉(烘干)记录 | 表 C6-26 | ● | | ● | ● |
| | 锅炉煮炉试验记录 | 表 C6-27 | ● | | ● | ● |
| | 锅炉试运行记录 | 表 C6-28 | ● | | ● | ● |
| | 安全阀调试记录 | 试验单位提供 | ● | | ● | ● |
| | **建筑电气工程** | | | | | |
| | 电气接地电阻测试记录 | 表 C6-29 | ● | | ● | ● |
| | 电气防雷接地装置隐检与平面示意图 | 表 C6-30 | ● | | ● | ● |
| | 电气绝缘电阻测试记录 | 表 C6-31 | ● | | ● | |
| | 电气器具通电安全检查记录 | 表 C6-32 | ● | | ● | |
| | 电气设备空载试运行记录 | 表 C6-33 | ● | | ● | |
| | 建筑物照明通电试运行记录 | 表 C6-34 | ● | | ● | |
| | 大型照明灯具承载试验记录 | 表 C6-35 | ● | | ● | |
| | 高压部分试验记录 | 检测单位提供 | ● | | ● | ● |
| | 漏电开关模拟试验记录 | 表 C6-36 | ● | | ● | |
| | 电度表检定记录 | 检定单位提供 | ● | | ● | |
| | 大容量电气线路结点测温记录 | 表 C6-37 | ● | | ● | |

续表

| 类别编号 | 工程资料名称 | 表格编号（或资料来源） | 归档保存单位 | | | |
|---|---|---|---|---|---|---|
| | | | 施工单位 | 监理单位 | 建设单位 | 城建档案馆 |
| C6 | 避雷带支架拉力测试记录 | 表 C6-38 | ● | | ● | |
| | 智能建筑工程(执行现行标准、规范) | 专业施工单位提供 | ● | | ● | |
| | **通风与空调工程** | | | | | |
| | 风管漏光检测记录 | 表 C6-39 | ● | | | |
| | 风管漏风检测记录 | 表 C6-40 | ● | | | |
| | 现场组装除尘器、空调机漏风检测记录 | 表 C6-41 | ● | | | |
| | 各房间室内风量温度测量记录 | 表 C6-42 | ● | | | |
| | 管网风量平衡记录 | 表 C6-43 | ● | | | |
| | 空调系统试运转调试记录 | 表 C6-44 | ● | | ● | ● |
| | 空调水系统试运转调试记录 | 表 C6-45 | ● | | ● | ● |
| | 制冷系统气密性试验记录 | 表 C6-46 | ● | | ● | ● |
| | 净化空调系统测试记录 | 表 C6-47 | ● | | ● | ● |
| | 防排烟系统联合试运行记录 | 表 C6-48 | ● | | ● | ● |
| | **电梯工程** | | | | | |
| | 轿厢平层准确度测量记录 | 表 C6-49 | ● | | ● | |
| | 电梯层门安全装置检验记录 | 表 C6-50 | ● | | ● | ● |
| | 电梯电气安全装置检验记录 | 表 C6-51 | ● | | ● | |
| | 电梯整机功能检验记录 | 表 C6-52 | ● | | ● | ● |
| | 电梯主要功能检验记录 | 表 C6-53 | ● | | ● | |
| | 电梯负荷运行试验记录 | 表 C6-54 | ● | | ● | ● |
| | 电梯负荷运行试验曲线图 | 表 C6-55 | ● | | ● | |
| | 电梯噪声测试记录 | 表 C6-56 | ● | | ● | |
| | 自动扶梯、自动人行道安全装置检验记录(一)、(二) | 表 C6-57 | ● | | ● | |
| | 自动扶梯、自动人行道整机性能、运行试验记录 | 表 C6-58 | ● | | ● | ● |
| C7 | **施工质量验收记录** | | | | | |
| | 结构实体同条件混凝土强度试验报告 | 采用表 C6-11 | ● | ● | ● | |
| | 钢筋保护层厚度试验记录 | 表 C7-1 | ● | ● | ● | |
| | 检验批质量验收记录 | 执行 GB 50300 和专业施工质量验收规范 | ● | ● | | |
| | 分项工程质量验收记录表 | | ● | ● | | |
| | 分部(子分部)工程验收记录表 | | ● | ● | ● | ● |
| D | **竣工图** | 编制单位提供 | ● | | ● | ● |

注：本表的归档保存单位是指竣工后有关单位对工程资料的归档保存，施工过程中工程资料的留存应按有关程序和约定执行。

(3)应单独组卷的子分部工程(表 1-1),资料编号应为 9 位编号,由分部工程代号(2 位)、子分部工程代号(2 位)、资料的类别编号(2 位)和顺序号(3 位)组成,每部分之间用横线隔开。

编号形式如下:

①为分部工程代号(2 位),应根据资料所属的分部工程,按表 1-1 规定的代号填写。

②为子分部工程代号(2 位),应根据资料所属的子分部工程,按表 1-1 规定的代号填写。

③为资料的类别编号,(2 位),应根据资料所属类别,按表 1-2 规定的类别编号填写。

④为顺序号(共 3 位),应根据相同表格、相同检查项目,按时间自然形成的先后顺序号填写。

举例如下:

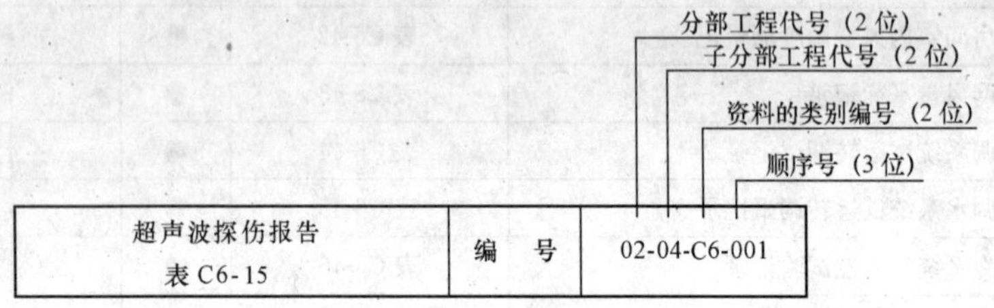


## 三、顺序号填写原则

(1)对于施工专用表格,顺序号应按时间先后顺序,用阿拉伯数字从 001 开始连续标注。

(2)对于同一施工表格(如隐蔽工程检查记录、预检记录等)涉及多个(子)分部工程时,顺序号应根据(子)分部工程的不同,按(子)分部工程的各检查项目分别从 001 开始连续标注。举例如下:

**表 C5-1** **隐蔽工程检查记录**

编号:03-C5-001

| 工程名称 | | | |
|---|---|---|---|
| 隐检项目 | 门窗安装(预埋件、锚固件或螺栓) | 隐检日期 | |

**表 C5-1** **隐蔽工程检查记录**

编号:03-C5-002

| 工程名称 | | | |
|---|---|---|---|
| 隐检项目 | 吊顶安装(龙骨、吊件) | 隐检日期 | |

**表 C5-1** **隐蔽工程检查记录**

编号:03-C5-003

| 工程名称 | | | |
|---|---|---|---|
| 隐检项目 | 轻质隔墙安装(预埋件、连接件或拉结筋) | 隐检日期 | |

无统一表格或外部提供的施工资料,应根据表 1-3,在资料的右上角注明编号,填写要求按照本节前三项规定。

## 四、监理资料编号

(1)监理资料编号应填入右上角的编号栏。

(2)对于相同的表格或相同的文件材料，应分别按时间自然形成的先后顺序从 001 开始，连续标注。

(3)监理资料中的施工测量放线报验申请表、工程材料/构配件/设备报审表应根据报验项目编号，对于相同的报验项目，应分别按时间自然形成的先后顺序从 001 开始，连续标注。

# 第二章　地基基础工程管理与技术资料

## 第一节　工程管理资料

### 一、工程概况表

表 C0-1　　工程概况表

编号：×××

| | | | | |
|---|---|---|---|---|
| 一般情况 | 工程名称 | ××110kV 变电站 | 建设单位 | ××× |
| | 建设用途 | 供变电 | 设计单位 | ××建筑设计院 |
| | 建设地点 | ××区×路××号 | 监理单位 | ××监理公司 |
| | 总建筑面积 | 5840m² | 施工单位 | ××建筑工程公司 |
| | 开工日期 | ××年×月×日 | 竣工日期 | ××年×月×日 |
| | 结构类型 | 框架 | 基础类型 | 筏式 |
| | 层　　数 | 地下一层、地上三层 | 建筑檐高 | 12.6m |
| | 地上面积 | 4755m² | 地下室面积 | 1185m² |
| | 人防等级 | | 抗震等级 | 二级，设防烈度 8 度 |
| 构造特征 | 地基与基础 | 基础为筏式基础，设有地梁 | | |
| | 柱、内外墙 | 柱为 C30 混凝土，围护墙为陶粒砌块和红机砖 | | |
| | 梁、板、楼盖 | 梁板为 C30 混凝土 | | |
| | 外墙装饰 | 浮雕涂料 | | |
| | 内墙装饰 | 耐擦洗涂料 | | |
| | 楼地面装饰 | 大部分为现制水磨石，部分为细石混凝土地面和防静电地板 | | |
| | 屋面构造 | 保温层、找平层、SBS 改性沥青防水卷材层 | | |
| | 防火设备 | 各层均设消火栓箱 | | |
| 机电系统 | | 本工程含动力，照明为直流电源，火灾报警为集中报警装置，本站 380/220V 电源采用 TN－S 系统供电 | | |
| 其他 | | | | |

**《工程概况表》填表说明：**

(1)资料流程：本表由施工单位填写，城建档案馆与施工单位各存一份。

(2)相关规定与要求：工程概况表是对工程基本情况的简述，应包括单位工程的一般情况、构造特征、机电系统等。

(3)注意事项：

1)“一般情况”栏内，工程名称应填写全称，与建设工程规划许可证、施工许可证及施工图纸中的工程名称一致。

2)“构造特征”栏内，应结合工程设计要求，做到重点突出。

3)“机电系统”栏内应简要描述工程机电各系统名称及主要设备参数、容量、电压等级等。

4)“其他”栏内可填写工程的独特特征，或采用的新技术、新产品、新工艺等。

## 二、工程质量事故报告

### 1. 建设工程质量事故调(勘)查笔录

表 C0-2　　建设工程质量事故调(勘)查笔录

编号：×××

| 工程名称 | ××工程 | 日期 | ××年×月×日 | |
|---|---|---|---|---|
| 调(勘)查时间 | ××年×月×日×时×分至×时×分 | | | |
| 调(勘)查地点 | ××区××(工程项目所在地) | | | |
| 参加人员 | 单位 | 姓名 | 职务 | 电话 |
| 被调查人 | ××建筑工程公司 | ××× | 项目经理 | ××××××××× |
| 陪同调(勘)查人员 | ××× | ××× | 施工员 | ××××××××× |
| | ××× | ××× | 质检员 | ××××××××× |
| 调(勘)查笔录 | ××年×月×日在地下一层电梯井群桩基础混凝土施工时，由于混凝土工没有按照混凝土振捣操作规程操作，致使地下一层电梯井群桩基础中有一根桩混凝土发生漏筋、孔洞等质量缺陷 | | | |
| 现场证物照片 | ☑有　□无　共5张　共4页 | | | |
| 事故证据资料 | ☑有　□无　共8张　共5页 | | | |
| 被调查人签字 | ××× | 调(勘)查人 | ××× | |

**《建设工程质量事故调(勘)查记录表》填表说明:**

(1)资料流程:本表由调查人填写,各有关单位保存。

(2)相关规定与要求:建设工程质量事故调(勘)查记录是当工程发生质量事故后,调查人员对工程质量事故进行初步调查了解和现场勘察所形成的记录。

(3)注意事项:

1)填写时应注明工程名称、调查时间、地点、参加人员及所属单位、联系方式等。

2)"调(勘)查笔录"栏应填写工程质量事故发生时间、具体部位、原因等,并初步估计造成的损失。

3)应采用影像的形式真实记录现场情况,作为分析事故的依据。

4)本表应本着实事求是的原则填写,严禁弄虚作假。

2. 建设工程质量事故报告书

表 C0-3　　建设工程质量事故报告书

编号：×××

| 工程名称 | ××工程 | 建设地点 | ××区××路××号 |
|---|---|---|---|
| 建设单位 | ××房地产开发公司 | 设计单位 | ××建筑设计院 |
| 施工单位 | ××建筑工程公司 | 建筑面积($m^2$)<br>工作量(元) | 6321.00$m^2$<br>631.00 万元 |
| 结构类型 | 框架结构 | 事故发生时间 | ××年×月×日 |
| 上报时间 | ××年×月×日 | 经济损失(元) | 2000.00 元 |
| 事故经过、后果与原因分析：<br>××年×月×日在地下一层电梯井群桩基础混凝土施工时，由于混凝土工没有按照混凝土振捣操作规程操作，致使地下一层电梯井群桩基础中有一根桩混凝土发生漏筋、漏石、孔洞等质量缺陷 | | | |
| 事故发生后采取的措施：<br>经研究决定对该桩采取返工处理，重新进行混凝土浇筑 | | | |
| 事故责任单位、责任人及处理意见：<br>事故责任单位：混凝土施工班组<br>责任人：混凝土工<br>处理意见：<br>(1)对直接责任人进行质量意识教育，切实加强混凝土操作规程培训学习及贯彻执行，持证上岗，并处以适当经济处罚。<br>(2)对所在班组提出批评，切实加强过程控制 | | | |

| 负责人 | ××× | 报告人 | ××× | 日期 | ××年×月×日 |
|---|---|---|---|---|---|

**《建设工程质量事故报告书》填表说明：**

(1)资料流程：本表由调查人填写，各有关单位保存。

(2)相关规定与要求：凡工程发生重大质量事故，应按表C0-2～表C0-3的要求进行记载。其中发生事故时间应记载年、月、日、时、分；估计造成损失，指因质量事故导致的返工、加固等费用，包括人工费、材料费和一定数额的管理费；事故情况，包括倒塌情况（整体倒塌或局部倒塌的部位）、损失情况（伤亡人数、损失程度、倒塌面积等）；事故原因，包括设计原因（计算错误、构造不合理等）、施工原因（施工粗制滥造，材料、构配件或设备质量低劣等）、设计与施工的共同问题、不可抗力等；处理意见，包括现场处理情况、设计和施工的技术措施、主要责任者及处理结果。

(3)注意事项：本表应本着实事求是的原则填写，严禁弄虚作假。

## 三、施工现场质量管理检查记录

**表 C1-1** 施工现场质量管理检查记录

编号：×××

<table>
<tr><td>工程名称</td><td colspan="5">××工程</td></tr>
<tr><td>开工日期</td><td colspan="2">××年×月×日</td><td>施工许可证(开工证)</td><td colspan="2">×××</td></tr>
<tr><td>建设单位</td><td colspan="2">××集团公司</td><td>项目负责人</td><td colspan="2">×××</td></tr>
<tr><td>设计单位</td><td colspan="2">××建筑设计院</td><td>项目负责人</td><td colspan="2">×××</td></tr>
<tr><td>监理单位</td><td colspan="2">××监理公司</td><td>总监理工程师</td><td colspan="2">×××</td></tr>
<tr><td>施工单位</td><td>××建筑工程公司</td><td>项目经理</td><td>×××</td><td>项目技术负责人</td><td>×××</td></tr>
<tr><td>序号</td><td colspan="2">项　　目</td><td colspan="3">内　　容</td></tr>
<tr><td>1</td><td colspan="2">现场质量管理制度</td><td colspan="3">质量例会制度；月评比及奖罚制度；三检及交接检制度；质量与经济挂钩制度</td></tr>
<tr><td>2</td><td colspan="2">质量责任制</td><td colspan="3">岗位责任制；设计交底会制；技术交底制；挂牌制度</td></tr>
<tr><td>3</td><td colspan="2">主要专业工种操作上岗证书</td><td colspan="3">测量工、钢筋工、起重工、木工、混凝土工、电焊工、架子工等主要专业工种操作上岗证书齐全</td></tr>
<tr><td>4</td><td colspan="2">分包方资质与分包单位的管理制度</td><td colspan="3">—</td></tr>
<tr><td>5</td><td colspan="2">施工图审查情况</td><td colspan="3">审查报告及审查批准书××设××号</td></tr>
<tr><td>6</td><td colspan="2">地质勘察资料</td><td colspan="3">地质勘探报告</td></tr>
<tr><td>7</td><td colspan="2">施工组织设计、施工方案及审批</td><td colspan="3">施工组织设计编制、审核、批准齐全</td></tr>
<tr><td>8</td><td colspan="2">施工技术标准</td><td colspan="3">有模板、钢筋、混凝土灌注等 20 多种</td></tr>
<tr><td>9</td><td colspan="2">工程质量检验制度</td><td colspan="3">有原材料及施工检验制度；抽测项目的检验计划</td></tr>
<tr><td>10</td><td colspan="2">搅拌站及计量设置</td><td colspan="3">有管理制度和计量设施精确度及控制措施</td></tr>
<tr><td>11</td><td colspan="2">现场材料、设备存放与管理</td><td colspan="3">钢材、砂石、水泥及玻璃、地面砖的管理办法</td></tr>
<tr><td>12</td><td colspan="2"></td><td colspan="3"></td></tr>
<tr><td colspan="6">检查结论：<br><br>施工现场质量管理制度完整，符合要求，工程质量有保障<br><br>总监理工程师：×××<br>（建设单位项目负责人）　　　　××年×月×日</td></tr>
</table>

**《施工现场质量管理检查记录表》填表说明：**

(1)资料流程：本表由施工单位填写，施工单位、监理单位各保存一份。

(2)相关规定与要求：

1)建筑工程项目经理部应建立质量责任制度及现场管理制度；健全质量管理体系；制定施工技术标准；审查资质证书、施工图、地质勘察资料和施工技术文件等。

2)施工单位应按规定填写《施工现场质量管理检查记录》(表C1-1)，报项目总监理工程师(或建设单位项目负责人)检查，并做出检查结论。

3)当项目管理有重大调整时，应重新填写。

(3)注意事项：

1)表中各单位名称应填写全称，与合同或协议书中名称一致。

2)检查结论应明确，不应采用模糊用语。

## 四、施工日志

表 C1-2　　　　施工日志

编号：×××

| 时间 | 天气状况 | 风力 | 最高/最低温度 | 备注 |
|---|---|---|---|---|
| 白天 | 晴 | 2～3 级 | 24℃/19℃ | |
| 夜间 | 晴 | 1～2 级 | 17℃/8℃ | |

生产情况记录(施工部位、施工内容、机械作业、班组工作、生产存在问题等)：

地下二层

(1)Ⅰ段(①～⑬/Ⓐ～Ⓙ轴)顶板钢筋绑扎，埋件固定，塔吊作业，型号××，钢筋班组 15 人，组长：×××。

(2)Ⅱ段(⑭～⑲/Ⓐ～Ⓙ轴)梁开始钢筋绑扎，塔吊作业，型号××，钢筋班组 18 人。

(3)Ⅲ段(⑲～㉘/Ⓑ～Ⓕ轴)该部位施工图纸由设计单位提出修改，待设计通知单下发后，组织相关人员施工。

(4)Ⅳ段(㉘～㊶/Ⓑ～Ⓖ轴)剪力墙、柱模板安装，塔吊作业，型号××，木工班组 21 人。

(5)发现问题：Ⅰ段顶板(①～⑬/Ⓐ～Ⓙ轴)钢筋保护层厚度不够，马镫铁间距未按要求布置

技术质量安全工作记录(技术质量安全活动、检查评定验收、技术质量安全问题等)：

(1)建设、设计、监理、施工单位在现场召开技术质量安全工作会议，参加人员：×××(职务)等。

会议决定：

1)±0.000 以下结构于×月×日前完成。

2)地下三层回填土×月×日前完成，地下二层回填土×月×日前完成。

3)对施工中发现问题(××××××问题)，立即返修，整改复查，符合设计、规范要求。

(2)安全生产方面：由安全员带领 3 人巡视检查，主要是“三宝、四边、五临边”，检查全面到位，无隐患。

(3)检查评定验收：各施工班组施工工序合理、科学，Ⅱ段(⑭～⑲/Ⓐ～Ⓙ轴)梁、Ⅳ段(㉘～㊶/Ⓑ～Ⓖ轴)剪力墙、柱予以验收，实测误差达到规范要求。

参加验收人员

监理单位：×××(职务)等

施工单位：×××(职务)等

| 记录人 | ××× | 日期 | ××年×月×日　　星期× |
|---|---|---|---|

**《施工日志》填表说明：**

(1)资料流程：本表由施工单位填写并保存。

(2)相关规定与要求：

1)施工日志是施工活动的原始记录，是编制施工文件、积累资料、总结施工经验的重要依据，由项目技术负责人具体负责。

2)施工日志应以单位工程为记载对象。从工程开工起至工程竣工止，按专业指定专人负责逐日记载，并保证内容真实、连续和完整。

3)施工日志可以采用计算机录入、打印，也可按规定样式手工填写，并装订成册，必须保证字迹清晰、内容齐全，由各专业负责人签字。

(3)注意事项：施工日志填写内容应根据工程实际情况确定，一般应含工程概况、当日生产情况、技术质量安全情况、施工中发生的问题及处理情况、各专业配合情况、安全生产情况等。

## 五、见证取样和送检管理资料

1. 有见证取样和送检见证人备案书

# 有见证取样和送检见证人备案书

××市建设工程质量监督站：

××建筑工程试验室：

我单位决定，由×××同志担任××大厦工程有见证取样和送检见证人。有关的印章和签字如下，请查收备案。

| 有见证取样和送检印章 | 见证人签字 |
| --- | --- |
| ××监理公司<br>有见证取样和送检印章 | ×××<br>××× |

建设单位名称（盖章）：××集团公司　　××年×月×日

监理单位名称（盖章）：××监理公司　　××年×月×日

施工项目负责人签字：×××　　××年×月×日

**《有见证取样和送检见证人备案书》填写说明：**

(1)相关规定与要求：

1)见证人一般由施工现场监理人员担任，施工和材料、设备供应单位人员不得担任。

2)工程见证人确定后，由建设单位向该工程的监督机构递交备案书进行备案，如见证人更换须办理变更备案手续。

3)所取试样必须送到有相应资质的检测单位。

(2)注意事项：见证人员必须由责任心强、工作认真的人担任。

2. 见证记录

# 见 证 记 录

编号：×××

工程名称：××大厦

取样部位：地下二层②～③/Ⓒ～Ⓓ轴顶板梁

样品名称：混凝土标养试块　　取样数量：一组

取样地点：施工现场　　取样日期：××年×月×日

见证记录：

**见证取样取自06号罐车。试块上已作明标识。**

有见证取样和送检印章：

| ××监理公司 |
|---|
| 有见证取样和送检印章： |

取 样 人 签 字：×××

见 证 人 签 字：×××

**《见证记录》填写说明：**

(1)相关规定与要求：

1)施工过程中，见证人应按照事先编写的见证取样和送检计划进行取样及送检。

2)试样上应做好样品名称、取样部位、取样日期等标识。

3)单位工程有见证取样和送检次数不得少于试验总数的30%，试验总次数在10次以下的不得少于2次。

4)送检试样应在施工现场随机抽取，不得另外制作。

(2)注意事项：见证人员及检测人员必须对所取试样实事求是，不许弄虚作假，否则应承担相应的法律责任。

3. 有见证试验汇总表

# 有见证试验汇总表

工程名称：××大厦

施工单位：××建筑工程公司

建设单位：××集团公司

监理单位：××监理公司

见 证 人：×××

试验室名称：××建筑工程试验室

| 试验项目 | 应送试总次数 | 有见证试验次数 | 不合格次数 | 备注 |
|---|---|---|---|---|
| 混凝土试块 | 65 | 27 | 0 | |
| 砌筑砂浆试块 | 20 | 8 | 0 | |
| 钢筋原材 | 42 | 15 | 0 | |
| 直螺纹钢筋接头 | 20 | 8 | 0 | |
| SBS 防水卷材 | 5 | 3 | 0 | |
| | | | | |
| | | | | |

施工单位：××建筑工程公司　　　　制表人：×××

填制日期：××年×月×日

**《有见证试验汇总表》填写说明：**

(1)相关规定与要求：

1)本表由施工单位填写，并纳入工程档案。

2)见证取样及送检资料必须真实、完整，符合规定，不得伪造、涂改或丢失。

3)如试验不合格，应加倍取样复试。

(2)注意事项：

1)"试验项目"指规范规定的应进行见证取样的某一项目。

2)"应送试总次数"指该项目按照设计、规范、相关标准要求及试验计划应送检的总次数。

3)"有见证取样次数"指该项目按见证取样要求的实际试验次数。

## 第二节　施工技术资料

### 一、施工组织设计与施工方案

(1)单位工程施工组织设计应在正式施工前编制完成，并经施工企业单位的技术负责人审批。

(2)规模较大、工艺复杂的工程，群体工程或分期出图工程，可分阶段报批施工组织设计。

(3)主要分部(分项)工程、工程重点部位、技术复杂或采用新技术的关键工序应编制专项施工方案。冬、雨期施工应编制季节性施工方案。

(4)施工组织设计及施工方案编制内容应齐全，施工单位应首先进行内部审核，并填写《工程技术文件报审表》(A1监)报监理单位批复后实施。发生较大的施工措施和工艺变更时，应有变更审批手续，并进行交底。

### 二、技术交底记录

**表 C2-1**　　技术交底记录

编号：×××

| 工程名称 | ××大厦 | 交底日期 | ××年×月×日 |
|---|---|---|---|
| 施工单位 | ××建筑公司 | 分项工程名称 | 预压地基 |
| 交底提要 | 预压地基施工技术交底 | | |

交底内容：

一、适用范围

本施工技术交底适用于采用预压法处理饱和匀质黏性土及含薄层砂夹层的黏性土，特别适用于新淤填土、超软土地基的加固施工和质量验收。

二、施工准备

1. 材料质量要求

(1)竖向排水体材料。

1)普通砂井。中、粗砂，含泥量不大于3%。

2)袋装砂井。装砂袋编织材料要求有良好的透水、透气性，一定的耐腐蚀、抗老化性能，装砂不易漏失，应有足够的抗拉强度，能承受袋内装砂自重和弯曲产生的拉力。一般选用聚丙烯编织布、玻璃丝纤维布、黄麻布、再生布等。

3)打设砂井孔的钢管内径宜略大于砂井直径，以减少施工过程中对地基土的扰动。

4)塑料排水板。要求滤网膜渗透性好，与黏土接触后，滤网膜渗透系数不低于中粗砂，排水沟槽输水畅通，不因受土压力作用而减小。不同型号塑料排水带厚度见表1，塑料排水带的性能见表2，根据插入深度选用排水带型号见表2下注。

(2)真空预压密封膜。采用抗老化性能好、韧性好、抗穿刺能力强的不透气材料。

(3)堆载材料。一般以散料为主，如土、砂、石子、砖、石块等；大型油罐、水池地基，以充水对地基实施预压。

**表 1**　　不同型号塑料排水带的厚度

| 型　号 | A | B | C | D |
|---|---|---|---|---|
| 厚度(mm) | >3.5 | >4.0 | >4.5 | >6 |

| 审核人 | ××× | 交底人 | ××× | 接受交底人 | ××× |
|---|---|---|---|---|---|

表 C2-1

## 技术交底记录

编号：×××

| 工程名称 | ××大厦 | 交底日期 | ××年×月×日 |
| --- | --- | --- | --- |
| 施工单位 | ××建筑公司 | 分项工程名称 | 预压地基 |
| 交底提要 | 预压地基施工技术交底 | | |

交底内容：

表 2　塑料排水带的性能

| 项　目 | | 单　位 | A 型 | B 型 | C 型 | 条　件 |
| --- | --- | --- | --- | --- | --- | --- |
| 纵向通水量 | | $cm^3/s$ | ≥15 | ≥25 | ≥40 | 侧压力 |
| 滤膜渗透系数 | | cm/s | | $\geq 5\times10^{-4}$ | | 试件在水中浸泡 24 小时 |
| 滤膜等效孔径 | | μm | | <75 | | 以 $D_{98}$ 计，$D$ 为孔径 |
| 复合体抗拉强度（干态） | | kN/10cm | ≥1.0 | ≥1.3 | ≥1.5 | 延伸率 10%时 |
| 滤膜抗拉强度 | 干态 | N/cm | ≥15 | ≥25 | ≥30 | 延伸率 10%时 |
| | 湿态 | | ≥10 | ≥20 | ≥25 | 延伸率 15%时，试件在水中浸泡 24 小时 |
| 滤膜重度 | | $N/m^2$ | — | 0.8 | — | |

注：1. A 型排水带适用于插入深度小于 15m。
　　2. B 型排水带适用于插入深度小于 25m。
　　3. C 型排水带适用于插入深度小于 35m。

2. 作业条件

开工前必须水通、电通、路通，技术准备、材料准备、主要机具准备齐全。

三、堆载预压地基施工工艺

1. 施工技术参数的选择

堆载预压地基施工技术参数的选择见表 3。

表 3　堆载预压地基施工技术参数

| 序号 | 施工技术参数 | 内　　容 |
| --- | --- | --- |
| 1 | 竖向排水体尺寸 | （1）砂井或塑料排水带直径。砂井直径主要取决于土的固结性和施工期限的要求。砂井分为普通砂井和袋装砂井，普通砂井直径可取 300～500mm，袋装砂井直径可取 70～100mm。塑料排水带的作用与砂井相同。可按下式计算：<br>$$D_P=\alpha\cdot\frac{2(b+\delta)}{\pi}$$<br>式中　$D_P$——塑料排水带当量换算直径；<br>$\alpha$——换算系数，无试验资料时可取 $\alpha=0.75\sim1.00$；<br>$b$——塑料排水带宽度；<br>$\delta$——塑料排水带厚度。<br>（2）砂井或塑料排水带间距。砂井或塑料排水带间距可根据地基土的固结特性和预压时间要求达到的固结度来确定，一般按井径比 $n=d_e/d_w$ 选用，$d_e$ 为砂井的有效排水圆柱体直径，$d_w$ 为砂井直径。普通砂井可取 $n=6\sim8$，袋装或塑料排水带可取 $n=15\sim20$<br>（3）砂井排列方式。砂井的平面布置可采用等边三角形或正方形排列。一根砂井的有效排水圆柱体的直径 $d_e$ 和砂井间距 $s$ 的关系按下列规定取用：<br>等边三角形布置　$d_e=1.05s$<br>正方形布置　$d_e=1.13s$<br>（4）砂井深度。砂井的深度应根据建筑物对地基的稳定性和变形要求确定。对以地基抗滑稳定性控制的工程，砂井深度至少应超过最危险滑动面 2m。对以沉降控制的建筑物，如压缩土层厚度不大，砂井宜贯穿压缩土层；对深厚的压缩土层，砂井深度应根据在限定的预压时间内消除的变形量确定，若施工设备条件达不到设计深度，则可采用超载预压等方法来满足工程要求 |

| 审核人 | ××× | 交底人 | ××× | 接受交底人 | ××× |
| --- | --- | --- | --- | --- | --- |

表 C2-1　　技术交底记录

编号：×××

| 工程名称 | ××大厦 | 交底日期 | ××年×月×日 |
|---|---|---|---|
| 施工单位 | ××建筑公司 | 分项工程名称 | 预压地基 |
| 交底提要 | 预压地基施工技术交底 | | |

交底内容：

续表

| 序号 | 施工技术参数 | 内　　容 |
|---|---|---|
| 2 | 堆载的数量、范围、速率和预压时间 | （1）堆载数量。预压荷载的大小，应根据设计要求确定，通常可与建筑物的基底压力大小相同。对于沉降有严格限制的建筑，应采用超载预压法处理地基，超载数量应根据预定时间内要求消除的变形量通过计算确定，并宜使预压荷载下受压土层各点的有效竖向压力等于或大于建筑荷载所引起的相应点的附加压力。<br>（2）堆载范围。加载的范围不应小于建筑物基础外缘所包围的范围，以保证建筑物范围内的地基得到均匀加固。<br>（3）堆载速率。加载速率应与地基土增长的强度相适应，待地基在前一级荷载作用下达到一定的固结度后，再施下一级荷载，特别是在加荷后期，更需严格控制加荷速率。加荷速率应通过对地基抗滑稳定计算来确定，以确保工程安全。但更为直接而可靠的方法是通过各种现场观测来控制，边桩位移速率应控制在3～5mm/d；地基竖向变形速率不宜超过10mm/d |
| 3 | 水平垫层铺设 | 预压法处理地基必须在地表铺设排水砂垫层，其厚度大于400mm。<br>砂垫层砂料宜用中粗砂，含泥量应小于5%，砂料中可混有少量粒径小于50mm的颗粒。砂垫层的干密度应大于1.5t/m³。在预压区内宜设置与砂垫层相连的排水盲沟，并把地基中排出的水引出预压区。砂井的砂料宜用中粗砂，含泥量应小于3% |

2. 施工工艺

（1）砂井施工。砂井施工一般先在地基中成孔（表4），再在孔内灌砂形成砂井。砂井的灌砂量，应按井孔的体积和砂在中密时的干密度计算，其实际灌砂量不得小于计算值的95%。灌入砂袋的砂宜用干砂，并应灌制密实，砂袋放入孔内至少应高出孔口200mm，以便埋入砂垫层中。

表 4　　砂井成孔施工方法

| 施工方法 | 内　　容 |
|---|---|
| 振动沉管法 | 振动沉管法，是以振动锤为动力，将套管沉到预定深度，灌砂后振动、提管形成砂井。采用该法施工不仅避免了管内砂随管带上，保证砂井的连续性，同时砂受到振密，砂井质量较好 |
| 水冲法 | 水冲法，是指利用高压水通过射水管形成高速水流的冲击和环刀的机械切削，使土体破坏，并形成一定直径和深度的砂井孔，然后灌砂而成砂井 |
| 水冲法 | 射水成孔工艺，对土质较好且均匀的黏性土地基是较适用的；但对土质很软的淤泥，因成孔和灌砂过程中容易缩孔，很难保证砂井的直径和连续性；对夹有粉砂薄层的软土地基，若压力控制不严，易在冲水成孔时出现串孔，对地基扰动较大。<br>射水法成井的设备比较简单，对土的扰动较小，但在泥浆排放、塌孔、缩颈、串孔、灌砂等方面都还存在一定的问题 |
| 螺旋钻成孔 | 螺旋钻成孔法，是用动力螺旋钻钻孔，属于干钻法施工，提钻后孔内灌砂成形。此法适用于陆上工程、砂井长度在10m以内，土质较好，不会出现缩颈和塌孔现象的软弱地基 |

| 审核人 | ××× | 交底人 | ××× | 接受交底人 | ××× |
|---|---|---|---|---|---|

表 C2-1

## 技术交底记录

编号：×××

| 工程名称 | ××大厦 | 交底日期 | ××年×月×日 |
|---|---|---|---|
| 施工单位 | ××建筑公司 | 分项工程名称 | 预压地基 |
| 交底提要 | 预压地基施工技术交底 | | |

交底内容：

(2)袋装砂井施工。袋装砂井的施工过程如图 1 所示。首先用振动贯入法、锤击打入法或静力压入法将成孔用的无缝钢管作为套管埋入土层，达到规定标高后放入砂袋，然后拔出套管，再于地表面铺设排水砂层即可。用振动打桩机成孔时，一个长 20m 的孔约需 20～30s，完成一个袋装砂井的全套工序，亦只需 6～8min，施工十分简便。

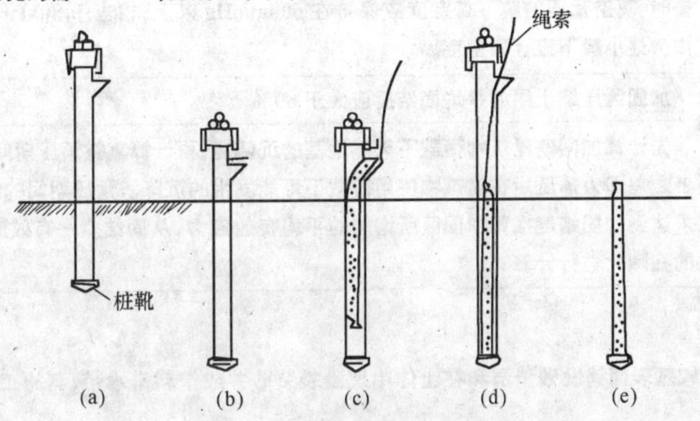


图 1　袋装砂井的施工工艺流程
(a)打入成孔套管；(b)套管达到规定标高；(c)放下砂袋；
(d)拔套管；(e)袋装砂井施工完毕

(3)塑料排水带施工。塑料排水带打设工艺为：定位→将塑料带通过导管从管靴中拔出→调整塑料带与桩尖→插入塑料带→拔管剪断塑料带。

四、真空预压地基施工工艺

1. 施工技术参数的选择

真空预压地基的施工技术参数的选择见表 5。

表 5　真空预压地基施工技术参数

| 序号 | 施工技术参数 | 内　　容 |
|---|---|---|
| 1 | 竖向排水体尺寸 | 采用真空预压法处理地基必须设置砂井或塑料排水带。竖向排水体可采用直径为 700mm 的袋装砂井，也可采用普通砂井或塑料排水带。砂井或塑料排水带的间距可按照加载预压法设计的砂井或塑料排水带间距选用。砂井深度应根据设计要求在预压期间完成的沉降量和拟建建筑物地基稳定性的要求，通过计算确定。砂井的砂料应采用中粗砂，其渗透系数 $k$ 宜大于 $1\times10^{-2}$cm/s |
| 2 | 预压区面积和分块大小 | 采用真空预压处理地基时，真空预压的总面积不得小于建筑物基础外缘所包围的面积，每块预压面积宜尽可能大且相互连接，因为这样可加快工程进度和消除更多的沉降量。两个预压区的间隔也不宜过大，需根据工程要求和土质决定，一般以 2～6m 较好 |

| 审核人 | ××× | 交底人 | ××× | 接受交底人 | ××× |
|---|---|---|---|---|---|

表 C2-1 技术交底记录

编号：×××

| 工程名称 | ××大厦 | 交底日期 | ××年×月×日 |
|---|---|---|---|
| 施工单位 | ××建筑公司 | 分项工程名称 | 预压地基 |
| 交底提要 | 预压地基施工技术交底 | | |

交底内容：

续表

| 序号 | 施工技术参数 | 内 容 |
|---|---|---|
| 3 | 膜内真空度 | 真空预压效果与密封膜下所能达到的真空度大小关系极大。当采用合理的施工工艺和设备时，真空预压的膜下真空度应保持在 600mmHg 以上，相当于 80kPa 的真空压力，此值可作为最小膜下设计真空度 |
| 4 | 平均加固度 | 加固区压缩土层的平均固结度应大于 80% |
| 5 | 变形计算 | 先计算加固前建筑物荷载下天然地基的沉降量，再计算真空预压期间所完成的沉降量，两者之差即为预压后在建筑物使用荷载下可能发生的沉降。预压期间的沉降可根据设计所要求达到的固结度推算加固区所增加的平均有效应力，从固结度—有效应力曲线上查出相应的孔隙比进行计算 |

2. 施工工艺

(1)设置排水通道。在软基表面铺设砂垫层和在土体中埋设袋装砂井或塑料排水带，其施工工艺参见加载预压法施工。

(2)铺设膜下管道。真空滤水管一般设在排水砂垫中，其上宜有厚 100～200mm 砂覆盖层。滤水管可采用钢管或塑料管，滤水管在预压过程中应能适应地基的变形。滤水管外宜围绕铅丝、外包尼龙纱或土工织物等滤水材料。水平向分布滤水管可采用条状、梳齿状或羽毛状等形式，如图 2 和图 3 所示。

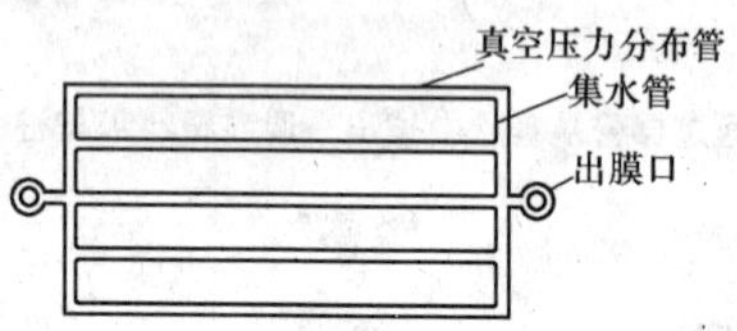


图 2 真空滤管条形排列

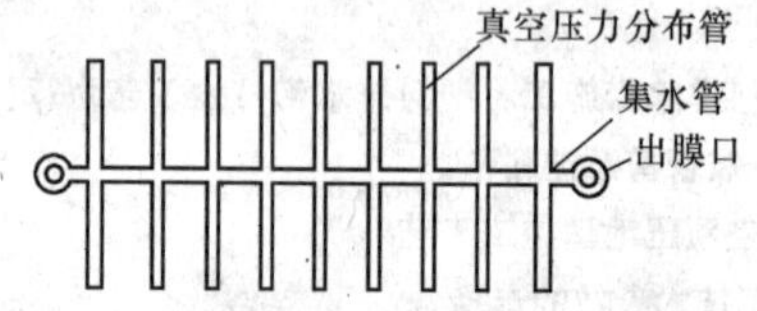


图 3 真空滤管鱼刺形排列

(3)铺设密封膜。由于密封膜系大面积施工，有可能出现局部热合不好、搭接不够等问题，影响膜的密封性。为确保在真空预压全过程的密封性，密封膜宜铺设 3 层，覆盖膜周边可采用挖沟折铺、平铺并用黏土压边，围埝沟内覆水以及膜上全面覆水等方法进行密封。当处理区内有充足水源补给的透水层时，尽管在膜周边采取了上述措施，但在加固区内仍存在不密封因素，应采用封闭式板桩墙、封闭式板桩墙加沟内覆水或其他密封措施隔断透水层。

(4)抽气设备及管路连接。

1)真空预压的抽气设备宜采用射流真空泵。在应用射流真空泵时，要随时注意泵的运转情况及其真空效率。一般情况下主要检查离心泵射水量是否充足。真空泵的设置应根据预压面积大小、真空泵效率以及工程经验确定，但每块预压区内至少应设置两台真空泵。

2)真空管路的连接点应严格进行密封，以保证密封膜的气密性。由于射流真空泵的结构特点，射流真空泵经管路进入密封膜内，形成连接密封，但是敞开系统，真空泵工作时，膜内真空度很高，一旦由于某种原因，射流泵全部停止工作，膜内真空度随之全部卸除，这将直接影响地基加固效果，并延长预压时间。为避免膜内真空度在停泵后很快降低，在真空管路中应设置止回阀和截门。

| 审核人 | ××× | 交底人 | ××× | 接受交底人 | ××× |
|---|---|---|---|---|---|

表 C2-1

## 技术交底记录

编号：×××

| 工程名称 | ××大厦 | 交底日期 | ××年×月×日 |
|---|---|---|---|
| 施工单位 | ××建筑公司 | 分项工程名称 | 预压地基 |
| 交底提要 | 预压地基施工技术交底 | | |

交底内容：

五、质量标准

(1)施工前应检查施工监测措施，沉降、孔隙水压力等原始数据，排水设施，砂井(包括袋装砂井)、塑料排水带等位置。

(2)堆载施工应检查堆载高度、沉降速率。真空预压施工应检查密封膜的密封性能、真空表读数等。

(3)施工结束后，应检查地基土的强度及要求达到的其他物理力学指标，重要建筑物地基应做承载力检验。

(4)预压地基和塑料排水带质量检验标准应符合表 6 的规定。

表 6　预压地基和塑料排水带质量检验标准

| 项目 | 序号 | 检查项目 | 允许偏差或允许值 | | 检查方法 | 检查数量 |
|---|---|---|---|---|---|---|
| | | | 单位 | 数值 | | |
| 主控项目 | 1 | 预压载荷 | % | ≤2 | 水准仪 | 全数检查 |
| | 2 | 固结度(与设计要求比) | % | ≤2 | 根据设计要求采用不同的方法 | 根据设计要求 |
| | 3 | 承载力或其他性能指标 | 设计要求 | | 按规定方法 | 每单位工程应不少于 3 点；1000m² 以上工程，每 100m² 至少应有 1 点；3000m² 以上工程，每 300m² 至少应有 1 点。每一独立基础下至少应有 1 点，基槽每 20 延米应有 1 点 |
| 一般项目 | 1 | 沉降速率(与控制值比) | % | ±10 | 水准仪 | 全数检查，每天进行 |
| | 2 | 砂井或塑料排水带位置 | mm | ±100 | 用钢尺量 | 抽查 10%且不少于 3 个 |
| | 3 | 砂井或塑料排水带插入深度 | mm | ±200 | 插入时用经纬仪检查 | |
| | 4 | 插入塑料排水带时的回带长度 | mm | ≤500 | 用钢尺量 | |
| | 5 | 塑料排水带或砂井高出砂垫层距离 | mm | ≥200 | 用钢尺量 | |
| | 6 | 插入塑料排水带的回带根数 | % | <5 | 目测 | |

注：如真空预压，主控项目中预压载荷的检查为真空度降低值小于 2%。

| 审核人 | ××× | 交底人 | ××× | 接受交底人 | ××× |
|---|---|---|---|---|---|

表 C2-1　　　　技术交底记录

编号：×××

| 工程名称 | ××大厦 | 交底日期 | ××年×月×日 |
|---|---|---|---|
| 施工单位 | ××建筑公司 | 分项工程名称 | 预压地基 |
| 交底提要 | 预压地基施工技术交底 | | |

交底内容：

六、应注意的质量问题

1. 堆载预压法施工

(1)水平排水垫层施工时，应避免对软土表层的过大扰动，以免造成砂和淤泥混合，影响垫层的排水效果。另外，在铺设砂垫层前，应清除干净砂井顶面的淤泥或其他杂质，以利砂井排水。

(2)对于预压软土地基，因软土固结系数较小，软土层较厚时，达到工作要求的固结度需要较长时间，为此，对软土预压应设置排水通道，排水通道的长度和间距宜通过试压试验确定。

(3)砂井的灌砂量，应按井孔的体积和砂在中密时的干密度计算，其实际灌砂量不得小于计算值的95%。灌入砂袋的砂宜用干砂，并应灌制密实，砂袋放入孔内至少应高出孔口200mm，以便埋入砂垫层中。

(4)袋装砂井施工所用钢管内径宜略大于砂井直径，以减小施工过程中对地基土的扰动。袋装砂井或塑料排水带施工时，平面井距偏差应不大于井径，垂直度偏差宜小于1.5%。拔管后带上砂袋或塑料排水带的长度不宜超过500mm。

(5)塑料带滤水膜在转盘和打设过程中应避免损坏，防止淤泥进入带芯堵塞输水孔而影响塑料带的排水效果。塑料带与桩尖的连接要牢固，避免提管时脱开将塑料带拔出。桩尖平端与导管靴配合要适当，避免错缝，防止淤泥在打设过程中进入导管，增大对塑料带的阻力，甚至将塑料带拔出。塑料带需接长时，为减少带与导管阻力，应采用滤水膜内平搭接的连接方式。为保证输水畅通并有足够的搭接强度，搭接长度宜大于200mm。

(6)堆载预压过程中，堆在地基上的荷载不得超过地基的极限荷载，避免地基失稳破坏。应根据土质情况制订加荷方案，如需要施加大荷载时，应分级加载，并注意控制每级加载重量的大小和加荷速率，使之与地基的承载力增长相互适应，等待地基在前一级荷载作用下，达到一定固结度后，再施加下一级荷载。特别是在加荷后期，更要严格控制加荷速率，防止因整体或局部加载量过大、过快而使地基土发生剪切破坏。一般堆载预压控制指标是：地基最大下沉量不宜超过10～15mm/d；水平位置不宜大于4～7mm/d；孔隙水压力不超过预压荷载所产生应力的60%。通常加载在60kPa之前，加荷速度可不加限制。

(7)预压时间应根据建筑物的要求和固结情况来确定，一般达到如下条件即可卸荷：

1)地面总沉降量达到预压荷载下计算最终沉降量的80%以上。

2)理论计算的地基总固结度达80%以上。

3)地基沉降速度已降到0.5～1.0mm/d。

2. 真空预压法施工

(1)真空预压的抽气设备宜采用射流真空泵，真空泵的设置应根据预压面积大小、真空泵效率以及工程经验确定，但每块预压区至少应设置两台真空泵。

(2)真空管路的连接点应严格进行密封，为避免膜内真空度在停泵后很快降低，在真空管路中应设置止回阀和截门。水平向分布滤水管可采用条状、梳齿状或羽毛状等形式。滤水管一般设在排水砂垫层中，其上宜有100～200mm砂覆盖层。滤水管可采用钢管或塑料管，滤水管在预压过程中应能适应地基的变形。滤水管外宜围绕铅丝、外包尼龙纱或土工织物等滤水材料。

| 审核人 | ××× | 交底人 | ××× | 接受交底人 | ××× |
|---|---|---|---|---|---|

表 C2-1　　　　技术交底记录

编号：×××

| 工程名称 | ××大厦 | 交底日期 | ××年×月×日 |
|---|---|---|---|
| 施工单位 | ××建筑公司 | 分项工程名称 | 预压地基 |
| 交底提要 | 预压地基施工技术交底 | | |

交底内容：

(3)密封膜热合粘结时宜用两条膜的热合粘结缝平搭接，搭接宽度应大于15mm，如图4所示。

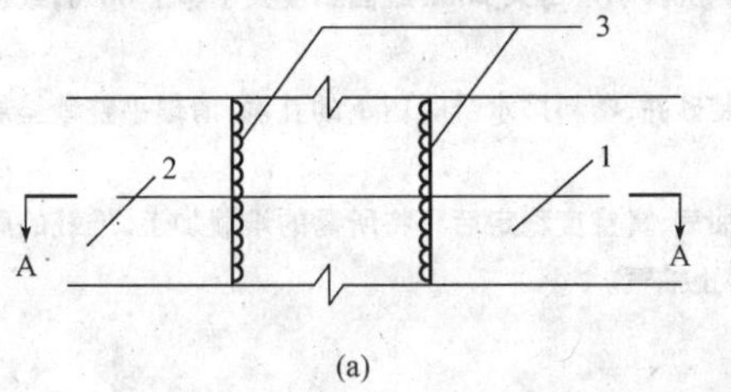

(a)

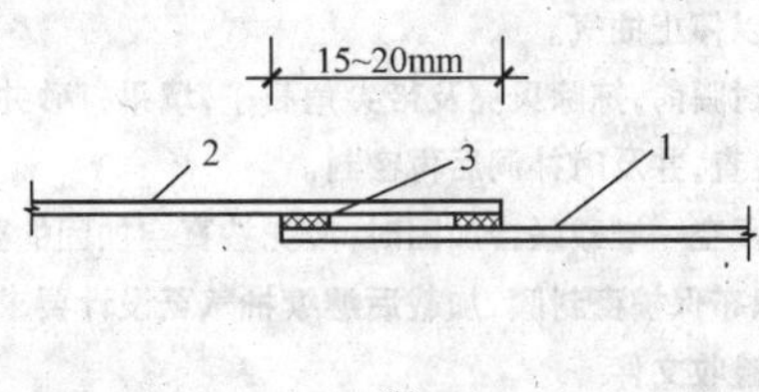

(b)

图4　两块薄膜密合示意图

(a)两块薄膜平面搭接；(b)A—A 剖面图

1—第一块薄膜；2—搭接上的第二块薄膜；3—两块薄膜热合两条缝

(4)密封膜宜设三层，覆盖膜周边可采用挖沟折铺、平铺用黏土压边，围埝沟内覆水，膜上全面覆水等方法密封，如图5所示。

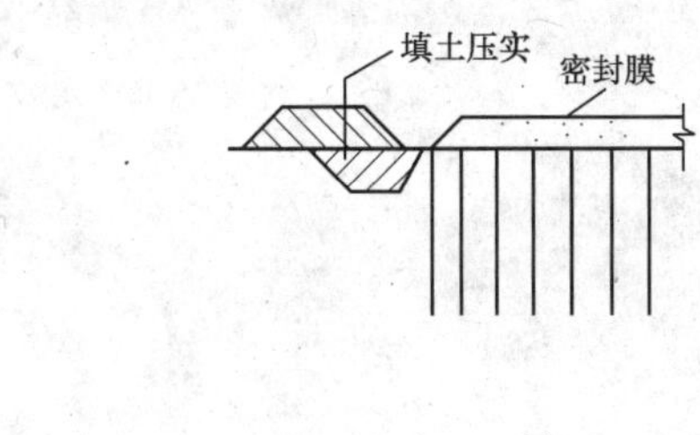

(a)

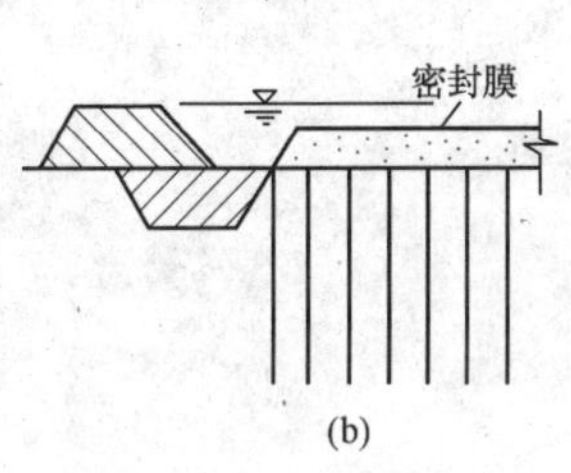

(b)

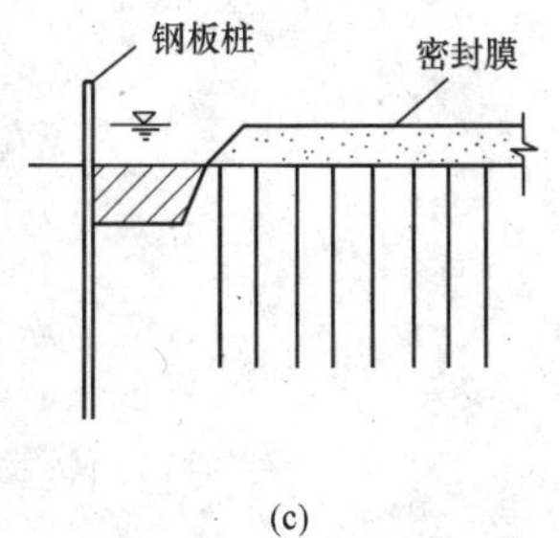

(c)

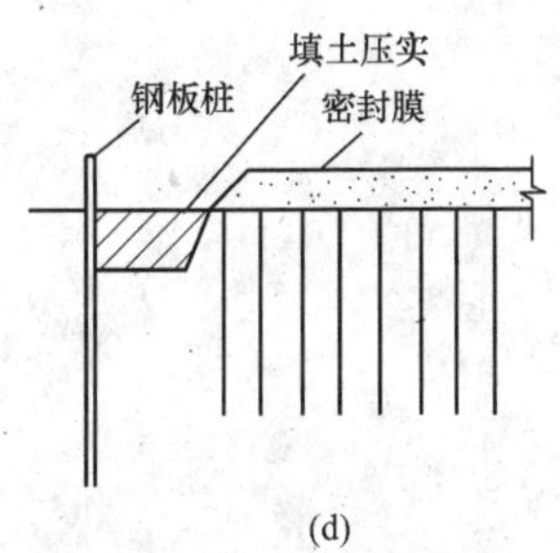

(d)

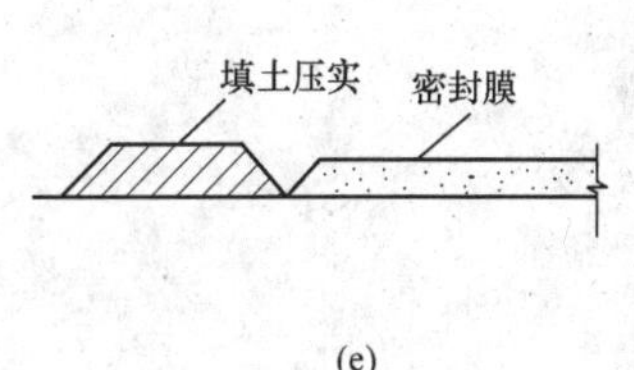

(e)

图5　薄膜周边密封方法

(a)挖沟折铺密封；(b)围埝内全面覆水密封；(c)板桩加覆水密封；

(d)板桩密封；(e)长距离平铺膜填土压实密封

| 审核人 | ××× | 交底人 | ××× | 接受交底人 | ××× |
|---|---|---|---|---|---|

表 C2-1　　　　技术交底记录

编号：×××

| 工程名称 | ××大厦 | 交底日期 | ××年×月×日 |
|---|---|---|---|
| 施工单位 | ××建筑公司 | 分项工程名称 | 预压地基 |
| 交底提要 | 预压地基施工技术交底 | | |

交底内容：

(5)当地区有充足水源补给透水层时，应采用封闭式板桩墙、封闭式板桩墙加沟内覆水或其他密封措施隔断透水层。

(6)真空预压的真空度可一次抽气至最大，当连续 5 天实测沉降小于每天 2mm 或固结度大于等于 80%，或符合设计要求时，可以停止抽气。

(7)铺密封膜前，拣除贝壳及带尖角石子，填平打砂井、袋装砂井、塑料排水带时留下的孔洞，清理平整砂垫层。密封膜要认真检查，并及时补洞后再密封。

(8)当用真空—堆载联合加固时，应先按真空加固的要求抽气，真空度稳定后再将所需的堆载加上，堆载的膜上要铺放一层编织布保护密封膜，加载后继续抽气至设计要求后停止抽气。

七、质量验收文件

(1)地质勘察报告。

(2)设计说明与图纸，现场预压试验的数据，经确认或经修正确认的预压设计要求和施工方案。

(3)每级加载的记录和加载后每天沉降、侧向位移、孔隙水压力和十字板抗剪强度等测试数据。

(4)卸载标准的确认测试记录。

(5)固结度、承载力或其他性能指标试验报告。

(6)塑料排水带质量检验记录或合格证。

(7)隔离补给水施工记录和隔离墙内外水位观察记录。

(8)预压地基和塑料排水带施工验收批质量检验记录。

| 审核人 | ××× | 交底人 | ××× | 接受交底人 | ××× |
|---|---|---|---|---|---|

**《技术交底记录》填表说明：**

(1)附件收集：必要的图纸、图片、“四新”(新材料、新工艺、新产品、新技术)的相关文件。

(2)资料流程：本表由施工单位填写，交底单位与接受交底单位各存一份，也应报送监理(建设)单位。

(3)相关规定与要求：

1)技术交底记录应包括施工组织设计交底、专项施工方案技术交底、分项工程施工技术交底、“四新”(新材料、新产品、新技术、新工艺)技术交底和设计变更技术交底。各项交底应有文字记录，交底双方签认应齐全。

2)重点和大型工程施工组织设计交底应由施工企业的技术负责人把主要设计要求、施工措施以及重要事项对项目主要管理人员进行交底。其他工程施工组织设计交底应由项目技术负责人进行交底。

3)专项施工方案技术交底应由项目专业技术负责人负责，根据专项施工方案对专业工长进行交底。

4)分项工程施工技术交底应由专业工长对专业施工班组(或专业分包)进行交底。

5)“四新”技术交底应由项目技术负责人组织有关专业人员编制。

6)设计变更技术交底应由项目技术部门根据变更要求，并结合具体施工步骤、措施及注意事项等对专业工长进行交底。

(4)注意事项：交底内容应有可操作性和针对性，能够切实地指导施工，不允许出现“详见××规程”之类的语言。技术交底记录应对安全事项重点单独说明。

(5)其他：当作分项工程施工技术交底时，应填写“分项工程名称”栏，其他技术交底可不填写。

## 三、设计变更文件

1. 图纸会审记录

表 C2-2 图纸会审记录

编号：×××

| 工程名称 | ××工程 | | 日期 | ××年×月×日 |
|---|---|---|---|---|
| 地点 | ××× | | 专业名称 | 建筑结构 |
| 序号 | 图号 | 图纸问题 | | 图纸问题交底 |
| 1 | 结－1 | 地下室底板外墙使用抗渗混凝土，未给出抗渗等级 | | 抗渗等级为 P8 |
| 2 | 结－3，结－5 | 地下一层顶板③～⑤/Ⓒ～Ⓔ轴分布筋未标注 | | 分布筋双向双排，均为 $\phi$8@200 |
| 3 | 建－1，结－3，结－12 | 地下室外墙防水层使用 SBSⅡ型防水卷材，是否需加砌砖墙做防水保护层 | | 砌 120mm 厚砖墙做保护层 |
| | | | | |
| | | | | |
| | | | | |

| 签字栏 | 建设单位 | 监理单位 | 设计单位 | 施工单位 |
|---|---|---|---|---|
| | ××× | ××× | ××× | ××× |

**《图纸会审记录》填表说明：**

(1)资料流程：由施工单位整理、汇总后转签，建设单位、监理单位、施工单位、城建档案馆各保存一份。

(2)相关规定与要求：

1)监理、施工单位应将各自提出的图纸问题及意见，按专业整理、汇总后报建设单位，由建设单位提交设计单位做交底准备。

2)图纸会审应由建设单位组织设计、监理和施工单位技术负责人及有关人员参加。设计单位对各专业问题进行交底，施工单位负责将设计交底内容按专业汇总、整理，形成图纸会审记录。

3)图纸会审记录应由建设、设计、监理和施工单位的项目相关负责人签认，形成正式图纸会审记录。不得擅自在会审记录上涂改或变更其内容。

(3)注意事项：图纸会审记录应根据专业(建筑、结构、给排水及采暖、电气、通风与空调、智能系统等)汇总、整理。图纸会审记录一经各方签字确认后即成为设计文件的一部分，是现场施工的依据。

2. 设计变更通知单

**表 C2-3** **设计变更通知单**

编号：×××

| 工程名称 | ×××工程 | 专业名称 | 基础工程 |
|---|---|---|---|
| 设计单位名称 | ×××设计院 | 日期 | ××年×月×日 |
| 序号 | 图号 | 变更内容 | |
| 1 | **结施 2** | **地基梁 $DL_1$ 顶标高由−2.500 改为−2.600** | |
| 2 | **结施 3** | **地基梁上 $DL_2$ 主筋由 6$\phi$18 改为 6$\phi$20** | |
| 签字栏 | 建设(监理)单位 | 设计单位 | 施工单位 |
| | ××× | ××× | ××× |

**《设计变更通知单》填表说明：**

(1)附件收集：所附的图纸及说明文件等。

(2)资料流程：由设计单位发出，转签后建设单位、监理单位、施工单位、城建档案馆各保存一份。

(3)相关规定与要求：设计单位应及时下达设计变更通知单，内容详实，必要时应附图，并逐条注明应修改图纸的图号。设计变更通知单应由设计专业负责人以及建设(监理)和施工单位的相关负责人签认。

(4)注意事项：设计变更是施工图纸的补充和修改的记载，是现场施工的依据。由建设单位提出设计变更时，必须经设计单位同意。不同专业的设计变更应分别办理，不得办理在同一份设计变更通知单上。

(5)其他："专业名称"栏应按专业填写，如基础、建筑结构、给排水及采暖、电气、通风与空调工程等。

3. 工程洽商记录

**表 C2-4**　　　　　　　　　　**工程洽商记录**

编号：×××

| 工程名称 | ××大厦 | 专业名称 | 桩基础 |
|---|---|---|---|
| 提出单位名称 | ××× | 日期 | ××年×月×日 |
| 内容摘要 | 关于基础桩定位、钢筋变更问题 | | |

| 序号 | 图号 | 洽商内容 |
|---|---|---|
| 1 | 建一1 | Ⓑ轴与(1/B)轴之间东西方向一排桩的南北方向定位为：桩轴心距轴为 4500mm |
| 2 | 建一1 | ⑩轴与Ⓔ、Ⓕ轴中间一条线的交点两侧和两根桩的南北方向定位：为桩中心距Ⓕ轴 2878mm |
| 3 | 建一1 | 基础桩钢筋笼 HPB 235 级 $\phi 12$ 的架立筋（光圆钢筋）调整为 HRB 335 级 $\phi 12$ 的螺纹钢筋 |
| | | |
| | | |
| | | |
| | | |
| | | |
| | | |
| | | |
| | | |
| | | |
| | | |
| | | |
| | | |
| | | |
| | | |
| | | |
| | | |

| 签字栏 | 建设单位 | 监理单位 | 设计单位 | 施工单位 |
|---|---|---|---|---|
| | ××× | ××× | ××× | ××× |

**《工程洽商记录》填表说明：**

(1)附件收集：所附的图纸及说明文件等。

(2)资料流程：由施工单位、建设单位或监理单位其中一方发出，经各方签认后存档。

(3)相关规定与要求：

1)工程洽商记录应分专业办理，内容详实，必要时应附图，并逐条注明应修改图纸的图号。工程洽商记录应由设计专业负责人以及建设、监理和施工单位的相关负责人签认。

2)设计单位如委托建设(监理)单位办理签认，应办理委托手续。

(4)注意事项：不同专业的洽商应分别办理，不得办理在同一份上。签字应齐全，签字栏内只能填写人员姓名，不得另写其他意见。

(5)其他：

1)本表由建设单位、监理单位、施工单位、城建档案馆各保存一份。

2)“专业名称”栏应按专业填写，如基础、建筑结构、给排水及采暖、电气、通风与空调工程等。

# 第三节 施工测量资料

## 一、施工测量放线报验申请表

A4 监　　　　施工测量放线 报验申请表

工程名称：××工程　　　　　　　　编号：×××

致：××监理公司（监理单位）

我单位已完成了 ××工程施工测量放线 工作，现报上该工程报验申请表，请予以审查和验收。

附件：

(1)测量放线的部位及内容：

| 序号 | 工程部位名称 | 测量放线内容 | 专职测量员（岗位证书编号） | 备　注 |
|---|---|---|---|---|
| 1 | 地下一层②～⑦/Ⓐ～Ⓓ轴 | 轴线控制线、墙柱轴线及边线、门窗洞口位置线等 | ×××（＊＊＊＊＊＊＊＊）<br>×××（＊＊＊＊＊＊＊＊） | 30m 钢尺<br>DS3 级水准仪 |
| 2 | 地下一层⑥～⑨/Ⓔ～Ⓗ轴 | 柱轴线控制线、柱边线等 | ×××（＊＊＊＊＊＊＊＊）<br>×××（＊＊＊＊＊＊＊＊） | |

(2)放线的依据材料 1 页。

(3)放线成果表 5 页。

承包单位（章）××建筑工程公司

项目经理 ×××

日期 ××年×月×日

审查意见：

经检查，符合工程施工图的设计要求，达到了《工程测量规范》(GB 50026—1993)的精度要求。

项目监理机构 ××监理公司××项目监理部

总/专业监理工程师 ×××

日期 ××年×月×日

**《施工测量放线报验申请表》填表说明：**

(1)资料流程：由施工单位填写后报送监理单位，经审批后返还，建设单位、施工单位及监理单位各存一份。

(2)相关规定与要求：施工单位应将在完成施工测量方案、红线桩的校核成果、水准点的引测成果及施工过程中各种测量记录后，填写《施工测量放线报验申请表》，报监理单位审核。

(3)注意事项："测量员"必须由具有相应资格的技术人员签字，并填写岗位证书号。

## 二、工程定位测量记录

**表 C3-1** 工程定位测量记录

编号：×××

| 工程名称 | ××工程 | 委托单位 | ××建筑公司 |
|---|---|---|---|
| 图纸编号 | ××× | 施测日期 | ××年×月×日 |
| 平面坐标依据 | ××——036 A、方 1、D | 复测日期 | ××年×月×日 |
| 高程依据 | 测××——036 BMG | 使用仪器 | DS1 96007 |
| 允许误差 | ±13mm | 仪器校验日期 | ××年×月×日 |

定位抄测示意图：

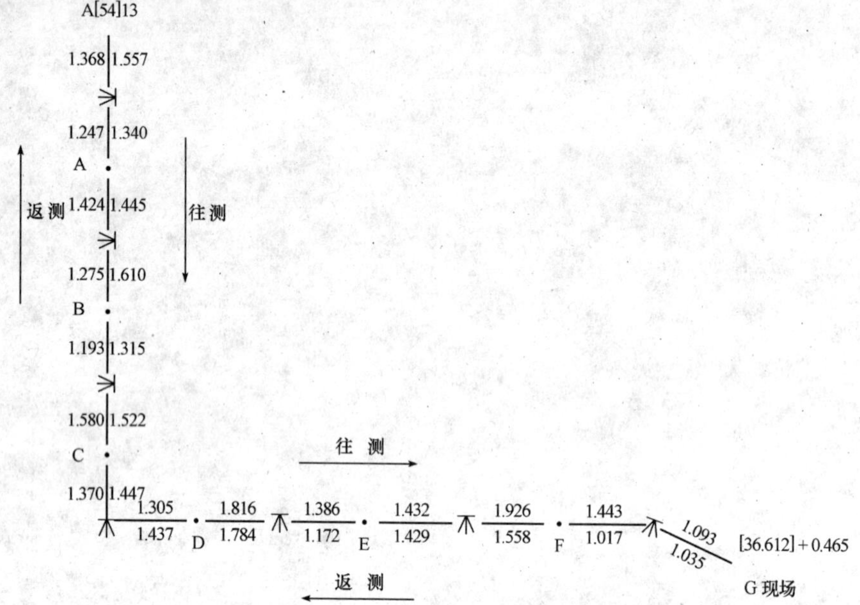


复测结果：

$h_{往}$＝∑后－∑前＝＋0.273m　$h_{返}$＝∑后－∑前＝－0.281m　$f_{测}$＝∑后＋∑前＝－8m

$f_{允}$＝±5mm　$\sqrt{N}$＝±5mm　允许误差±13mm＞$f_{测}$ 精度合格　高差 $h$＝＋0.277m

| 签字栏 | 建设(监理)单位 | 施工(测量)单位 | ××建筑工程公司 | 测量人员岗位证书号 | 027－001038 |
|---|---|---|---|---|---|
| | | 专业技术负责人 | 测量负责人 | 复测人 | 施测人 |
| | ××× | ××× | ××× | ××× | ××× |

**《工程定位测量记录表》填表说明：**

(1)资料流程：由施工单位填写，随相应的测量放线报验表进入资料流程。

(2)相关规定与要求：

1)测绘部门根据建设工程规划许可证(附件)批准的建筑工程位置及标高依据，测定出建筑的红线桩。

2)施工测量单位应依据测绘部门提供的放线成果、红线桩及场地控制网(或建筑物控制网)，测定建筑物位置、主控轴线及尺寸、建筑物±0.000绝对高程，并填写《工程定位测量记录》(表C3-1)报监理单位审核。

3)工程定位测量完成后，应由建设单位报请政府具有相关应资质的测绘部门申请验线，填写《建设工程验线申请表》报请政府测绘部门验线。

(3)注意事项：

1)“委托单位”填写建设单位或总承包单位。

2)“平面坐标依据、高程依据”由测绘院或建设单位提供，应以规划部门钉桩坐标为标准，在填写时应注明点位编号，且与交桩资料中的点位编号一致。

(4)本表由建设单位、监理单位、施工单位、城建档案馆各保存一份。

## 三、基槽验线记录

**表 C3-2** **基槽验线记录**

编号：×××

<table>
<tr><td>工程名称</td><td colspan="2">××工程</td><td>日期</td><td>××年×月×日</td></tr>
<tr><td colspan="5">验线依据及内容：<br><br>依据：(1)施工图纸(图号××)设计变更/洽商(编号××)。<br>(2)本工程《施工测量方案》。<br>(3)定位轴线控制网。<br><br>内容：根据主控轴线和基底平面图，检验建筑物基底外轮廓线、集水坑(电梯井坑)、垫层标高、基槽断面尺寸及边坡坡度(1∶0.5)等</td></tr>
<tr><td colspan="5">基槽平面、剖面简图(单位：mm)：<br>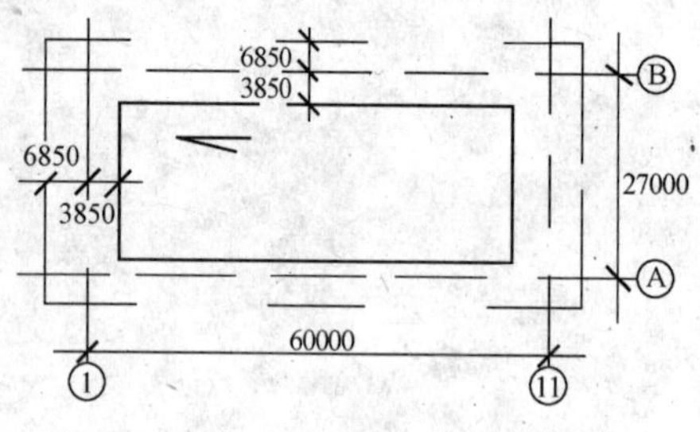<br><br>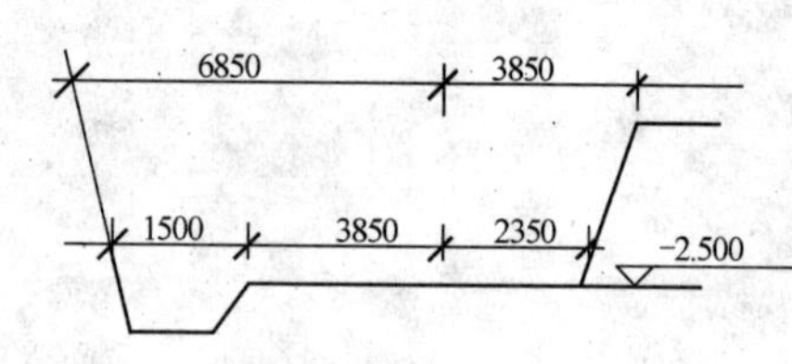<br></td></tr>
<tr><td colspan="5">检查意见：<br><br>经检查：①～⑪/Ⓐ～Ⓑ轴为基底控制轴线，垫层标高(误差：－1mm)，基槽开挖的断面尺寸(误差：＋2mm)，坡度边线、坡度等各项指标符合设计要求及本工程《施工测量方案》规定，可进行下道工序施工</td></tr>
</table>

| 签字栏 | 建设(监理)单位 | 施工测量单位 | ××建筑工程公司 | |
|---|---|---|---|---|
| | | 专业技术负责人 | 专业质检员 | 施测人 |
| | ××× | ××× | ××× | ××× |

**《基槽验线记录表》填表说明：**

(1)资料流程：由施工单位填写，随相应部位的测量放线报验表进入资料流程。

(2)相关规定与要求：施工测量单位应根据主控轴线和基槽底平面图，检验建筑物基底外轮廓线、集水坑、电梯井坑、垫层底标高（高程）、基槽断面尺寸和坡度等，填写《基槽验线记录》（表C3-2）并报监理单位审核。

(3)注意事项：重点工程或大型工业厂房应有测量原始记录。

(4)本表由建设单位、施工单位、城建档案馆各保存一份。

## 四、楼层平面放线记录

表 C3-3

楼层平面放线记录

编号：×××

<table>
<tr><td>工程名称</td><td>××工程</td><td>日期</td><td>××年×月×日</td></tr>
<tr><td>放线部位</td><td>地下一层①～⑦/Ⓐ～Ⓙ轴顶板</td><td>放线内容</td><td>轴线竖向投测控制线，墙柱轴线、边线、门窗洞口位置线，垂直度偏差等</td></tr>
<tr><td colspan="4">放线依据：<br>(1)施工图纸(图号××)，设计变更/洽商(编号××)。<br>(2)本工程《施工测量方案》。<br>(3)地下二层已放好的控制桩点</td></tr>
<tr><td colspan="4">放线简图(单位：mm)：<br>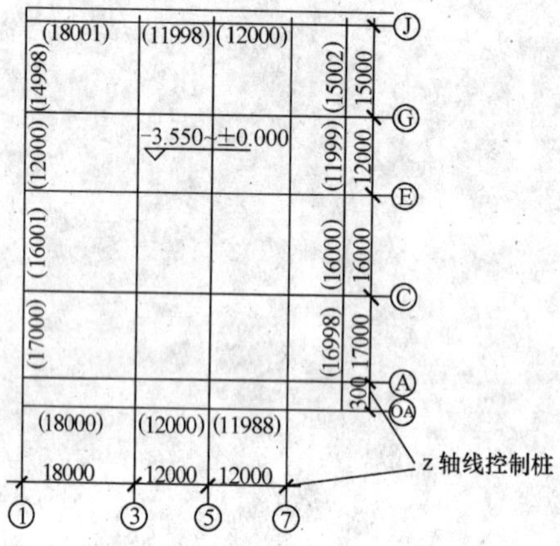<br></td></tr>
<tr><td colspan="4">检查意见：<br>(1)①～⑦/Ⓐ～Ⓙ轴为地下一层外廓纵横轴线。<br>(2)括号内数据为复测数据(或结果)。<br>(3)各细部轴线间几何尺寸相对精度最大偏差＋2mm，90°角中误差 10″，精度合格。<br>(4)放线内容均已完成，位置准确，垂直度偏差在允许范围内，符合设计及测量方案要求，可以进行下道工序施工。</td></tr>
</table>

<table>
<tr><td rowspan="3">签字栏</td><td rowspan="2">建设(监理)单位</td><td>施工单位</td><td colspan="2">××建筑工程公司</td></tr>
<tr><td>专业技术负责人</td><td>专业质检员</td><td>施测人</td></tr>
<tr><td>×××</td><td>×××</td><td>×××</td><td>×××</td></tr>
</table>

**《楼层平面放线记录表》填表说明：**

(1)资料流程：由施工单位填写，随相应部位的测量放线报验表进入资料流程。

(2)相关规定与要求：楼层平面放线内容包括轴线竖向投测控制线、各层墙柱轴线、墙柱边线、门窗洞口位置线、垂直度偏差等，应施工单位应在完成楼层平面放线后，填写《楼层平面放线记录》(表 C3-3)并报监理单位审核。

(3)注意事项："放线部位"及"放线依据"应详细、准确。

(4)本表由施工单位保存。

## 五、楼层标高抄测记录

**表 C3-4** **楼层标高抄测记录**

编号：×××

<table>
<tr><td>工程名称</td><td colspan="2">×××工程</td><td>日期</td><td colspan="2">××年×月×日</td></tr>
<tr><td>抄测部位</td><td colspan="2">地下一层㊳～㊷/Ⓖ～Ⓟ轴墙柱</td><td>抄测内容</td><td colspan="2">楼层+0.5m水平控制线</td></tr>
<tr><td colspan="6">抄测依据：<br><br>(1)施工图纸(图号××)，设计变更/洽商(编号××)。<br>(2)本工程《施工测量方案》。<br>(3)地下二层已放好的控制桩点</td></tr>
<tr><td colspan="6">检查说明：<br><br>地下一层㊳～㊷/Ⓖ～Ⓟ轴墙柱+0.5m水平控制线，标高=23.3m，标注点的位置设在墙柱上，依据《测量方案》，在墙柱上设置固定的三个点，作为引测需要。<br>测量工具：自动安平水准仪，型号DZS3－1。据需要可划墙柱剖面简图予以说明，标明重要控制轴线尺寸及指北针方向</td></tr>
<tr><td colspan="6">检查意见：<br><br>经检验：地下一层㊳～㊷/Ⓖ～Ⓟ轴墙柱，+0.5m水平控制线已按施工图纸，测量方案引测完毕，引测方法正确，标高传递准确，误差值－2mm，符合设计、规范要求。</td></tr>
<tr><td rowspan="3">签字栏</td><td rowspan="2">建设(监理)单位</td><td>施工单位</td><td colspan="3">××建筑工程公司</td></tr>
<tr><td>专业技术负责人</td><td>专业质检员</td><td colspan="2">施测人</td></tr>
<tr><td>×××</td><td>×××</td><td>×××</td><td colspan="2">×××</td></tr>
</table>

**《楼层标高抄测记录表》填表说明：**

(1)资料流程：由施工单位填写，随相应部位的测量放线报验表进入资料流程。

(2)相关规定与要求：楼层标高抄测内容包括楼层＋0.5m(或＋1.0m)水平控制线、皮树数杆等，应施工单位应在完成楼层标高抄测记录后，填写《楼层标高抄测楼层放线记录》(表 C3-4)报监理单位审核。

(3)注意事项：基础、砖墙必须设置皮数杆，以此控制标高，用水准仪校核(允许误差±3mm)。

(4)本表由施工单位保存。

## 六、沉降观测记录

**沉降观测记录**

编号：×××

<table>
<tr><td>工程名称</td><td>××工程</td><td>水准点编号</td><td>J1</td><td>测量仪器</td><td>Ni004</td></tr>
<tr><td>水准点<br>所在位置</td><td>见附图(略)</td><td>水准点高程<br>(m)</td><td>50.0000</td><td>仪器鉴定<br>日期</td><td>××年×月×日</td></tr>
<tr><td colspan="6">略图：见附图(略)</td></tr>
</table>

| 观测点编号 | 观测日期 | 荷载累加情况描述 | 实测标高(m) | 本期沉降量(m) | 总沉降量(m) | 备　注 |
|---|---|---|---|---|---|---|
| C1 | ××年×月×日 | 0.00 | 51.38017 | 0.00023 | 0.00270 | |
| C2 | ××年×月×日 | 0.00 | 50.35840 | 0.00046 | 0.00234 | |
| C3 | ××年×月×日 | 0.00 | 51.38182 | 0.00098 | 0.00246 | |
| | | | | | | |
| | | | | | | |
| | | | | | | |
| | | | | | | |
| | | | | | | |
| | | | | | | |
| | | | | | | |
| | | | | | | |
| | | | | | | |
| | | | | | | |
| | | | | | | |
| | | | | | | |
| | | | | | | |
| | | | | | | |

<table>
<tr><td>观测单位名称</td><td colspan="2">××测绘工程公司</td></tr>
<tr><td>技术负责人</td><td>审核人</td><td>施测人</td></tr>
<tr><td>×××</td><td>×××</td><td>×××</td></tr>
</table>

**《沉降观测记录》填表说明：**

(1)根据设计要求和规范规定，凡需进行沉降观测的工程，应由建设单位委托有资质的测量单位进行施工过程中及竣工后的沉降观测工作。

(2)测量单位应按设计要求和规范规定，或监理单位批准的观测方案，设置沉降观测点，绘制沉降观测点布置图，定期进行沉降观测记录，并应附沉降观测点的沉降量与时间、荷载关系曲线图和沉降观测技术报告。

(3)本表由测量单位提供，城建档案馆、建设单位、监理单位、施工单位各保存一份。

# 第三章 土方工程资料

## 第一节 土方工程资料分类

土方工程施工资料分类见表 3-1。

**表 3-1** **土方工程施工资料分类**

| 类别及编号 | 表格编号（或资料来源） | 资料名称 | | 备注 |
|---|---|---|---|---|
| 施工技术资料（C2） | 施工单位编制 | 施工组织设计或施工方案 | | |
| | C2-1 | 技术交底记录 | 土方开挖工程技术交底记录 | |
| | | | 土方回填工程技术交底记录 | |
| | C2-2 | 图纸会审记录 | | 见本书第二章 |
| | C2-3 | 地基处理设计变更通知单 | | 见本书第二章 |
| | C2-4 | 地基处理工程洽商记录 | | 见本书第二章 |
| 施工测量记录（C3） | C3-1 | 工程定位测量记录 | | 见本书第二章 |
| 施工记录（C5） | C5-1 | 隐蔽工程检查记录 | | |
| | C5-5 | 地基验槽检查记录 | | |
| | C5-6 | 地基处理记录 | | |
| | C5-7 | 地基钎探记录（附钎探点平面布置图） | | |
| 施工试验记录（C6） | C6-4 | 土工击实试验报告 | | |
| | C6-5 | 回填土试验报告 | | |
| 施工质量验收记录（C7） | 施工单位提供 | 检验批质量验收记录 | 土方开挖工程检验批质量验收记录 | |
| | | | 土方回填工程检验批质量验收记录 | |
| | | 分项工程质量验收记录 | 土方开挖分项工程质量验收记录 | |
| | | | 土方回填分项工程质量验收记录 | |
| | | 分部（子分部）工程质量验收记录 | 无支护土方子分部工程质量验收记录 | |

# 第二节　土方工程施工记录

## 一、隐蔽工程检查记录

表 C5-1　　隐蔽工程检查记录

编号：×××

<table>
<tr><td>工程名称</td><td colspan="4">××工程</td></tr>
<tr><td>隐检项目</td><td>土方工程</td><td>隐检日期</td><td colspan="2">××年×月×日</td></tr>
<tr><td>隐检部位</td><td colspan="4">基础　①～⑧/Ⓐ～Ⓚ　轴线　－2.50m 标高</td></tr>
<tr><td colspan="5">隐检依据：施工图图号 结施 1、结施 2、地质勘察报告(编号××) ，设计变更/洽商(编号 / )及有关国家现行标准等。<br>主要材料名称及规格/型号： /</td></tr>
<tr><td colspan="5">隐检内容：<br>(1)基础基底标高为－2.50m，槽底土质为粉砂、细砂层，水位与地质勘察报告相符。<br>(2)基槽土层已挖至－2.50m，基底清理到位，浮土、松土清除到持力层，无砖块、石头等杂物。<br>(3)基底轮廓尺寸。<br>隐检内容已做完，请予以检查。<br>申报人：×××</td></tr>
<tr><td colspan="5">检查意见：<br>经检查，现场情况与隐检内容相符，符合规范规定，满足设计要求，检查通过，同意进行下道工序。<br>检查结论：　☑同意隐蔽　　□不同意，修改后进行复查</td></tr>
<tr><td colspan="5">复查结论：<br>复查人：　　　　复查日期：</td></tr>
<tr><td rowspan="3">签字栏</td><td rowspan="2">建设(监理)单位</td><td>施工单位</td><td colspan="2">××建设工程有限公司</td></tr>
<tr><td>专业技术负责人</td><td>专业质检员</td><td>专业工长</td></tr>
<tr><td>×××</td><td>×××</td><td>×××</td><td>×××</td></tr>
</table>

**《隐蔽工程检查记录表》填表说明：**

(1)资料流程：由施工单位填写后随各相应检验批进入资料流程，无对应检验批的直接报送监理单位审批后各相关单位存档。

(2)相关规定与要求：

1)工程名称、隐检项目、隐检部位及日期必须填写准确。

2)隐检依据、主要材料名称及规格型号应准确，尤其对设计变更、洽商等容易遗漏的资料应填写完全。

3)隐检内容应填写规范，必须符合各种规程规范的要求。

4)签字应完整，严禁他人代签。

(3)注意事项：

1)审核意见应明确，将隐检内容是否符合要求表述清楚。

2)复查结论主要是针对上一次隐检出现的问题进行复查，因此要对质量问题整改的结果描述清楚。

(4)本表由施工单位填报，建设单位、施工单位、城建档案馆各保存一份。

## 二、地基验槽检查记录

**表 C5-5**　　　　　　　　　　　　**地基验槽检查记录**

编号：×××

<table>
<tr><td>工程名称</td><td>××工程</td><td>验槽日期</td><td>××年×月×日</td></tr>
<tr><td>验槽部位</td><td colspan="3">基槽①～⑩/Ⓐ～Ⓟ轴</td></tr>
<tr><td colspan="4">依据：施工图纸（施工图纸号　结－1，结－3　）、设计变更/洽商（编号　　）及有关规范、规程。</td></tr>
<tr><td colspan="4">验槽内容：<br>1. 基槽开挖至勘探报告第　×　层，持力层为　×　层。<br>2. 基底绝对高程和相对标高　××m　　－8.70m　。<br>3. 土质情况　2 类黏土　基底为老土层，均匀密实<br>（附：☑　钎探记录及钎探点平面布置图）<br>4. 桩位置　/　、桩类型　/　、数量　/　，承载力满足设计要求。（附：□施工记录、　□桩检测记录）<br>注：若建筑工程无桩基或人工支护，则相应在第 4 条填写处划“/”。<br>申报人：×××</td></tr>
<tr><td colspan="4">检查意见：<br>槽底土均匀密实，与地质勘探报告（编号××）相符，基槽平面位置、几何尺寸、基槽底标高、定位符合设计要求。<br>地下水情况：槽底地地下水位上 1.5m，无坑、穴洞。<br>检查结论：　☑　无异常，可进行下道工序　　　□需要地基处理</td></tr>
</table>

| 签字公章栏 | 建设单位 | 监理单位 | 设计单位 | 勘察单位 | 施工单位 |
|---|---|---|---|---|---|
| | ××× | ××× | ××× | ××× | ××× |

**《地基验槽检查记录》填表说明：**

(1)资料流程：由总包单位填报，经各相关单位转签后存档。

(2)相关规定与要求：

1)新建建筑物应进行施工验槽，检查内容包括基坑位置、平面尺寸、持力层核查、基底绝对高程标高(和相对标高和绝对高程)、持力层核查、基坑土质及地下水位等，有基础桩桩支护或桩基的工程还应有工程桩的检查。

2)地基验槽检查记录应由建设、勘察、设计、监理、施工单位共同验收签认。

3)地基需处理时，应由勘察、设计部门提出处理意见。

(3)注意事项：对于进行地基处理的基槽，还应再办理一次地基验槽记录，并将地基处理的洽商编号、处理方法等注明。

(4)本表由施工单位填写，建设单位、施工单位、城建档案馆各保存一份。

## 三、地基处理记录

**表 C5-6**　　　　　　　　　　　**地基处理记录**

编号：×××

| 工程名称 | ××工程 | 日期 | ××年×月×日 |
|---|---|---|---|

处理依据及方式：

**处理依据：**

**(1)《建筑地基基础工程施工质量验收规范》(GB 50202—2002)。**

**(2)《建筑地基处理技术规范》(JGJ 79—2002)。**

**(3)本工程《地基基础施工方案》。**

**(4)设计变更/洽商(编号××)及钎探记录。**

**方式：填级配石厚 200mm**

处理部位及深度(或用简图表示)

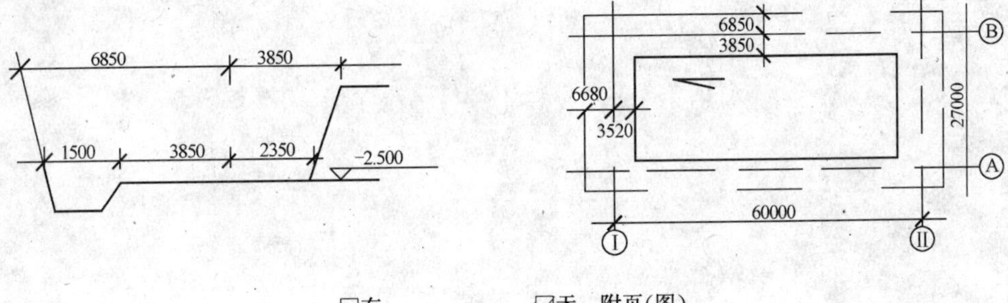


□有　　　☑无　附页(图)

处理结果：

**填级配石厚 200mm**

**(1)先将基底松土及橡皮土清至老土层。**

**(2)按设计要求两侧钉好水平桩，标高控制在-2.2m 为回填级配石上平。**

**(3)回填级配石的粒径不大于 10cm，且无草根、垃圾等有机物。**

**(4)填好基配石后用平板振动器振捣遍数不少于三遍。**

**(5)排水沟内填卵石，不含有砂子，标高至基底上表面。**

**(6)级配石的运输方法：用钉好的溜槽投料，严禁将配石由上直接投入槽中。**

检查意见：

**经复验，已按洽商要求施工完毕，符合质量验收规范要求，可以进行下道工序施工。**

**(由勘察、设计单位签署复查意见)**

检查日期：　　　××年×月×日

<table>
<tr><td rowspan="3">签字栏</td><td rowspan="2">监理单位</td><td rowspan="2">设计单位</td><td rowspan="2">勘察单位</td><td>施工单位</td><td colspan="2">××工程公司</td></tr>
<tr><td>专业技术负责人</td><td>专业质检员</td><td>专业工长</td></tr>
<tr><td>×××</td><td>×××</td><td>×××</td><td>×××</td><td>×××</td><td>×××</td></tr>
</table>

**《地基处理记录》填表说明：**

(1)资料流程：由总包单位填报，经各相关单位转签后存档。

(2)相关规定与要求：地基需处理时，应由勘察、设计部门提出处理意见，施工单位应依据勘察、设计单位提出的处理意见进行地基处理，并完工后填写《地基处理记录》(表 C5-6)，内容包括地基处理方式、处理部位、深度及处理结果等。地基处理完成后，应报请勘察、设计、监理部门复验查。

(3)注意事项：

1)当地基处理范围较大、内容较多、用文字描述较困难时，应附简图示意。

2)如勘察、设计单位委托监理单位进行复查时，应有书面的委托记录。

(4)本表由施工单位填写，建设单位、施工单位、城建档案馆各保存一份。

## 四、地基钎探记录

表 C5-7　　　　　　　　　　　　　　　　地基钎探记录

编号：×××

| 工程名称 | ×××工程 | | | 钎探日期 | ××年×月×日 | | |
|---|---|---|---|---|---|---|---|
| 套锤重 | 12kg | 自由落距 | | 60cm | 钎径 | ϕ35 | |
| 顺序号 | 各步锤击数 | | | | | | 备注 |
| | 0～30cm | 30～60cm | 60～90cm | 90～120cm | 12～150cm | 150～180cm | 180～210cm |
| 1 | 15 | 39 | 722 | 85 | 25 | 72 | 88 | |
| 2 | 14 | 15 | 78 | 57 | 28 | 35 | 43 | |
| 3 | 18 | 48 | 89 | 29 | 16 | 18 | 29 | |
| 4 | 14 | 40 | 46 | 99 | 35 | 36 | 65 | |
| 5 | 18 | 55 | 89 | 40 | 25 | 42 | 34 | |
| 6 | 18 | 81 | 143 | 58 | 47 | 39 | 17 | |
| 7 | 17 | 69 | 154 | 38 | 34 | 75 | 69 | |
| 8 | 15 | 56 | 58 | 32 | 26 | 82 | 68 | |
| 9 | 12 | 34 | 56 | 31 | 29 | 57 | 65 | |
| 10 | 18 | 65 | 75 | 48 | 18 | 29 | 33 | |
| 11 | 24 | 75 | 106 | 88 | 20 | 36 | 18 | |
| 12 | 16 | 68 | 115 | 66 | 26 | 44 | 69 | |
| 13 | 16 | 67 | 113 | 42 | 41 | 67 | 65 | |
| 14 | 21 | 72 | 97 | 30 | 26 | 44 | 42 | |
| 15 | 25 | 68 | 68 | 42 | 25 | 31 | 29 | |
| 16 | 17 | 61 | 76 | 70 | 19 | 90 | 85 | |
| 17 | 15 | 54 | 80 | 63 | 19 | 23 | 27 | |
| 18 | 16 | 56 | 108 | 116 | 41 | 111 | 58 | |
| | | | | | | | | |
| | | | | | | | | |
| | | | | | | | | |
| | | | | | | | | |
| 施工单位 | ××工程公司 | | | | | | | |
| 专业技术负责人 | | | 专业工长 | | | 记录人 | | |
| ××× | | | ××× | | | ××× | | |

**《地基钎探记录》填表说明：**

(1)资料流程：本表由施工单位填写，建设单位、施工单位、城建档案馆各保存一份。

(2)相关规定与要求：钎探记录用于检验浅土层(如基槽)的均匀性，确定基槽的容许承载力及检验填土质量。钎探前应绘制钎探点平面布置图，确定钎探点布置及顺序编号。按照钎探图及有关规定进行钎探并记录。

(3)注意事项：地基钎探记录必须真实有效，严禁弄虚作假。

# 第三节　土方工程施工试验记录

## 一、土工击实试验报告

**表 C6-4**　　　　**土工击实试验报告**

编号：×××
试验编号：××－001
委托编号：××－0417

| 工程名称及部位 | ××工程 | 试样编号 | 1 |
|---|---|---|---|
| 委托单位 | ××建筑工程公司 | 试验委托人 | ××× |
| 结构类型 | 全现场浇剪力墙 | 填土部位 | 基槽①～⑧/Ⓐ～Ⓕ轴 |
| 要求压实系数(λc) | 0.95 | 土样种类 | 灰土 |
| 来样日期 | ××年×月×日 | 试验日期 | ××年×月×日 |
| 试验结果 | 最优含水量($w_{0p}$)＝20.5% | | |
| | 最大干密度($\rho_{dmax}$)＝1.73g/cm³ | | |
| | 控制指标(控制干密度)<br>最大干密度×要求压实系数＝1.7g/cm³ | | |

结论：

依据《土工试验方法标准》(GB/T 50123—1999)标准，最佳含水率为 20.6%，最大干密度为1.72g/cm³，现将控制指标最小干密度为 1.60g/cm³。

| 批准 | ××× | 审核 | ××× | 试验 | ××× |
|---|---|---|---|---|---|
| 试验单位 | ××工程公司试验室 | | | | |
| 报告日期 | ××年×月×日 | | | | |

注：本表由建设单位、施工单位、城建档案馆各保存一份。

**《土工击实试验报告》填表说明：**

(1)填写单位：由具备相应资质等级的检测单位出具后随相关资料进入资料流程。

(2)相关规定与要求：土方工程应测定土的最大干密度和最优含水量，确定最小干密度控制值，由试验单位出具《土工击实试验报告》(表 C6-4)。

(3)注意事项：按照设计要求和规范规定应做施工试验，且无相应施工试验表格的，应填写《施工试验记录(通用)》(表 C6-1)。

(4)本表由建设单位、施工单位、城建档案馆各保存一份。

## 二、回填土试验报告

**表 C6-5** **回填土试验报告**

编号：××××

试验编号：××—0013

委托编号：××—01736

| 工程名称及施工部位 | ××工程地下二层基槽东侧 | | |
|---|---|---|---|
| 委托单位 | ××建筑工程公司 | 试验委托人 | ××× |
| 要求压实系数 $\lambda_c$ | | 回填土种类 | 3∶7 灰土 |
| 控制干密度 $\rho_d$ | 1.55 g/cm³ | 试验日期 | ××年×月×日 |

| 点号 / 项目 / 步数 | 1 | 2 | | | | | | | | |
|---|---|---|---|---|---|---|---|---|---|---|
| 项目 | 实测干密度(g/cm³) | | | | | | | | | |
| | 实测压实系数 | | | | | | | | | |
| 1 | 1.62 | 1.59 | | | | | | | | |
| | 0.96 | 0.97 | | | | | | | | |
| 2 | 1.6 | 1.58 | | | | | | | | |
| | 0.97 | 0.98 | | | | | | | | |
| 3 | 1.59 | 1.63 | | | | | | | | |
| | 0.97 | 0.95 | | | | | | | | |
| 4 | 1.64 | 1.69 | | | | | | | | |
| | 0.95 | 0.92 | | | | | | | | |
| 5 | 1.57 | 1.62 | | | | | | | | |
| | 0.99 | 0.96 | | | | | | | | |

取样位置简图(附图)

(略)

结论：

符合最小干密度及《土工试验方法标准》(GB/T 50123—1999)标准规定

| 批准 | ××× | 审核 | ××× | 试验 | ××× |
|---|---|---|---|---|---|
| 试验单位 | ××建筑工程公司试验室 | | | | |
| 报告日期 | ××年×月×日 | | | | |

**《回填土试验报告》填表说明：**

(1)填写单位：由具备相应资质等级的检测单位出具后随相关资料进入资料流程。

(2)相关规定与要求：应按规范要求绘制回填土取点平面示意图，分段、分层(步)取样做《回填土试验报告》。

(3)注意事项：按照设计要求和规范规定应做施工试验，且无相应施工试验表格的，应填写《施工试验记录(通用)》(表 C6-1)。

(4)本表由建设单位、施工单位、城建档案馆各保存一份。

# 第四节 土方工程施工质量验收记录

## 一、检验批质量验收记录

### 1. 土方开挖工程检验批质量验收记录表

**土方开挖工程检验批质量验收记录表**
**GB 50202—2002**

010101□0□1

<table>
<tr><td colspan="3">工程名称</td><td colspan="2">××工程</td><td colspan="2">分部(子分部)工程名称</td><td>无支护土方</td><td>验收部位</td><td>基础①～⑥/Ⓑ～Ⓗ轴</td></tr>
<tr><td colspan="3">施工单位</td><td colspan="3">×××建筑工程集团公司</td><td>专业工长</td><td>×××</td><td>项目经理</td><td>×××</td></tr>
<tr><td colspan="3">施工执行标准名称及编号</td><td colspan="7">建筑地基基础工程施工工艺标准(QB×××—2005)</td></tr>
<tr><td colspan="3">分包单位</td><td>/</td><td colspan="3">分包项目经理</td><td>/</td><td>施工班组长</td><td>×××</td></tr>
<tr><td colspan="8">施工质量验收规范的规定</td><td rowspan="4">施工单位检查评定记录</td><td rowspan="4">监理(建设)单位验收记录</td></tr>
<tr><td colspan="3" rowspan="3">项　目</td><td colspan="5">允许偏差或允许值(mm)</td></tr>
<tr><td rowspan="2">柱基基坑基槽</td><td colspan="2">挖方场地平整</td><td rowspan="2">管沟</td><td rowspan="2">地(路)面基层</td></tr>
<tr><td>人工</td><td>机械</td></tr>
<tr><td rowspan="3">主控项目</td><td>1</td><td>标高</td><td>−50</td><td>±30</td><td>±50</td><td>−50</td><td>−50</td><td>✓</td><td rowspan="3">经检查,标高、长度、宽度、边坡符合规范要求</td></tr>
<tr><td>2</td><td>长度、宽度(由设计中心线向两边量)</td><td>+200<br>−50</td><td>+300<br>−100</td><td>+500<br>−150</td><td>+100</td><td>/</td><td>✓</td></tr>
<tr><td>3</td><td>边坡</td><td colspan="5">设计要求</td><td>1∶0.6</td></tr>
<tr><td rowspan="2">一般项目</td><td>1</td><td>表面平整度</td><td>20</td><td>20</td><td>50</td><td>20</td><td>20</td><td>✓</td><td rowspan="2">经检查,表面平整度、基底土性符合规范要求</td></tr>
<tr><td>2</td><td>基底土性</td><td colspan="5">设计要求</td><td>土性为××,与勘察报告相符</td></tr>
<tr><td colspan="2">施工单位检查评定结果</td><td colspan="8">经检查,工程主控项目、一般项目均符合《建筑地基基础工程施工质量验收规范》(GB 50202—2002)的规定,评定为合格。<br><br>项目专业质量检查员:×××　　　　××年×月×日</td></tr>
<tr><td colspan="2">监理(建设)单位验收结论</td><td colspan="8">同意施工单位评定结果,验收合格。<br><br>监理工程师:×××<br>(建设单位项目专业技术负责人)　　　　××年×月×日</td></tr>
</table>

**《土方开挖工程检验批质量验收记录表》填表说明：**

(1)资料流程：本表由施工单位在完成本工序后填写，并报送监理单位；监理单位审批后返还施工单位，各相关单位存档。后续各检验批表格流程同此。

(2)相关规定与要求：

1)主控项目：

①标高：是指挖后的基底标高；用水准仪测量。检查测量记录。

②长度、宽度：是指基底的宽度、长度；用经纬仪、拉线尺量检查等；检查测量记录。

③边坡：符合设计要求；观察检查或用坡度尺检查。

2)一般项目：

①表面平整度：主要是指基底；用 2m 靠尺和开塞尺检查。

②基底土性：符合设计要求；观察检查或土样分析；通常请勘察、设计单位来验槽；形成验槽记录。

(3)注意事项：土方开挖前检查定位放线、排水和降低地下水位系统，合理安排土方运输车的行走路线及弃土场。施工过程中检查平面位置、水平标高、边坡坡度、压实度、排水、降低地下水位系统，并随时观测周围的环境变化。施工完成后，进行验槽。形成“施工记录”及“检验报告”，检查“施工记录”及“验槽报告”。

## 2. 土方回填检验批质量验收记录表

**土方回填工程检验批质量验收记录表**
**GB 50202—2002**

010102[0][1]

<table>
<tr><td colspan="3">工程名称</td><td>××工程</td><td colspan="3">分部(子分部)工程名称</td><td>无支护土方</td><td>验收部位</td><td colspan="2">基坑①～⑥/Ⓑ～Ⓗ轴</td></tr>
<tr><td colspan="3">施工单位</td><td colspan="4">×××建筑工程集团公司</td><td>专业工长</td><td>×××</td><td>项目经理</td><td>×××</td></tr>
<tr><td colspan="3">施工执行标准名称及编号</td><td colspan="8">建筑地基基础工程施工工艺标准(QB×××—2005)</td></tr>
<tr><td colspan="3">分包单位</td><td>/</td><td colspan="3">分包项目经理</td><td>/</td><td>施工班组长</td><td colspan="2">×××</td></tr>
<tr><td colspan="8">施工质量验收规范的规定</td><td rowspan="4">施工单位检查评定记录</td><td colspan="2" rowspan="4">监理(建设)单位验收记录</td></tr>
<tr><td colspan="3" rowspan="3">检查项目</td><td colspan="5">允许偏差或允许值(mm)</td></tr>
<tr><td rowspan="2">柱基基坑基槽</td><td colspan="2">场地平整</td><td rowspan="2">管沟</td><td rowspan="2">地(路)面基层</td></tr>
<tr><td>人工</td><td>机械</td></tr>
<tr><td rowspan="2">主控项目</td><td>1</td><td>标高</td><td>−50</td><td>±30</td><td>±50</td><td>−50</td><td>−50</td><td>✓</td><td colspan="2" rowspan="2">经检查，标高、分层压实系数符合施工规范要求</td></tr>
<tr><td>2</td><td>分层压实系数</td><td colspan="5">设计要求</td><td>压实系数0.95</td></tr>
<tr><td rowspan="3">一般项目</td><td>1</td><td>回填土料</td><td colspan="5">设计要求</td><td>压实系数0.95</td><td colspan="2" rowspan="3">经检查，回填土料、分层厚度及含水率、表面平整度符合规范要求</td></tr>
<tr><td>2</td><td>分层厚度及含水量</td><td colspan="5">设计要求</td><td>✓</td></tr>
<tr><td>3</td><td>表面平整度</td><td>20</td><td>20</td><td>30</td><td>20</td><td>20</td><td>15</td></tr>
<tr><td colspan="3">施工单位检查评定结果</td><td colspan="8">经检查，工程主控项目、一般项目均符合《建筑地基基础工程施工质量验收规范》(GB 50202—2002)的规定，评定为合格。<br><br>项目专业质量检查员：××× ××年×月×日</td></tr>
<tr><td colspan="3">监理(建设)单位验收结论</td><td colspan="8">同意施工单位评定结果，验收合格。<br><br>监理工程师：×××<br>(建设单位项目专业技术负责人) ××年×月×日</td></tr>
</table>

**《土方回填工程检验批质量验收记录表》填表说明：**

(1)资料流程：本表由施工单位在完成本工序后填写，并报送监理单位；监理单位审批后返还施工单位，各相关单位存档。

(2)相关规定与要求：

1)主控项目：

①标高：是指回填后的表面标高；用水准仪测量；检查测量记录。

②分层压实系数：符合设计要求；按规定方法取样；试验测量；不满足要求时随时进行返工处理，直到达到要求；检查测试记录。

2)一般项目：

①回填土料：符合设计要求；取样检查或直观鉴别；做出记录；检查试验报告。

②分层厚度及含水量：符合设计要求；用水准仪检查分层厚度；取样检测含水量。检查施工记录和试验报告。

③表面平整度：用水准仪或靠尺检查；控制在允许偏差范围内。

(3)注意事项：土方回填前清除基底的垃圾、树根等杂物，去除积水、淤泥，验收基底标高。如在松土上填方，在基底压实后再进行。填方土料按设计要求验收。填方施工中检查排水措施，每层填筑厚度、含水量控制、压实程度。填筑厚度及压实遍数应根据土质，压实系数及所用机具确定。检查施工记录和试验报告。

## 二、分项工程质量验收记录

### 1. 土方开挖分项工程质量验收记录表

**表 D-2**　　**土方开挖分项工程质量验收记录表**

编号：×××

| 单位(子单位)工程名称 | ××工程 | 结构类型 | 框架剪力墙 |
|---|---|---|---|
| 分部(子分部)工程名称 | 无支护土方 | 检验批数 | 2 |
| 施工单位 | ××建筑公司 | 项目经理 | ××× |
| 分包单位 | / | 分包项目经理 | / |

| 序号 | 检验批名称及部位、区段 | 施工单位检查评定结果 | 监理(建设)单位验收结论 |
|---|---|---|---|
| 1 | 基础①～⑩/Ⓐ～Ⓖ轴 | √ | |
| 2 | 基础⑩～㉒/Ⓐ～Ⓖ轴 | √ | |
| | | | |
| | | | |
| | | | |
| | | | |
| | | | 验收合格 |
| | | | |
| | | | |
| | | | |
| | | | |
| | | | |
| | | | |

说明：

| | | | |
|---|---|---|---|
| 检查结论 | 基础①～㉒/Ⓐ～Ⓖ轴土方开挖施工质量符合《建筑地基基础工程施工质量验收规范》(GB 50202—2002)的规定。<br><br>项目专业技术负责人：×××<br><br>××年×月×日 | 验收结论 | 同意施工单位检查结论，验收合格。<br><br>监理工程师：×××<br>(建设单位项目专业技术负责人)<br><br>××年×月×日 |

注：地基基础、主体结构工程的分项工程质量验收不填写“分包单位”、“分包项目经理”。

2. 土方回填分项工程质量验收记录表

表 D-2　　土方回填分项工程质量验收记录表

编号：×××

| 单位(子单位)工程名称 | ××工程 | 结构类型 | 框架剪力墙 |
|---|---|---|---|
| 分部(子分部)工程名称 | 无支护土方 | 检验批数 | 2 |
| 施工单位 | ××建筑公司 | 项目经理 | ××× |
| 分包单位 | / | 分包项目经理 | / |

| 序号 | 检验批名称及部位、区段 | 施工单位检查评定结果 | 监理(建设)单位验收结论 |
|---|---|---|---|
| 1 | 基础①～⑩/Ⓐ～Ⓖ轴 | √ | 验收合格 |
| 2 | 基础⑩～㉒/Ⓐ～Ⓖ轴 | √ | |
| | | | |
| | | | |
| | | | |
| | | | |
| | | | |
| | | | |
| | | | |
| | | | |
| | | | |
| | | | |
| | | | |
| | | | |
| | | | |
| | | | |
| | | | |
| | | | |
| 说明： | | | |

| 检查结论 | 基础①～㉒/Ⓐ～Ⓖ轴土方开挖施工质量符合《建筑地基基础工程施工质量验收规范》(GB 50202—2002)的规定。<br><br>项目专业技术负责人：×××<br>××年×月×日 | 验收结论 | 同意施工单位检查结论，验收合格。<br><br>监理工程师：×××<br>(建设单位项目专业技术负责人)<br>××年×月×日 |
|---|---|---|---|

注：地基基础、主体结构工程的分项工程质量验收不填写“分包单位”、“分包项目经理”。

## 三、子分部工程质量验收记录

**表 D-3**　　　　子分部工程质量验收记录表

编号：×××

<table>
<tr><td>工程名称</td><td>××大厦</td><td>结构类型及层数</td><td colspan="3">框架剪力墙地上8层</td></tr>
<tr><td>施工单位</td><td>××建筑公司</td><td>技术部门负责人</td><td>×××</td><td>质量部门负责人</td><td>×××</td></tr>
<tr><td>分包单位</td><td>/</td><td>分包单位负责人</td><td>/</td><td>分包技术负责人</td><td>/</td></tr>
<tr><td>序号</td><td>子分部(分项)工程名称</td><td>分项工程<br>(检验批)数</td><td>施工单位检查评定</td><td colspan="2">验收意见</td></tr>
<tr><td>1</td><td>土方开挖</td><td>2</td><td>✓</td><td colspan="2" rowspan="8">各分项工程验收合格</td></tr>
<tr><td>2</td><td>土方回填</td><td>2</td><td>✓</td></tr>
<tr><td></td><td></td><td></td><td></td></tr>
<tr><td></td><td></td><td></td><td></td></tr>
<tr><td></td><td></td><td></td><td></td></tr>
<tr><td></td><td></td><td></td><td></td></tr>
<tr><td></td><td></td><td></td><td></td></tr>
<tr><td></td><td></td><td></td><td></td></tr>
<tr><td colspan="2">质量控制资料</td><td colspan="2">完整，符合要求</td><td colspan="2">同意施工单位评定</td></tr>
<tr><td colspan="2">安全和功能检验(检测)报告</td><td colspan="2">符合要求，合格</td><td colspan="2">同意施工单位评定</td></tr>
<tr><td colspan="2">观感质量验收</td><td colspan="2">好</td><td colspan="2">同意施工单位评定</td></tr>
</table>

<table>
<tr><td rowspan="5">验收单位</td><td>分包单位</td><td>项目经理：</td><td>年　月　日</td></tr>
<tr><td>施工单位</td><td>项目经理：×××</td><td>××年×月×日</td></tr>
<tr><td>勘察单位</td><td>项目负责人：×××</td><td>××年×月×日</td></tr>
<tr><td>设计单位</td><td>项目负责人：×××</td><td>××年×月×日</td></tr>
<tr><td>监理(建设)单位</td><td colspan="2">各分项工程施工质量均符合规范要求，质量控制资料及安全和功能检验(检测)报告齐全、合格，观感质量验收为好，同意施工单位评定结果，验收合格。<br><br>总监理工程师：×××<br>(建设单位项目专业负责人)　　××年×月×日</td></tr>
</table>

# 第四章　基坑工程资料

## 第一节　基坑工程资料分类

基坑工程施工资料分类见表 4-1。

**表 4-1**　　**基坑工程施工资料分类**

| 类别及编号 | 表格编号（或资料来源） | | 资料名称 | 备　注 |
|---|---|---|---|---|
| 施工技术资料（C2） | 施工单位编制 | | 施工组织设计或施工方案 | |
| | C2-1 | 技术交底记录 | 排桩墙支护工程技术交底记录 | |
| | | | 水泥土桩墙支护工程技术交底记录 | |
| | | | 锚杆及土钉墙支护工程技术交底记录 | |
| | | | 钢或混凝土支撑工程技术交底记录 | |
| | | | 地下连续墙工程技术交底记录 | |
| | | | 沉井与沉箱工程技术交底记录 | |
| | | | 降水与排水工程技术交底记录 | |
| | C2-2 | | 图纸会审记录 | 见本书第二章 |
| | C2-3 | | 设计变更通知单 | 见本书第二章 |
| | C2-4 | | 工程洽商记录 | 见本书第二章 |
| 施工物资资料（C4） | C4-1 | | 材料、构配件进场检验记录 | |
| | 供应单位提供 | | 各种物资出厂合格证、质量保证书和商检证等 | |
| | C4-8 | | 预拌混凝土出厂合格证 | |
| | C4-9 | | 钢材试验报告 | |
| | C4-10 | | 水泥试验报告 | |
| | C4-11 | | 砂试验报告 | |
| | C4-12 | | 碎（卵）石试验报告 | |
| 施工记录（C5） | C5-1 | | 隐蔽工程检查记录 | |
| | C5-2 | | 预检记录 | |
| | C5-3 | | 施工检查记录 | |
| | C5-4 | | 交接检查记录 | |
| | 专业施工单位提供 | | 基坑支护变形监测记录 | |
| 施工试验记录（C6） | C6-1 | | 施工试验记录（通用） | |
| | 检测单位提供 | | 锚杆、土钉锁定力（抗拔力）试验报告 | |
| | C6-6 | | 钢筋连接试验报告 | |
| | C6-7 | | 砂浆配合比申请单、通知单 | |
| | C6-8 | | 砂浆抗压强度试验报告 | |
| | C6-9 | | 砌筑砂浆试块强度统计、评定记录 | |
| | C6-10 | | 混凝土配合比申请单、通知单 | |
| | C6-11 | | 混凝土试块强度统计、评定记录 | |
| | C6-12 | | 混凝土抗渗试验报告 | |

续表

| 类别及编号 | 表格编号（或资料来源） | 资料名称 | | 备注 |
|---|---|---|---|---|
| 施工质量验收记录（C7） | 施工单位提供 | 检验批质量验收记录 | 排桩墙支护工程检验批质量验收记录 | |
| | | | 降水与排水工程检验批质量验收记录 | |
| | | | 地下连续墙工程检验批质量验收记录 | |
| | | | 锚杆及土钉墙支护工程检验批质量验收记录 | |
| | | | 水泥土桩墙支护工程检验批质量验收记录 | |
| | | | 沉井与沉箱工程检验批质量验收记录 | |
| | | | 钢或混凝土支护工程检验批质量验收记录 | |
| | | 分项工程质量验收记录 | 排桩墙支护分项工程质量验收记录 | |
| | | | 水泥土桩墙支护分项工程质量验收记录 | |
| | | | 锚杆及土钉墙支护分项工程质量验收记录 | |
| | | | 地下连续墙分项工程质量验收记录 | |
| | | | 钢或混凝土支撑分项工程验收记录 | |
| | | | 沉井与沉箱分项工程验收记录 | |
| | | 分项工程质量验收记录 | 降水与排水分项工程验收记录表 | |
| | | 分部（子分部）工程质量验收记录 | 有支护土方子分部工程质量验收记录 | |

## 第二节　基坑工程施工物资资料

### 一、材料、构配件进场检验记录

**表 C4-1**　　**材料、构配件进场检验记录**

编号：×××

| 工程名称 | | ×××工程 | | | 检验日期 | ××年×月×日 | | |
|---|---|---|---|---|---|---|---|---|
| 序号 | 名称 | 规格型号 | 进场数量 | 生产厂家/合格证号 | 检验项目 | 检验结果 | 备注 | |
| 1 | 普通硅酸盐水泥 | P·O 32.5 | 150 根 | ××公司/××× | 外观、质量证明文件 | 合格 | | |
| 2 | 砂 | 中砂 | 500m³ | ××公司/××× | 外观、质量证明文件 | 合格 | | |
| 3 | 碎石 | 5～25 机碎 | 500m³ | ××公司/××× | 外观、质量证明文件 | 合格 | | |
| 4 | 螺纹钢筋 | $\phi$22 HRB335 | 2.353t | ××公司/××× | 外观、质量证明文件 | 合格 | | |
| 5 | 圆盘 | $\phi$8 Q235A | 8.46t | ××公司/××× | 外观、质量证明文件 | 合格 | | |
| 检验结论：以上材料、构配件经外观检查合格，材质、规格型号及数量经复检均符合设计、规范要求，产品质量证明文件齐全 | | | | | | | | |
| 签字栏 | 建设（监理）单位 | 施工单位 | | ××建筑工程公司　××项目经理部 | | | | |
| | | 专业质检员 | | 专业工长 | | 检验员 | | |
| | ××× | ××× | | ××× | | ××× | | |

**《材料、构配件进场检验记录表》填表说明：**

(1)附件收集：

1)物资进场报验须附资料应根据具体情况（合同、规范、施工方案等要求）由监理、施工单位和物资供应单位预先协商确定。

2)由施工单位负责收集附件(包括产品出厂合格证、性能检测报告、出厂试验报告、进场复试报告、材料构配件进场检验记录、产品备案文件、进口产品的中文说明和商检证等)。

(2)资料流程：由直接使用所检查的材料及配件的施工单位填写，作为工程物资进场报验表填表进入资料流程。

(3)相关规定与要求：工程物资进场后，施工单位应及时组织相关人员检查外观、数量及供货单位提供的质量证明文件等，合格后填写本表。

(4)注意事项：①工程名称填写应准确、统一，日期应准确。②物资名称、规格、数量、检验项目和结果等填写应规范、准确。③检验结论及相关人员签字应清晰可辨认，严禁其他人代签。④按规定应进场复试的工程物资，必须在进场检查验收合格后取样复试。

(5)本表由施工单位填写并保存。

## 二、材料试验报告

### 1. 钢材试验报告

**表 C4-9**　　　　　　　　　　**钢材试验报告**

编号：×××
试验编号：××－0324
委托编号：××－09384

<table>
<tr><td colspan="2">工程名称</td><td colspan="4">××工程　基坑支护</td><td colspan="2">试件编号</td><td colspan="2">010</td></tr>
<tr><td colspan="2">委托单位</td><td colspan="4">××建筑工程公司</td><td colspan="2">试验委托人</td><td colspan="2">×××</td></tr>
<tr><td colspan="2">钢材种类</td><td>热轧带肋</td><td>规格或牌号</td><td colspan="2">HRB335 Φ 25</td><td colspan="2">生产厂</td><td colspan="2">××钢铁集团公司</td></tr>
<tr><td colspan="2">代表数量</td><td>20t</td><td>来样日期</td><td colspan="2">××年×月×日</td><td colspan="2">试验日期</td><td colspan="2">××年×月×日</td></tr>
<tr><td colspan="2">公称直径(厚度)</td><td colspan="4">25.00mm</td><td colspan="2">公称面积</td><td colspan="2">490.0mm²</td></tr>
<tr><td rowspan="14">试验结果</td><td colspan="6">力学性能试验结果</td><td colspan="3">弯曲性能</td></tr>
<tr><td>屈服点(MPa)</td><td>抗拉强度(MPa)</td><td>伸长率(%)</td><td>$\sigma_{b实}/\sigma_{s实}$</td><td>$\sigma_{s实}/\sigma_{b标}$</td><td></td><td>弯心直径</td><td>角度</td><td>结果</td></tr>
<tr><td>385</td><td>605</td><td>26</td><td>1.57</td><td>1.15</td><td></td><td>75</td><td>180</td><td>合格</td></tr>
<tr><td>385</td><td>605</td><td>26</td><td>1.57</td><td>1.15</td><td></td><td>75</td><td>180</td><td>合格</td></tr>
<tr><td></td><td></td><td></td><td></td><td></td><td></td><td></td><td></td><td></td></tr>
<tr><td></td><td></td><td></td><td></td><td></td><td></td><td></td><td></td><td></td></tr>
<tr><td></td><td></td><td></td><td></td><td></td><td></td><td></td><td></td><td></td></tr>
<tr><td colspan="7">化学分析</td><td colspan="2" rowspan="7">其他：</td></tr>
<tr><td rowspan="2">分析编号</td><td colspan="6">化　学　成　分　(%)</td></tr>
<tr><td>C</td><td>Si</td><td>Mn</td><td>P</td><td>S</td><td>ceq</td></tr>
<tr><td></td><td></td><td></td><td></td><td></td><td></td><td></td></tr>
<tr><td></td><td></td><td></td><td></td><td></td><td></td><td></td></tr>
<tr><td></td><td></td><td></td><td></td><td></td><td></td><td></td></tr>
<tr><td></td><td></td><td></td><td></td><td></td><td></td><td></td></tr>
<tr><td colspan="10">结论：<br><br>依据《钢筋混凝土用热轧带肋钢筋》(GB 1499—1998)标准，符合热轧带肋 HRB335 级力学性能</td></tr>
<tr><td colspan="2">批准</td><td colspan="2">×××</td><td>审核</td><td colspan="2">×××</td><td>试验</td><td colspan="2">×××</td></tr>
<tr><td colspan="2">试验单位</td><td colspan="8">××建筑构件厂(中心试验室)</td></tr>
<tr><td colspan="2">报告日期</td><td colspan="8">××年×月×日</td></tr>
</table>

注：本表由试验单位提供，建设单位、施工单位、城建档案馆各保存一份。

2. 水泥试验报告

表 C4-10

## 水泥试验报告

编号：×××

试验编号：××－0666

委托编号：××－06379

<table>
<tr><td colspan="2">工程名称</td><td colspan="3">××工程　基坑支护</td><td colspan="2">试样编号</td><td colspan="2">×××</td></tr>
<tr><td colspan="2">委托单位</td><td colspan="3">××建筑工程公司××项目经理部</td><td colspan="2">试验委托人</td><td colspan="2">×××</td></tr>
<tr><td colspan="2">品种及强度等级</td><td>P·S 32.5</td><td colspan="2">出厂编号及日期</td><td>××年×月×日</td><td>厂别牌号</td><td colspan="2">×××</td></tr>
<tr><td colspan="2">代表数量(t)</td><td>200</td><td colspan="2">来样日期</td><td>××年×月×日</td><td>试验日期</td><td colspan="2">××年×月×日</td></tr>
<tr><td rowspan="14">试验结果</td><td colspan="2" rowspan="2">一、细度</td><td colspan="3">1. 80μm 方孔筛余量</td><td colspan="3">%</td></tr>
<tr><td colspan="3">2. 比表面积</td><td colspan="3">$m^3/kg$</td></tr>
<tr><td colspan="2">二、标准稠度用水量(P)</td><td colspan="6">25.4 %</td></tr>
<tr><td colspan="2">三、凝结时间</td><td>初凝</td><td colspan="2">03 h 30 min</td><td>终凝</td><td colspan="2">05 h 25 min</td></tr>
<tr><td colspan="2">四、安定性</td><td>雷氏法</td><td colspan="2">mm</td><td>饼法</td><td colspan="2">/</td></tr>
<tr><td colspan="2">五、其他</td><td>/</td><td colspan="2">/</td><td>/</td><td colspan="2">/</td></tr>
<tr><td colspan="2">六、强度(MPa)</td><td colspan="6"></td></tr>
<tr><td colspan="4">抗折强度</td><td colspan="4">抗压强度</td></tr>
<tr><td colspan="2">3天</td><td colspan="2">28天</td><td colspan="2">3天</td><td colspan="2">28天</td></tr>
<tr><td>单块值</td><td>平均值</td><td>单块值</td><td>平均值</td><td>单块值</td><td>平均值</td><td>单块值</td><td>平均值</td></tr>
<tr><td rowspan="2">4.5</td><td rowspan="6">4.4</td><td rowspan="2">8.7</td><td rowspan="6">8.7</td><td>23.0</td><td rowspan="6">23.5</td><td>52.5</td><td rowspan="6">53.1</td></tr>
<tr><td>23.8</td><td>53.2</td></tr>
<tr><td rowspan="2">4.3</td><td rowspan="2">8.8</td><td>23.2</td><td>52.7</td></tr>
<tr><td>24.1</td><td>53.8</td></tr>
<tr><td></td><td rowspan="2">4.3</td><td rowspan="2">8.7</td><td>23.8</td><td>53.2</td></tr>
<tr><td></td><td>22.9</td><td>53.1</td></tr>
</table>

结论：

**依据《矿渣硅酸盐水泥、火山灰硅酸盐水泥及粉煤灰硅酸盐水泥》(GB 1344—1999)标准，符合 P·S 32.5 水泥强度要求，安定性合格，凝结时间合格。**

| 批准 | ××× | 审核 | ××× | 试验 | ××× |
|---|---|---|---|---|---|
| 试验单位 | ××建筑公司试验室 | | | | |
| 报告日期 | ××年×月×日 | | | | |

注：本表由试验单位提供，建设单位、施工单位、城建档案馆各保存一份。

3. 砂试验报告

表 C4-11　　砂试验报告

编号：×××

试验编号：××－0018

委托编号：××－01480

| 工程名称 | ××工程　基坑支护 | | | 试样编号 | 012 | |
|---|---|---|---|---|---|---|
| 委托单位 | ××建筑公司××项目经理部 | | | 试验委托人 | ××× | |
| 种类 | 中砂 | | | 产地 | ××× | |
| 代表数量 | 600t | 来样日期 | ××年×月×日 | 试验日期 | ××年×月×日 | |
| 试验结果 | 一、筛分析 | 细度模数（$\mu f$） | 2.7 | | | |
| | | 级配区域 | Ⅱ　区 | | | |
| | 二、含泥量 | | 2.6 | | | % |
| | 三、泥块含量 | | 0.5 | | | % |
| | 四、表观密度 | | / | | | kg/m³ |
| | 五、堆积密度 | | 1460 | | | kg/m³ |
| | 六、碱活性指标 | | / | | | |
| | 七、其他 | | 含水率/有机质含量/云母含量/碱活性/孔隙率/坚固性/轻物质含量/氯离子含量/紧密密度 | | | |

结论：

依据《普通混凝土用砂、石质量及检验方法标准》(JGJ 52—2006)标准，含泥量合格，泥块含量合格，属Ⅱ区中砂。

| 批准 | ××× | 审核 | ××× | 试验 | ××× |
|---|---|---|---|---|---|
| 试验单位 | ××建筑工程公司试验室 | | | | |
| 报告日期 | ××年×月×日 | | | | |

注：本表由试验单位提供，建设单位、施工单位、城建档案馆各保存一份。

4. 碎(卵)石试验报告

表 C4-12

## 碎(卵)石试验报告

编号: ×××
试验编号: ××-0078
委托编号: ××-09420

<table>
<tr><td colspan="2">工程名称</td><td colspan="3">××工程</td><td>试样编号</td><td colspan="2">008</td></tr>
<tr><td colspan="2">委托单位</td><td colspan="3">××建筑工程公司</td><td>试验委托人</td><td colspan="2">×××</td></tr>
<tr><td colspan="2">种类、产地</td><td colspan="3">卵石 ×××</td><td>公称粒径</td><td colspan="2">5～10mm</td></tr>
<tr><td colspan="2">代表数量</td><td>600t</td><td>来样日期</td><td>××年×月×日</td><td>试验日期</td><td colspan="2">××年×月×日</td></tr>
<tr><td rowspan="11">试验结果</td><td rowspan="3">一、筛分析</td><td>级配情况</td><td colspan="5">☑ 连续粒级 □单粒级</td></tr>
<tr><td>级配结果</td><td colspan="5">符合 5～10mm 卵石连续级配</td></tr>
<tr><td>最大粒径</td><td colspan="5">10.0mm</td></tr>
<tr><td colspan="2">二、含泥量</td><td colspan="4">0.6</td><td>%</td></tr>
<tr><td colspan="2">三、泥块含量</td><td colspan="4">0.2</td><td>%</td></tr>
<tr><td colspan="2">四、针、片状颗粒含量</td><td colspan="4">0</td><td>%</td></tr>
<tr><td colspan="2">五、压碎指标值</td><td colspan="4">0</td><td>%</td></tr>
<tr><td colspan="2">六、表观密度</td><td colspan="4">/</td><td>kg/m³</td></tr>
<tr><td colspan="2">七、堆积密度</td><td colspan="4">/</td><td>kg/m³</td></tr>
<tr><td colspan="2">八、碱活性指标</td><td colspan="5">/</td></tr>
<tr><td colspan="2">九、其他</td><td colspan="5">含水率/氯离子含量/孔隙率/坚固性/有机质含量/<br>抗压强度试验/轻物质含量/</td></tr>
<tr><td colspan="8">结论:<br><br>依据《普通混凝土用砂、石质量及检验方法标准》(JGJ 52—2006)标准,含泥量合格,泥块含量合格,针片状含量合格,符合 5～10mm 卵石连续级配,累计筛余 0。</td></tr>
</table>

| 批准 | ××× | 审核 | ××× | 试验 | ××× |
|---|---|---|---|---|---|
| 试验单位 | ××建筑工程公司试验室 | | | | |
| 报告日期 | ××年×月×日 | | | | |

注:本表由试验单位提供,建设单位、施工单位、城建档案馆各保存一份。

**《材料试验报告相关表格》填表说明：**

(1)资料流程：材料试验报告由具备相应资质等级的检测单位出具，作为各种相关材料的附件进入资料流程。

(2)相关规定与要求：

1)对于不需要进场复试的物资，由供货单位直接提供。

2)对于需要进场复试的物资，由施工单位及时取样后送至规定的检测单位，检测单位根据相关标准进行试验后填写材料试验报告并返还施工单位。

(3)注意事项：

1)工程名称、使用部位及代表数量应准确并符合规范要求(应对检测单位告之准确内容)。

2)返还的试验报告应重点保存。

3)本书仅列数种材料试验的专用表格，凡按规范要求须做进场复试的物资，应按其相应专用复试表格填写，未规定专用复试表格的，应按《材料试验报告(通用)》填写。

## 三、预拌混凝土出厂合格证

**表 C4-8** **预拌混凝土出厂合格证**

编号：×××

<table>
<tr><td colspan="2">使用单位</td><td colspan="4">××建筑公司</td><td colspan="2">合格证编号</td><td colspan="2">××××</td></tr>
<tr><td colspan="2">工程名称与浇筑部位</td><td colspan="8">××工程五层①～㉓/Ⓐ～Ⓛ轴楼面</td></tr>
<tr><td colspan="2">强度等级</td><td>C25</td><td colspan="2">抗渗等级</td><td>/</td><td colspan="2">供应数量(m³)</td><td colspan="2">168.5</td></tr>
<tr><td colspan="2">供应日期</td><td colspan="3">××年×月×日</td><td>至</td><td colspan="4">××年×月×日</td></tr>
<tr><td colspan="2">配合比编号</td><td colspan="8">×××－148</td></tr>
<tr><td colspan="2">原材料名称</td><td>水泥</td><td>砂</td><td>石</td><td>掺合料</td><td></td><td>外加剂</td><td colspan="2"></td></tr>
<tr><td colspan="2">品种及规格</td><td>P·O 32.5</td><td>中砂</td><td>5～25 机碎</td><td>粉煤灰</td><td></td><td>FDY</td><td colspan="2"></td></tr>
<tr><td colspan="2">试验编号</td><td>×××D－2</td><td>×××B－49</td><td>×××C－89</td><td>×××A－86</td><td></td><td>×××WD－18</td><td colspan="2"></td></tr>
<tr><td rowspan="2">每组抗压强度值(MPa)</td><td>试验编号</td><td colspan="2">强度值</td><td colspan="2">试验编号</td><td colspan="2">强度值</td><td colspan="2" rowspan="2">备注：<br>28 天<br>其他要求：<br>防冻水下灌桩</td></tr>
<tr><td>×××－156</td><td colspan="2">35.7</td><td colspan="2"></td><td colspan="2"></td></tr>
<tr><td>抗渗试验</td><td>试验编号</td><td colspan="2">指标</td><td colspan="2">试验编号</td><td colspan="2">指标</td><td colspan="2"></td></tr>
<tr><td colspan="8">抗压强度统计结果</td><td colspan="2" rowspan="3">结论：<br>合格</td></tr>
<tr><td colspan="2">组数 $n$</td><td colspan="3">平均值</td><td colspan="3">最小值</td></tr>
<tr><td colspan="2">2</td><td colspan="3">35.7</td><td colspan="3">35.7</td></tr>
<tr><td colspan="4">供应单位技术负责人</td><td colspan="4">填表人</td><td colspan="2" rowspan="3">供应单位名称<br>（盖章）</td></tr>
<tr><td colspan="4">×××</td><td colspan="4">×××</td></tr>
<tr><td colspan="8">填表日期：××年×月×日</td></tr>
</table>

注：本表由预拌混凝土供应单位提供，建设单位、施工单位、城建档案馆各保存一份。

# 第三节　基坑工程施工记录

## 一、隐蔽工程检查记录

### 1. 排桩墙支护隐蔽工程检查记录

表 C5-1　　**排桩墙支护隐蔽工程检查记录**

编号：×××

<table>
<tr><td>工程名称</td><td colspan="3">××工程</td></tr>
<tr><td>隐检项目</td><td>基坑支护工程(排桩墙)</td><td>隐检日期</td><td>××年×月×日</td></tr>
<tr><td>隐检部位</td><td colspan="3">基础层　①～⑳/Ⓐ～Ⓓ轴　－6.90m 标高</td></tr>
<tr><td colspan="4">隐检依据：施工图图号 基坑挖槽平面图一结 2 及排桩墙施工方案 ，设计变更/洽商(编号 / )及有关国家现行标准等。<br>主要材料名称及规格/型号： 主筋 HRB335 ⌀22，箍筋 φ8 圆钢，P·O 32.5</td></tr>
<tr><td colspan="4">隐检内容：<br>(1)采用悬臂式排桩墙，悬臂长度 4m。<br>(2)桩径 800mm，桩间距、规格、尺寸符合设计要求。<br>(3)含水层范围内的排桩墙支护基坑有可靠的止水措施(见施工方案)。<br>(4)采用人工和装载机配合清理孔口积土，桩底沉渣<200mm。<br>隐检内容已做完，请予检查。<br>申报人：×××</td></tr>
<tr><td colspan="4">检查意见：<br>经检查，现场情况与隐检内容相符，满足设计要求，符合规范规定。<br>检查结论：☑同意隐蔽　□不同意，修改后进行复查</td></tr>
<tr><td colspan="4">复查结论：<br>复查人：　　复查日期：</td></tr>
</table>

<table>
<tr><td rowspan="3">签字栏</td><td rowspan="2">建设(监理)单位</td><td>施工单位</td><td colspan="2">×××建筑工程有限公司</td></tr>
<tr><td>专业技术负责人</td><td>专业质检员</td><td>专业工长</td></tr>
<tr><td>×××</td><td>×××</td><td>×××</td><td>×××</td></tr>
</table>

本表由施工单位填写，建设单位、施工单位、城建档案馆各保存一份。

2. 水泥土桩墙支护隐蔽工程检查记录

表 C5-1　　水泥土桩墙支护隐蔽工程检查记录

编号：×××

<table>
<tr><td>工程名称</td><td colspan="5">××工程</td></tr>
<tr><td>隐检项目</td><td colspan="2">支护工程（水泥土桩墙）</td><td>隐检日期</td><td colspan="2">××年×月×日</td></tr>
<tr><td>隐检部位</td><td colspan="5">基础层　①～㉒/Ⓐ～Ⓕ轴　－4.90m 标高</td></tr>
<tr><td colspan="6">隐检依据：施工图图号 结施 2、结施 3 ，设计变更/洽商（编号 / ）及有关国家现行标准等。<br>主要材料名称及规格/型号： 水泥土桩 </td></tr>
<tr><td colspan="6">隐检内容：<br>(1)水泥土桩墙采用格栅布置，水泥土的置换率为 0.7，格栅长宽比＜2。<br>(2)水泥土桩墙支护深度 5m，桩的有效搭接宽度≥200mm。<br>(3)水泥土桩墙采取切割搭接法施工，在前桩水泥土尚未固化时进行后序搭接桩施工。施工开始和结束的头尾搭接处，采取加强措施，消除搭接沟缝。<br><br>隐检内容已做完，请予检查。<br><br>申报人：×××</td></tr>
<tr><td colspan="6">检查意见：<br>经检查，现场情况与隐检内容相符，满足设计要求，符合规范规定。<br>检查结论：☑同意隐蔽　□不同意，修改后进行复查</td></tr>
<tr><td colspan="6">复查结论：<br><br>复查人：　　复查日期：</td></tr>
<tr><td rowspan="3">签字栏</td><td rowspan="2">建设（监理）单位</td><td>施工单位</td><td colspan="3">×××建筑工程有限公司</td></tr>
<tr><td>专业技术负责人</td><td>专业质检员</td><td colspan="2">专业工长</td></tr>
<tr><td>×××</td><td>×××</td><td>×××</td><td colspan="2">×××</td></tr>
</table>

本表由施工单位填写，建设单位、施工单位、城建档案馆各保存一份。

## 3. 锚杆及土钉墙支护隐蔽工程检查记录

**表 C5-1**　　**锚杆及土钉墙支护隐蔽工程检查记录**

编号：×××

<table>
<tr><td>工程名称</td><td colspan="3">××工程</td></tr>
<tr><td>隐检项目</td><td>锚杆及支护</td><td>隐检日期</td><td>××年×月×日</td></tr>
<tr><td>隐检部位</td><td colspan="3">基础层　①～⑩/Ⓐ～Ⓔ轴线　－6.90m 标高</td></tr>
<tr><td colspan="4">隐检依据：施工图图号 结施 2、结施 5 ，设计变更/洽商（编号 / ）及有关国家现行标准等。<br>主要材料名称及规格/型号： 钢筋 HRB335 Φ 25、钢筋网 200mm×200mmϕ6、水泥 P·O 32.5、中砂、碎石 5～31.5mm。</td></tr>
<tr><td colspan="4">隐检内容：<br>(1)锚杆材料为强度等级 1860MPa 的低松弛预应力钢绞线，规格为 1×7－ϕ15.24。<br>(2)22～46 号锚杆总长度是 24.2m，锚固段长度 16m，自由段 7m；锚杆的自由段抹黄油后，分别套 16m 和 7m 彩管；预留张拉段长度为 1.2m；钢绞线的定位支架间距为 2m。<br>(3)注浆管与锚杆杆体绑扎在一起（注浆管从对中支架中间通过），一次注浆管距孔底 100～200mm，二次注浆管的出浆孔已进行可灌密封处理。<br>(4)灌浆采用水灰比 0.45～0.5 的水泥净浆；设计锚杆锚固体水泥浆强度为 M20。<br>隐检内容已做完，请予检查。<br>申报人：×××</td></tr>
<tr><td colspan="4">检查意见：<br>经检查，现场情况与隐检内容相符，满足设计要求，符合规范规定，同意进行下道工序施工。<br>检查结论：☑同意隐蔽　　□不同意，修改后进行复查</td></tr>
<tr><td colspan="4">复查结论：<br><br>复查人：　　　　复查日期：</td></tr>
</table>

<table>
<tr><td rowspan="3">签字栏</td><td rowspan="2">建设（监理）单位</td><td>施工单位</td><td colspan="2">×××建筑工程有限公司</td></tr>
<tr><td>专业技术负责人</td><td>专业质检员</td><td>专业工长</td></tr>
<tr><td>×××</td><td>×××</td><td>×××</td><td>×××</td></tr>
</table>

本表由施工单位填写，建设单位、施工单位、城建档案馆各保存一份。

4. 地下连续墙隐蔽工程检查记录

表 C5-1　　地下连续墙隐蔽工程检查记录

编号：×××

<table>
<tr><td>工程名称</td><td colspan="4">××工程</td></tr>
<tr><td>隐检项目</td><td colspan="2">支护工程(地下连续)</td><td>隐检日期</td><td>××年×月×日</td></tr>
<tr><td>隐检部位</td><td colspan="4">基坑支护墙　①～⑩/Ⓐ～Ⓖ轴　－9.80m 标高</td></tr>
<tr><td colspan="5">隐检依据：施工图图号 结施 2、结施 3 ，设计变更/洽商(编号 / )及有关国家现行标准等。<br>主要材料名称及规格/型号： 钢筋 HRB335⌀22、⌀16、HPB235$\phi$6.5。</td></tr>
<tr><td colspan="5">隐检内容：<br>(1)基坑支护的成槽宽度、深度、垂直度均符合设计要求。<br>(2)钢筋笼制作：钢筋长 11000mm，主筋 10⌀22、架立筋⌀16@1500、$\phi$6.5@200。<br>(3)钢筋接头位置及接头处预留搭接长度均符合设计要求。<br>(4)钢筋笼两侧设定位垫块，定位垫块采用 10mm 厚钢板制成“八”字形与主筋焊接，竖向间距 5m。<br>(5)钢筋笼内部竖向钢筋与横向钢筋交点采用点焊。<br>(6)清槽：用成槽机清除槽底淤积沙泥，沉渣厚度小于 100mm，泥浆中含砂率小于 2%，其他指标正常。<br><br>隐检内容已做完，请予以检查。<br>申报人：×××</td></tr>
<tr><td colspan="5">检查意见：<br>经检查，现场情况与隐检内容相符，满足设计要求，符合规范规定，同意进行下道工序施工。<br>检查结论：☑同意隐蔽　□不同意，修改后进行复查</td></tr>
<tr><td colspan="5">复查结论：<br><br>复查人：　　　　复查日期：</td></tr>
<tr><td rowspan="3">签字栏</td><td rowspan="2">建设(监理)单位</td><td>施工单位</td><td colspan="2">×××建筑工程有限公司</td></tr>
<tr><td>专业技术负责人</td><td>专业质检员</td><td>专业工长</td></tr>
<tr><td>×××</td><td>×××</td><td>×××</td><td>×××</td></tr>
</table>

本表由施工单位填写，建设单位、施工单位、城建档案馆各保存一份。

5. 钢或混凝土支撑系统隐蔽工程检查记录

**表 C5-1**　　　　**钢或混凝土支撑系统隐蔽工程检查记录**

编号：×××

| 工程名称 | ××工程 | | |
| --- | --- | --- | --- |
| 隐检项目 | 支护工程(钢支撑) | 隐检日期 | ××年×月×日 |
| 隐检部位 | 基础层　①～⑳/Ⓐ～Ⓗ轴　－10.80m 标高 | | |
| 隐检依据：施工图图号 结施 2、结施 3 ，设计变更/洽商(编号 / )及有关国家现行标准等。<br>主要材料名称及规格/型号： H 型 Q235 碳素结构钢、E43 焊条 。 | | | |
| 隐检内容：<br>(1)检查钢支撑的标高、位置、数量符合设计要求，保证钢支撑顺直和水平。<br>(2)复校斜撑顶紧力符合要求，钢支撑与围囹焊好，斜撑与钢支撑焊接，钢支撑与斜撑连接处加焊加强钢板。采用电弧焊，焊接质量合格。<br>(3)检查钢桩的防腐处理。<br>隐检内容已做完，请予检查。<br>申报人：××× | | | |
| 检查意见：<br>经检查，现场情况与隐检内容相符，满足设计要求，符合规范规定，同意进行下一道工序施工。<br>检查结论：☑同意隐蔽　　□不同意，修改后进行复查 | | | |
| 复查结论：<br>复查人：　　　　复查日期： | | | |

| 签字栏 | 建设(监理)单位 | 施工单位 | ×××建筑工程有限公司 | |
| --- | --- | --- | --- | --- |
| | | 专业技术负责人 | 专业质检员 | 专业工长 |
| | ××× | ××× | ××× | ××× |

本表由施工单位填写，建设单位、施工单位、城建档案馆各保存一份。

**《隐蔽工程检查记录表》填表说明：**

(1)资料流程：由施工单位填写后随各相应检验批进入资料流程，无对应检验批的直接报送监理单位审批后各相关单位存档。

(2)相关规定与要求：

1)工程名称、隐检项目、隐检部位及日期必须填写准确。

2)隐检依据、主要材料名称及规格型号应准确，尤其对设计变更、洽商等容易遗漏的资料应填写完全。

3)隐检内容应填写规范，必须符合各种规程规范的要求。

4)签字应完整，严禁他人代签。

(3)本表由施工单位填报，建设单位、施工单位、城建档案馆各保存一份。

(4)注意事项：

1)审核意见应明确，将隐检内容是否符合要求表述清楚。

2)复查结论主要是针对上一次隐检出现的问题进行复查，因此要对质量问题整改的结果描述清楚。

## 二、预检记录

表 C5-2　　　　预检记录

编号：×××

| 工程名称 | ××工程 | 预检项目 | 模板 |
|---|---|---|---|
| 预检部位 | 基础①～⑳/Ⓐ～Ⓗ轴 | 检查日期 | ××年×月×日 |

依据：施工图纸（施工图纸号）结施 1、结施 3、设计变更/洽商（编号　/　）和有关规范、规程。

主要材料设备和规格/型号：钢组合式定型模板　××××

预检内容：

**(1)井(箱)壁模板采用钢组合式定型模板组装而成，为便于后序工程钢筋绑扎、支内模，待钢筋验收完毕后再封外模。**

**(2)模板采用对拉螺栓紧固，由于一次浇筑混凝土较高，在支模前应对模板进行计算，避免胀模、暴模的现象出现。当有防渗要求或地下水位较高时，在对拉螺栓中间设 100mm×100mm×3mm 钢板止水片，止水片与对拉螺栓必须满焊。为防止在浇捣混凝土时模板发生位移，保证模板整体稳定，应与内部的脚手架及外部脚手架、基坑边坡连接牢固。模板拼缝要严密，避免漏浆形成蜂窝麻面，模板应涂刷脱模剂，使混凝土表面光滑，减小阻力便于下沉**

检查意见：

**经检查：模板清理干净，模板的几何尺寸、预埋件及预留孔位置、尺寸符合设计要求。隔离剂涂刷均匀，无遗漏，未沾污钢筋和混凝土接槎处。模内杂物清理干净，板间接缝采用 1cm 成品海绵条，防止漏浆，按模板方案支撑，支撑系统具有足够承载能力、刚度和稳定性，模板的垂直度、平整度等均符合《混凝土结构工程施工质量验收规范》(GB 50204—2002)的规定，可进行下道工序施工。**

复查意见：

复查人：　　　　复查日期：

| 签字栏 | 施工单位 | ××建筑工程有限公司 | |
|---|---|---|---|
| | 专业技术负责人 | 专业质检员 | 专业工长 |
| | ××× | ××× | ××× |

**《预检记录表》填表说明：**

(1)资料流程：由施工单位填写，随相应检验批进入资料流程。

(2)相关规定与要求：依据现行施工规范，对于其他涉及工程结构安全，实体质量实体质量及、建筑观感，及人身安全须做质量预控的重要工序，应做质量预控，做填写预检记录。

(3)注意事项：

1)检查意见应明确，一次验收未通过的要注明质量问题，并提出复查要求。

2)复查意见主要是针对上一次验收的问题进行的，因此应把质量问题改正的情况表述清楚。

(4)本表由施工单位保存。

## 三、施工检查记录

表 C5-3　　　　　　　　　　　　施工检查记录(通用)

编号：×××

<table>
<tr><td>工程名称</td><td>××工程</td><td>检查项目</td><td>水泥土桩墙</td></tr>
<tr><td>检查部位</td><td>基础层①～⑩/Ⓐ～Ⓓ轴</td><td>检查日期</td><td>××年×月×日</td></tr>
<tr><td colspan="4">检查依据：<br>(1)施工图纸建一1，建一5。<br>(2)《建筑地基基础工程施工质量验收规范》(GB 50203—2002)</td></tr>
<tr><td colspan="4">检查内容：<br>(1)混凝土工班 15 人浇筑①～⑩/Ⓐ～Ⓓ轴水泥土桩墙，并于当日全部完成。<br>(2)质检员检查时发现一处浇筑不合格(①/Ⓑ～Ⓒ轴)并责令混凝土工班进行返工处理</td></tr>
<tr><td colspan="4">检查结论：<br>经检查：①/Ⓑ～Ⓒ轴水泥土桩墙返工重新浇筑，检查内容已整改完成，符合设计及《建筑地基基础工程施工质量验收规范》(GB 50203—2002)规定。</td></tr>
<tr><td colspan="4">复查意见：<br><br>复查人：　　　　　　　　　　　　复查日期：</td></tr>
<tr><td>施工单位</td><td colspan="3">××建筑工程公司</td></tr>
<tr><td>专业技术负责人</td><td>专业质检员</td><td colspan="2">专业工长</td></tr>
<tr><td>×××</td><td>×××</td><td colspan="2">×××</td></tr>
</table>

**《施工检查记录》填表说明：**

(1)资料流程：由施工单位填写并保存。

(2)相关规定与要求：按照现行规范要求应进行施工检查的重要工序，且无与其相适应的施工记录表格的，施工检查记录(通用)适用于各专业。

(3)注意事项：对隐蔽检查记录和预检记录不适用的其他重要工序，应按照现行规范要求进行施工质量检查，填写《施工检查记录(通用)》。施工检查记录(通用)适用于各专业。

## 四、交接检查记录

表 C5-4 交接检查记录

编号：×××

<table>
<tr><td>工程名称</td><td colspan="3">××工程</td></tr>
<tr><td>移交单位名称</td><td>××工程公司</td><td>接收单位名称</td><td>××工程公司</td></tr>
<tr><td>交接部位</td><td>设备基础</td><td>检查日期</td><td>××年×月×日</td></tr>
<tr><td colspan="4">交接内容：<br>按《建筑给水排水及采暖工程施工质量验收规范》(GB 50242—2002)第 4.4.1 条、第 13.2.1 条和《通风与空调工程施工质量验收规范》(GB 50243—2002)第 7.1.4 条规定及施工图纸××要求，设备就位前对其基础进行验收。<br>内容包括：混凝土强度等级(C25)、坐标、标高、几何尺寸及螺栓孔位置等</td></tr>
<tr><td colspan="4">检查结果：<br>经检查：设备基础混凝土强度等级达到设计强度等的 132%，坐标、标高、螺栓孔位置准确，几何尺寸偏差最大值一 1mm，符合设计和《建筑给水排水及采暖工程施工质量验收规范》(GB 50242—2002)、《通风与空调工程施工质量验收规范》(GB 50243—2002)要求，验收合格，同意进行设备安装</td></tr>
<tr><td colspan="4">复查意见：<br><br>复查人： 复查日期：</td></tr>
<tr><td colspan="4">见证单位意见：<br>符合设计及和《建筑给水排水及采暖工程施工质量验收规范》(GB 50242—2002)、《通风与空调工程施工质量验收规范》(GB 50243—2002)要求，同意交接。</td></tr>
<tr><td colspan="2">见证单位名称</td><td colspan="2">××工程公司××工程项目质量部</td></tr>
<tr><td rowspan="2">签字栏</td><td>移交单位</td><td>接收单位</td><td>见证单位</td></tr>
<tr><td>×××</td><td>×××</td><td>×××</td></tr>
</table>

**《交接检查记录》填表说明：**

(1)资料流程：由施工单位填写，移交、接受和见证单位各存一份。

(2)相关规定与要求：分项(分部)工程完成，在不同专业施工单位之间应进行工程交接，应并做应进行专业交接检查，填写《交接检查记录》。移交单位、接收单位和见证单位共同对移交工程进行验收，并对质量情况、遗留问题、工序要求、注意事项、成品保护、注意事项等进行记录，填写《专业交接检查记录》。

(3)注意事项："见证单位"栏内应填写施工总承包单位质量技术部门，参与移交及接受的部门不得作为见证单位。

(4)其他：见证单位应根据实际检查情况，并汇总移交和接收单位意见形成见证单位意见。

# 第四节　基坑工程施工试验记录

## 一、钢筋连接试验报告

表 C6-6　　钢筋连接试验报告

编号：×××
试验编号：××－0016
委托编号：××－01685

| 工程名称及部位 | ××工程地下连续墙 | | | 试件编号 | 007 | | |
|---|---|---|---|---|---|---|---|
| 委托单位 | ××建筑工程公司 | | | 试验委托人 | ××× | | |
| 接头类型 | 滚轧直螺纹连接 | | | 检验形式 | / | | |
| 设计要求接头性能等级 | A级 | | | 代表数量 | 300个 | | |
| 连接钢筋种类及牌号 | HRB335 | 公称直径 | 20mm | 原材试验编号 | ××－006 | | |
| 操作人 | ××× | 来样日期 | ××年×月×日 | 试验日期 | ××年×月×日 | | |
| 接头试件 | | | 母材试件 | | 弯曲试件 | | 备注 |
| 公称面积（$mm^2$） | 抗拉强度（MPa） | 断裂特征及位置 | 实测面积（$mm^2$） | 抗拉强度（MPa） | 弯心直径 | 角度 | 结果 |
| 314.2 | 595 | 母材拉断 | 314.2 | 600 | | | |
| 314.2 | 600 | 母材拉断 | 314.2 | 595 | | | |
| 314.2 | 605 | 母材拉断 | / | / | | | |
| | | | | | | | |
| | | | | | | | |
| | | | | | | | |
| | | | | | | | |
| | | | | | | | |

结论：

根据《钢筋机械连接通用技术规程》(JGJ 107—2003)标准，符合滚轧直螺纹A级接头性能

| 批准 | ××× | 审核 | ××× | 试验 | ××× |
|---|---|---|---|---|---|
| 试验单位 | ××建筑工程公司试验室 | | | | |
| 报告日期 | ××年×月×日 | | | | |

**《钢筋连接施工试验记录》填表说明：**

(1)填写单位：由具备相应资质等级的检测单位出具后随相关资料进入资料流程。

(2)相关规定与要求：

1)用于焊接、机械连接钢筋的力学性能和工艺性能应符合现行国家标准。

2)正式焊(连)接工程开始前及施工过程中，应对每批进场钢筋，在现场条件下进行工艺检验，工艺检验合格后方可进行焊接或机械连接的施工。

3)钢筋焊接接头或焊接制品、机械连接接头应按焊(连)接类型和验收批的划分进行质量验收并现场取样复试，钢筋连接验收批的划分及取样数量和必试项目见下表。

4)承重结构工程中的钢筋连接接头应按规定实行有见证取样和送检的管理。

5)采用机械连接接头型式施工时，技术提供单位应提交由有相应资质等级的检测机构出具的型式检验报告。

6)焊(连)接工人必须具有有效的岗位证书。

(3)注意事项：试验报告中应写明工程名称、钢筋级别、接头类型、规格、代表数量、检验形式、试验数据、试验日期以及试验结果。

(4)本表由建设单位、施工单位、城建档案馆各保存一份。

(5)钢筋连接试验项目、组批原则及取样规定见表 4-1。

**表 4-1　　钢筋连接试验项目、组批原则及取样规定**

| 材料名称及相关标准、规范代号 | 必试试验项目 | 组批原则及取样规定 |
| --- | --- | --- |
| 钢筋电阻点焊 | 抗拉强度；抗剪强度；弯曲试验 | 班前焊(工艺性能试验)在工程开工或每批钢筋正式焊接前，应进行现场条件下的焊接性能试验。试验合格后方可正式生产。试件数量及要求如下：<br>(1)钢筋焊接骨架：<br>1)凡钢筋级别、直径及尺寸相同的焊接骨架应视为同一类制品，且每200件为一验收批，一周内不足200件的也按一批计。<br>2)试件应从成品中切取，当所切取试件的尺寸小于规定的试件尺寸时，或受力钢筋大于8mm时，可在生产过程中焊接试验网片，从中切取试件。<br>3)由几种钢筋直径组合的焊接骨架，应对每种组合做力学性能检验；热轧钢筋焊点，应作抗剪试验，试件数量3件；冷拔低碳钢丝焊点，应作抗剪试验及对较小的钢筋作拉伸试验，试件数量3件。<br>(2)钢筋焊接网：<br>1)凡钢筋级别、直径及尺寸相同的焊接骨架应视为同一类制品，每批不应大于30t，或每200件为一验收批，一周内不足30t或200件的也按一批计。<br>2)试件应从成品中切取；冷轧带肋钢筋或冷拔低碳钢丝焊点应作拉伸试验，纵向试件数量1件，横向试件数量1件；冷轧带肋钢筋焊点应作弯曲试验，纵向试件数量1件，横向试件数量1件；热轧钢筋、冷轧带肋钢筋或冷拔低碳钢丝的焊点应作抗剪试验，试件数量3件 |

续表

| 材料名称及相关标准、规范代号 | 必　试<br>试验项目 | 组批原则及取样规定 |
|---|---|---|
| 钢筋闪光对焊接头 | 抗拉强度；弯曲试验 | (1)同一台班内由同一焊工完成的 300 个同级别、同直径钢筋焊接接头应作为一批，同一台班内，可在一周内累计计算；累计仍不足 300 个接头，也按一批计。<br>(2)力学性能试验时，试件应从成品中随机切取 6 个试件，其中 3 个做拉伸试验，3 个做弯曲试验。<br>(3)焊接等长预应力钢筋(包括螺丝杆与钢筋)可按生产条件作模拟试件。<br>(4)螺丝端杆接头可只做拉伸试验。<br>(5)若初试结果不符合要求，可随机再取双倍数量试件进行复试。<br>(6)当模拟试件试验结果不符合要求时，复试应从成品中切取，其数量和要求与初试时相同 |
| 钢筋电弧焊接头 | 抗拉强度 | (1)工厂焊接条件下：同钢筋级别 300 个接头为一验收批。<br>(2)在现场安装条件下：每一至二层楼同接头形式、同钢筋级别的接头 300 个为一验收批，不足 300 个接头也按一批计。<br>(3)试件应从成品中随机切取 3 个接头进行拉伸试验。<br>(4)装配式结构节点的焊接接头可按生产条件制造模拟试件。<br>(5)当初试结果不符合要求时，应再取 6 个试件进行复试 |
| 钢筋电渣压力焊接头 | 抗拉强度 | (1)一般构筑物中以 300 个同级别钢筋接头作为一验收批。<br>(2)在现浇钢筋混凝土多层结构中，应以每一楼层或施工区段中 300 个同级别钢筋接头作为一验收批，不足 300 个接头也按一批计。<br>(3)试件应从成品中随机切取 3 个接头进行拉伸试验。<br>(4)当初试结果不符合要求时，应再取 6 个试件进行复试 |
| 钢筋气压焊接头 | 抗拉强度；弯曲试验(梁、板的水平筋连接) | (1)一般构筑物中以 300 个接头作为一验收批。<br>(2)在现浇钢筋混凝土房屋结构中，同一楼层中应以 300 个接头作为一验收批，不足 300 个接头也按一批计。<br>(3)试件应从成品中随机切取 3 个接头进行拉伸试验；在梁、板的水平钢筋连接中，应另切取 3 个试件做弯曲试验。<br>(4)当初试结果不符合要求时，应再取 6 个试件进行复试 |
| 预埋件钢筋 T 型接头 | 抗拉强度 | (1)预埋件钢筋埋弧压力焊，同类型预埋件一周内累计每 300 件时为一验收批，不足 300 个接头也按一批计，每批随机切取 3 个试件做拉伸试验。<br>(2)当初试结果不符合规定时，再取 6 个试件进行复试 |
| 机械连接包括：<br>(1)锥螺纹连接<br>(2)套筒挤压接头<br>(3)镦粗直螺纹钢筋接头<br>(GB 50204—2002)<br>(JGJ 107—1996)<br>(JGJ 108—1996)<br>(JGJ 109—1996)<br>(JGJ/T 3057—1999) | 抗拉强度 | (1)工艺检验：在正式施工前，按同批钢筋、同种机械连接形式的接头试件不少于 3 根，同时对应截取接头试件的母材，进行抗拉强度试验。<br>(2)现场检验：接头的现场检验按验收批进行，同一施工条件下采用同一批材料的同等级、同形式、同规格的接头每 500 个为一验收批，不足 500 个接头也按一批计，每一验收批必须在工程结构中随机截取 3 个试件做单向拉伸试验，在现场连续检验 10 个验收批，其全部单向拉伸试件一次抽样均合格时，验收批接头数量可扩大一倍 |

## 二、砂浆施工试验记录

### 1. 砂浆配合比申请单及通知单

表 C6-7　　　　砂浆配合比申请单

编号：×××
委托编号：××－01370

| 工程名称 | ××工程 | | | | |
|---|---|---|---|---|---|
| 委托单位 | ××建筑工程公司 | | | 试验委托人 | ××× |
| 砂浆种类 | 混合砂浆 | | | 强度等级 | M5 |
| 水泥品种 | P·O 32.5 | | | 厂别 | ×××水泥厂 |
| 水泥进场日期 | ××年×月×日 | | | 试验编号 | ××C－012 |
| 砂产地 | ××× | 粗细级别 | 中砂 | 试验编号 | ××S－016 |
| 掺合料种类 | 白灰膏 | | 外加剂种类 | | / |
| 申请日期 | ××年×月×日 | | 要求使用日期 | | ××年×月×日 |

表 C6-10　　　　砂浆配合比通知单

配合比编号：××－0082
试配编号：×××

| 强度等级 | M5 | 试验日期 | | ××年×月×日 | |
|---|---|---|---|---|---|
| 配合比 | | | | | |
| 材料名称 | 水泥 | 砂 | 白灰膏 | 掺合料 | 外加剂 |
| 每立方米用量（kg/m³） | 238 | 1571 | 95 | | |
| 比例 | 1 | 6.6 | 0.4 | | |
| 注：砂浆稠度为 70～100mm，白灰膏稠度为 120±5mm | | | | | |
| 批准 | ××× | 审核 | ××× | 试验 | ××× |
| 试验单位 | ××建筑工程公司试验室 | | | | |
| 报告日期 | ××年×月×日 | | | | |

注：本表由施工单位保存。

2. 砂浆抗压试验报告

**表 C6-8** **砂浆抗压强度试验报告**

编号：×××
试验编号：××－0039
委托编号：××－01375

<table>
<tr><td colspan="2">工程名称</td><td colspan="3">××工程</td><td>试件编号</td><td colspan="4">××－007</td></tr>
<tr><td colspan="2">委托单位</td><td colspan="3">×××</td><td>试验委托人</td><td colspan="4">×××</td></tr>
<tr><td colspan="2">砂浆种类</td><td>水泥混合砂浆</td><td>强度等级</td><td>M10</td><td>稠度</td><td colspan="4">70mm</td></tr>
<tr><td colspan="2">水泥品种及强度等级</td><td colspan="3">P·O 32.5</td><td>试验编号</td><td colspan="4">××－0017</td></tr>
<tr><td colspan="2">矿产地及种类</td><td colspan="3">××× 中砂</td><td>试验编号</td><td colspan="4">××－0012</td></tr>
<tr><td colspan="2">掺合料种类</td><td colspan="3">/</td><td>外加剂种类</td><td colspan="4">/</td></tr>
<tr><td colspan="2">配合比编号</td><td colspan="8">××－0206</td></tr>
<tr><td colspan="2">试件成型日期</td><td>××年×月×日</td><td>要求龄期</td><td colspan="2">28 天</td><td colspan="2">要求试验日期</td><td colspan="2">××年×月×日</td></tr>
<tr><td colspan="2">养护方法</td><td>标准</td><td>试件收到日期</td><td colspan="2">××年×月×日</td><td colspan="2">试件制作人</td><td colspan="2">×××</td></tr>
<tr><td rowspan="8">试验结果</td><td rowspan="2">试压日期</td><td rowspan="2">实际龄期（天）</td><td rowspan="2">试件边长（mm）</td><td rowspan="2">受压面积（mm²）</td><td colspan="2">荷载(kN)</td><td rowspan="2">抗压强度（MPa）</td><td colspan="2" rowspan="2">达设计强度等级（%）</td></tr>
<tr><td>单块</td><td>平均</td></tr>
<tr><td rowspan="6">××年×月×日</td><td rowspan="6">28</td><td rowspan="6">70.7</td><td rowspan="6">5000</td><td>54.6</td><td rowspan="6">62.7</td><td rowspan="6">12.5</td><td colspan="2" rowspan="6">125</td></tr>
<tr><td>56.3</td></tr>
<tr><td>69.8</td></tr>
<tr><td>65.5</td></tr>
<tr><td>60.7</td></tr>
<tr><td>69.4</td></tr>
<tr><td colspan="10">结论：<br><br>合格</td></tr>
<tr><td colspan="2">批准</td><td>×××</td><td>审核</td><td colspan="2">×××</td><td>试验</td><td colspan="3">×××</td></tr>
<tr><td colspan="2">试验单位</td><td colspan="8">×××试验室</td></tr>
<tr><td colspan="2">报告日期</td><td colspan="8">××年×月×日</td></tr>
</table>

注：本表建设单位、施工单位各保存一份。

3. 砌筑砂浆试块抗压强度统计、评定记录

**表 C6-9** 砌筑砂浆试块强度统计、评定记录

编号：×××

<table>
<tr><td>工程名称</td><td colspan="4">××工程</td><td colspan="2">强度等级</td><td colspan="3">M7.5</td></tr>
<tr><td>施工单位</td><td colspan="4">××建筑工程公司</td><td colspan="2">养护方法</td><td colspan="3">标养</td></tr>
<tr><td>统计期</td><td colspan="4">××年×月×日至××年×月×日</td><td colspan="2">结构部位</td><td colspan="3">水泥土桩墙</td></tr>
<tr><td>试块组数<br>$n$</td><td colspan="2">强度标准值<br>$f_2$(MPa)</td><td colspan="2">平均值<br>$f_{2,m}$(MPa)</td><td colspan="2">最小值<br>$f_{2,min}$(MPa)</td><td colspan="3">$0.75f_2$</td></tr>
<tr><td>8</td><td colspan="2">7.5</td><td colspan="2">11.46</td><td colspan="2">9.1</td><td colspan="3">5.63</td></tr>
<tr><td rowspan="10">每组强度值(MPa)</td><td>12.6</td><td>10.6</td><td>9.8</td><td>10.6</td><td>14.6</td><td>11</td><td>9.1</td><td>13.4</td><td></td></tr>
<tr><td></td><td></td><td></td><td></td><td></td><td></td><td></td><td></td><td></td></tr>
<tr><td></td><td></td><td></td><td></td><td></td><td></td><td></td><td></td><td></td></tr>
<tr><td></td><td></td><td></td><td></td><td></td><td></td><td></td><td></td><td></td></tr>
<tr><td></td><td></td><td></td><td></td><td></td><td></td><td></td><td></td><td></td></tr>
<tr><td></td><td></td><td></td><td></td><td></td><td></td><td></td><td></td><td></td></tr>
<tr><td></td><td></td><td></td><td></td><td></td><td></td><td></td><td></td><td></td></tr>
<tr><td></td><td></td><td></td><td></td><td></td><td></td><td></td><td></td><td></td></tr>
<tr><td></td><td></td><td></td><td></td><td></td><td></td><td></td><td></td><td></td></tr>
<tr><td></td><td></td><td></td><td></td><td></td><td></td><td></td><td></td><td></td></tr>
<tr><td>判定式</td><td colspan="4">$f_{2,m} \geqslant f_2$</td><td colspan="5">$f_{2,min} \geqslant 0.75f_2$</td></tr>
<tr><td>结果</td><td colspan="4">11.46>7.5</td><td colspan="5">9.1>5.63</td></tr>
<tr><td colspan="10">结论：<br><br>依据《建筑地基与基础工程施工质量验收规范》(GB 50203—2002)标准评定为合格</td></tr>
</table>

| 批准 | 审核 | 统计 |
|---|---|---|
| ××× | ××× | ××× |
| 报告日期 | ××年×月×日 | |

**《砌筑砂浆试块强度统计、评定记录》填表说明：**

(1)填写单位：由具备相应资质等级的检测单位出具后随相关资料进入资料流程。

(2)相关规定与要求：

1)应有配合比申请单和试验室签发的配合比通知单。

2)应有按规定留置的龄期为 28 天标养试块的抗压强度试验报告。

3)承重结构的砌筑砂浆试块应按规定实行有见证取样和送检。

4)砂浆试块的留置数量及必试项目符合规程要求。

5)应有单位工程砌筑砂浆试块抗压强度统计、评定记录，按同一类型、同一强度等级砂浆为一验收批统计，评定方法及合格标准如下：

①同一验收批砂浆试块抗压强度平均值必须大于或等于设计强度等级所对应的立方体抗压强度。

②同一验收批砂浆试块抗压强度的最小一组平均值必须大于或等于设计强度等级所对应的立方体抗压强度的 0.75 倍。

(3)本表建设单位、施工单位、城建档案馆各保存一份。

## 三、混凝土施工试验记录

### 1. 混凝土配合比申请单

**表 C6-10**　　　　**混凝土配合比申请单**

编号：×××
委托编号：××－01560

<table>
<tr><td>工程名称</td><td colspan="7">××工程</td></tr>
<tr><td>委托单位</td><td colspan="2">××建筑工程公司</td><td>试验委托人</td><td colspan="4">×××</td></tr>
<tr><td>设计强度等级</td><td colspan="2">C35</td><td>要求坍落度、扩展度</td><td colspan="4">160～180mm</td></tr>
<tr><td>其他技术要求</td><td colspan="7">/</td></tr>
<tr><td>搅拌方法</td><td colspan="2">机械</td><td>浇捣方法</td><td>机械</td><td colspan="2">养护方法</td><td>标养</td></tr>
<tr><td>水泥品种及强度等级</td><td colspan="2">P·O 42.5R</td><td>厂别牌号</td><td>×××××</td><td colspan="2">试验编号</td><td>××C－043</td></tr>
<tr><td>砂产地及种类</td><td colspan="3">×××　中砂</td><td colspan="3">试验编号</td><td>××S－015</td></tr>
<tr><td>石子产地及种类</td><td colspan="2">×××　碎石</td><td>最大粒径</td><td colspan="2">25　mm</td><td>试验编号</td><td>××G－017</td></tr>
<tr><td>外加剂名称</td><td colspan="3">PHF－3 泵送剂</td><td colspan="3">试验编号</td><td>××D－024</td></tr>
<tr><td>掺合料名称</td><td colspan="3">Ⅱ级粉煤灰</td><td colspan="3">试验编号</td><td>××F－029</td></tr>
<tr><td>申请日期</td><td>××年×月×日</td><td colspan="2">使用日期</td><td colspan="2">××年×月×日</td><td>联系电话</td><td>××××××××</td></tr>
</table>

**表 C6-7**　　　　**混凝土配合比通知单**

配合比编号：××－0082
试配编号：×××

<table>
<tr><td>强度等级</td><td>C35</td><td>水胶比</td><td>0.43</td><td>水灰比</td><td>0.46</td><td>砂率</td><td>42%</td></tr>
<tr><td>材料名称<br>项目</td><td>水泥</td><td>水</td><td>砂</td><td>石</td><td>外加剂</td><td>掺合料</td><td>其他</td></tr>
<tr><td>每 1m³ 用量（kg/m³）</td><td>320</td><td>189</td><td>773</td><td>1053</td><td>8.7</td><td>91</td><td></td></tr>
<tr><td>每盘用量（kg）</td><td>1.00</td><td>0.56</td><td>2.39</td><td>3.26</td><td>0.03</td><td>0.28</td><td></td></tr>
<tr><td rowspan="2">混凝土碱含量（kg/m³）</td><td colspan="7"></td></tr>
<tr><td colspan="7">注：此栏只有在有关规定及要求需要填写时才填写。</td></tr>
<tr><td colspan="8">说明：本配合比所使用材料均为干材料，使用单位应根据材料含水情况随时调整</td></tr>
<tr><td colspan="2">批准</td><td colspan="3">审核</td><td colspan="3">试验</td></tr>
<tr><td colspan="2">×××</td><td colspan="3">×××</td><td colspan="3">×××</td></tr>
<tr><td colspan="2">报告日期</td><td colspan="6">××年×月×日</td></tr>
</table>

注：本表由施工单位保存。

2. 混凝土抗压强度试验报告

**表 C6-11**　　**混凝土抗压强度试验报告**

编号：×××
试验编号：××－0017
委托编号：××－02450

<table>
<tr><td>工程名称及部位</td><td colspan="4">××工程</td><td colspan="3">试件编号</td><td colspan="2">××－003</td></tr>
<tr><td>委托单位</td><td colspan="4">××建筑工程公司</td><td colspan="3">试验委托人</td><td colspan="2">×××</td></tr>
<tr><td>设计强度等级</td><td colspan="4">C30，P8</td><td colspan="3">实测坍落度、扩展度</td><td colspan="2">160mm</td></tr>
<tr><td>水泥品种及强度等级</td><td colspan="4">P·O 42.5</td><td colspan="3">试验编号</td><td colspan="2">××C－022</td></tr>
<tr><td>砂种类</td><td colspan="4">中砂</td><td colspan="3">试验编号</td><td colspan="2">××S－011</td></tr>
<tr><td>石种类、公称直径</td><td colspan="4">碎石　5～10mm</td><td colspan="3">试验编号</td><td colspan="2">××G－013</td></tr>
<tr><td>外加剂名称</td><td colspan="4">UEA</td><td colspan="3">试验编号</td><td colspan="2">××D－017</td></tr>
<tr><td>掺合料名称</td><td colspan="4">Ⅱ级粉煤灰</td><td colspan="3">试验编号</td><td colspan="2">××F－009</td></tr>
<tr><td>配合比编号</td><td colspan="9">××－22</td></tr>
<tr><td>成型日期</td><td>××年×月×日</td><td colspan="2">要求龄期</td><td>26 天</td><td colspan="4">要求试验日期</td><td>××年×月×日</td></tr>
<tr><td>养护方法</td><td>标养</td><td colspan="2">收到日期</td><td colspan="4">××年×月×日</td><td>试块制作人</td><td>×××</td></tr>
<tr><td rowspan="5">试验结果</td><td rowspan="2">试验日期</td><td rowspan="2">实际龄期（天）</td><td rowspan="2">试件边长（mm）</td><td rowspan="2">受压面积（$mm^2$）</td><td colspan="2">荷载（kN）</td><td rowspan="2">平均抗压强度（MPa）</td><td rowspan="2">折合 150mm 立方体抗压强度（MPa）</td><td rowspan="2">达到设计强度等级（%）</td></tr>
<tr><td>单块值</td><td>平均值</td></tr>
<tr><td rowspan="3">××年×月×日</td><td rowspan="3">26</td><td rowspan="3">100</td><td rowspan="3">10000</td><td>460</td><td rowspan="3">463</td><td rowspan="3">46.3</td><td rowspan="3">44</td><td rowspan="3">147</td></tr>
<tr><td>450</td></tr>
<tr><td>480</td></tr>
<tr><td colspan="10">结论：<br>合格</td></tr>
<tr><td>批准</td><td colspan="2">×××</td><td colspan="2">审核</td><td colspan="2">×××</td><td colspan="2">试验</td><td>×××</td></tr>
<tr><td>试验单位</td><td colspan="9">××工程公司试验室</td></tr>
<tr><td>报告日期</td><td colspan="9">××年×月×日</td></tr>
</table>

注：本表由建设单位、施工单位各保存一份。

3. 混凝土试块强度统计、评定记录

表 C6-12 **混凝土试块强度统计、评定记录**

编号：×××

| 工程名称 | ××工程 | | | 强度等级 | C30 | | | | |
|---|---|---|---|---|---|---|---|---|---|
| 施工单位 | ××建筑工程公司 | | | 养护方法 | 标养 | | | | |
| 统计期 | ××年×月×日 至 ××年×月×日 | | | 结构部位 | 护坡桩混凝土浇筑 | | | | |
| 试块组数 $n$ | 强度标准值 $f_{cu,k}$(MPa) | 平均值 $m_{f_{cu}}$ (MPa) | | 标准值 $S_{f_{cu}}$ (MPa) | 最小值 $f_{cu,min}$ (MPa) | 合格判定系数 $\lambda_1$ | | 合格判定系数 $\lambda_2$ | |
| 13 | 30 | 46.52 | | 8.84 | 36.1 | 1.7 | | 0.9 | |
| 每组强度值(MPa) | 50.4 | 36.1 | 40.8 | 39.4 | 58 | 37.7 | 36.8 | 57.3 | 56.7 | 51.6 |
| | 57.5 | 42.5 | 39.9 | | | | | | | |
| | | | | | | | | | | |
| | | | | | | | | | | |
| | | | | | | | | | | |
| | | | | | | | | | | |
| | | | | | | | | | | |
| | | | | | | | | | | |

| 评定界限 | ☑ 统计方法(二) | | | □ 非统计方法 | |
|---|---|---|---|---|---|
| | $0.90f_{cu,k}$ | $m_{f_{cu}}-\lambda_1\times S_{f_{cu}}$ | $\lambda_2\times f_{cu,k}$ | $1.15f_{cu,k}$ | $0.95f_{cu,k}$ |
| | 27 | 31.49 | 27 | | |
| 判定式 | $m_{f_{cu}}-\lambda_1\times S_{f_{cu}}\geqslant 0.90f_{cu,k}$ | $f_{cu,min}\geqslant\lambda_2\times f_{cu,k}$ | | $m_{f_{cu}}\geqslant 1.15f_{cu,k}$ | $f_{cu,min}\geqslant 0.95f_{cu,k}$ |
| 结果 | 31.49>27 | 36.1>27 | | | |

结论：

该批混凝土符合《混凝土强度检验评定标准》(GBJ 107—1987)验评标准，评定为合格

| 批准 | 审核 | 统计 |
|---|---|---|
| ××× | ××× | ××× |
| 报告日期 | ××年×月×日 | |

注：本表建设单位、施工单位、城建档案馆各保存一份。

4. 混凝土抗渗试验报告

**表 C6-13**

## 混凝土抗渗试验报告

编号：×××

试验编号：××－008

委托编号：××－0245

<table>
<tr><td>工程名称及施工部位</td><td colspan="3">××工程护坡及降水工程</td><td>试件编号</td><td>××－003</td></tr>
<tr><td>委托单位</td><td colspan="3">××建筑工程公司</td><td>委托试验人</td><td>×××</td></tr>
<tr><td>抗渗等级</td><td colspan="3">P8</td><td>配合比编号</td><td>××－22</td></tr>
<tr><td>强度等级</td><td>C30</td><td>养护条件</td><td>标养</td><td>收样日期</td><td>××年×月×日</td></tr>
<tr><td>成型日期</td><td>××年×月×日</td><td>龄期</td><td>33天</td><td>试验日期</td><td>××年×月×日</td></tr>
<tr><td colspan="6">试验情况：<br><br>由 0.1MPa 顺序加压至 0.9MPa，保持 8 小时，试件表面无渗水，试验结果：>P8</td></tr>
<tr><td colspan="6">结论：<br><br>根据《普通混凝土长期性能和耐久性能试验方法》(GBJ 82—1985)标准，符合 P8 设计要求。</td></tr>
</table>

<table>
<tr><td>批准</td><td>×××</td><td>审核</td><td>×××</td><td>试验</td><td>×××</td></tr>
<tr><td>试验单位</td><td colspan="5">××工程公司试验室</td></tr>
<tr><td>报告日期</td><td colspan="5">××年×月×日</td></tr>
</table>

**《混凝土抗渗试验报告》填表说明：**

(1)填写单位：试验报告由具备相应资质等级的检测单位出具后随相关资料进入资料流程。混凝土试块强度统计、评定记录由施工单位填写并报送建设单位、监理单位备案。

(2)相关规定与要求：

1)现场搅拌混凝土应有配合比申请单和配合比通知单，预拌混凝土应有试验室签发的配合比通知单。

2)应有按规定留置龄期为28天标养试块和相应数量同条件养护试块的抗压强度试验报告，冬施还应有受冻临界强度试块和转常温试块的抗压强度试验报告。

3)抗渗混凝土、特种混凝土除应具备上述资料外应有专项试验报告。

4)应有单位工程《混凝土试块抗压强度统计、评定记录》，统计、评定方法及合格标准应符合规范要求。

5)抗压强度试块、抗渗性能试块的留置数量及必试项目应符合规范要求。

6)承重结构的混凝土抗压强度试块，应按规定实行有见证取样和送检。

7)结构由有不合格批混凝土组成的，或未按规定留置试块的，应有结构处理的相关资料；需要检测的，应有相应资质检测机构检测报告，并有设计单位出具的认可文件。

8)潮湿环境、直接与水接触的混凝土工程和外部有供碱环境并处于潮湿环境的混凝土工程，应预防混凝土碱集料反应，并按有关规定执行，有相关检测报告。

(3)注意事项：各项相关表格必须按规定填写，严禁弄虚作假。

(4)本表建设单位、施工单位、城建档案馆各保存一份。

# 第五节 基坑工程施工质量验收记录

## 一、检验批质量验收记录

### 1. 排桩墙支护工程检验批质量验收记录表

**排桩墙支护工程检验批质量验收记录表(重复使用钢板桩)**

**GB 50202—2002**

**(Ⅰ)**

010201□□

<table>
<tr><td colspan="2">工程名称</td><td>××工程</td><td>分部(子分部)工程名称</td><td>有支护土方</td><td>验收部位</td><td>基础①~⑩/Ⓐ~Ⓔ</td></tr>
<tr><td colspan="2">施工单位</td><td>××建筑集团公司</td><td>专业工长</td><td>×××</td><td>项目经理</td><td>×××</td></tr>
<tr><td colspan="2">施工执行标准名称及编号</td><td colspan="5">建筑地基基础工程施工质量验收规范(GB 50202—2002)</td></tr>
<tr><td colspan="2">分包单位</td><td>××建筑公司</td><td>分包项目经理</td><td>×××</td><td>施工班组长</td><td>×××</td></tr>
<tr><td colspan="4">施工质量验收规范的规定</td><td colspan="2">施工单位检查评定记录</td><td>监理(建设)单位验收记录</td></tr>
<tr><td rowspan="4">一般项目</td><td>1</td><td>桩垂直度</td><td><1%</td><td colspan="2">✓</td><td rowspan="4">符合设计及施工质量验收规范要求,同意验收</td></tr>
<tr><td>2</td><td>桩身弯曲度</td><td><2%L</td><td colspan="2">✓</td></tr>
<tr><td>3</td><td>齿槽平直度及光滑度</td><td>无电焊渣或毛刺</td><td colspan="2">✓</td></tr>
<tr><td>4</td><td>桩长度</td><td>不小于设计长度</td><td colspan="2">✓</td></tr>
<tr><td colspan="2">施工单位检查评定结果</td><td colspan="5">经检查,主控项目全部合格,一般项目满足规范规定要求,检查评定结果为合格。<br><br>项目专业质量检查员:××× ××年×月×日</td></tr>
<tr><td colspan="2">监理(建设)单位验收结论</td><td colspan="5">同意施工单位评定结果,验收合格。<br><br>监理工程师:×××<br>(建设单位项目专业技术负责人) ××年×月×日</td></tr>
</table>

## 排桩墙支护工程检验批质量验收记录表(混凝土板桩)
## GB 50202—2002
## (Ⅱ)

010201□□

<table>
<tr><td colspan="3">工程名称</td><td>××工程</td><td>分部(子分部)工程名称</td><td colspan="2">有支护土方</td><td>验收部位</td><td>基础①~⑩/Ⓐ~Ⓔ</td></tr>
<tr><td colspan="3">施工单位</td><td colspan="2">××建筑集团公司</td><td>专业工长</td><td>×××</td><td>项目经理</td><td>×××</td></tr>
<tr><td colspan="3">施工执行标准名称及编号</td><td colspan="6">建筑地基基础工程施工质量验收规范(GB 50202—2002)</td></tr>
<tr><td colspan="3">分包单位</td><td>××建筑公司</td><td>分包项目经理</td><td colspan="2">×××</td><td>施工班组长</td><td>×××</td></tr>
<tr><td colspan="5">施工质量验收规范的规定</td><td colspan="3">施工单位检查评定记录</td><td>监理(建设)单位验收记录</td></tr>
<tr><td rowspan="2">主控项目</td><td>1</td><td colspan="2">桩长度</td><td>+10<br>0mm</td><td colspan="3">√</td><td rowspan="2">符合设计及施工质量验收规范要求,同意验收</td></tr>
<tr><td>2</td><td colspan="2">桩身弯曲度</td><td><0.1%$L$mm</td><td colspan="3">√</td></tr>
<tr><td rowspan="5">一般项目</td><td>1</td><td colspan="2">保护层厚度</td><td>±5mm</td><td colspan="3">√</td><td rowspan="5">符合设计及施工质量验收规范要求,同意验收</td></tr>
<tr><td>2</td><td colspan="2">横截面相对两面之差</td><td>5mm</td><td colspan="3">√</td></tr>
<tr><td>3</td><td colspan="2">桩尖对桩轴线的位移</td><td>10mm</td><td colspan="3">√</td></tr>
<tr><td>4</td><td colspan="2">桩厚度</td><td>+10<br>0mm</td><td colspan="3">√</td></tr>
<tr><td>5</td><td colspan="2">凹凸槽尺寸</td><td>±3mm</td><td colspan="3">√</td></tr>
<tr><td colspan="3">施工单位检查评定结果</td><td colspan="6">经检查,主控项目全部合格,一般项目满足规范规定要求,检查评定结果为合格。<br><br>项目专业质量检查员:××× ××年×月×日</td></tr>
<tr><td colspan="3">监理(建设)单位验收结论</td><td colspan="6">同意施工单位评定结果,验收合格。<br><br>监理工程师:×××<br>(建设单位项目专业技术负责人) ××年×月×日</td></tr>
</table>

**《排桩墙支护工程检验批质量验收记录表》填表说明：**

(1)资料流程：本表由施工单位在完成本工序后填写，并报送监理单位；监理单位审批后返还施工单位，各相关单位存档。

(2)相关规定与要求：

1)主控项目：

①桩长度：+10mm，0mm；尺量检查。

②桩身弯曲度：<0.1%$L$；拉线和尺量检查。

2)一般项目：

①保护层厚度：±5mm；尺量检查。

②横截面相对两面之差：5mm；尺量检查。

③桩尖对桩轴线位移：10mm；尺量检查。

④桩厚度：+10mm，0mm；尺量检查。

⑤凹凸槽尺寸：+3mm；尺量检查。

(3)注意事项：排桩墙支护的基坑，开挖后应及时支护，每一道支撑施工应确保基坑变形在要求的控制范围内。

2. 降水与排水工程检验批质量验收记录表

**降水与排水工程检验批质量验收记录表**
**GB 50202—2002**

010202□□

| 工程名称 | ××工程 | 分部(子分部)工程名称 | 有支护土方 | 验收部位 | 基础①～⑩／Ⓐ～Ⓔ |
|---|---|---|---|---|---|
| 施工单位 | ××建筑集团公司 | 专业工长 | ××× | 项目经理 | ××× |
| 施工执行标准名称及编号 | 建筑地基基础工程施工质量验收规范(GB 50202—2002) | | | | |
| 分包单位 | ××建筑公司 | 分包项目经理 | ××× | 施工班组长 | ××× |
| 施工质量验收规范的规定 | | | | 施工单位检查评定记录 | 监理(建设)单位验收记录 |
| 一般项目 | 1 | 排水沟坡度 | 1‰～2‰ | √ | 符合设计及施工质量验收规范要求，同意验收 |
| | 2 | 井管(点)垂直度 | 1% | √ | |
| | 3 | 井管(点)间距(与设计相比) | ≤150% | √ | |
| | 4 | 井管(点)插入深度(与设计相比) | ≤200mm | √ | |
| | 5 | 过滤砂砾料填灌(与计算值相比) | ≤5mm | √ | |
| | 6 | 井点真空度：轻型井点<br>喷射井点 | >60kPa<br>>93kPa | √ | |
| 施工单位检查评定结果 | 经检查，主控项目全部合格，一般项目满足规范规定要求，检查评定结果为合格。<br><br>项目专业质量检查员：××× ××年×月×日 | | | | |
| 监理(建设)单位验收结论 | 同意施工单位评定结果，验收合格。<br><br>监理工程师：×××<br>(建设单位项目专业技术负责人) ××年×月×日 | | | | |

**《降水与排水工程检验批质量验收记录表》填表说明：**

(1)资料流程：本表由施工单位在完成本工序后填写，并报送监理单位；监理单位审批后返还施工单位，各相关单位存档。

(2)相关规定与要求：

1)排水沟坡度：1‰～2‰；观察检查；达到坑内无积水，沟内排水畅通。

2)井管(点)垂直度：1%；插管时目测检查。

3)井管(点)间距：≤150%；与设计相比；尺量检查。

4)井管(点)插入深度：≤200mm；与设计相比；用水准仪检查。

5)过滤砂砾料填灌：≤5mm；与计算值相比；检查回填料用量。

6)井点真空度：轻型井点＞60kPa，检查真空度表；喷射井点＞93kPa，检查真空度表。

(3)注意事项：检查后形成施工记录，检查施工记录。

3. 地下连续墙工程检验批质量验收记录表

**地下连续墙工程检验批质量验收记录表**

**GB 50202—2002**

**(Ⅱ)**

010203□□

| 工程名称 | ××工程 | 分部(子分部)工程名称 | 有支护土方 | 验收部位 | 基础①～⑩／Ⓐ～Ⓔ |
|---|---|---|---|---|---|
| 施工单位 | ××建筑集团公司 | 专业工长 | ××× | 项目经理 | ××× |
| 施工执行标准名称及编号 | 建筑地基基础工程施工质量验收规范(GB 50202—2002) | | | | |
| 分包单位 | ××建筑公司 | 分包项目经理 | ××× | 施工班组长 | ××× |

| 施工质量验收规范的规定 | | | | | 施工单位检查评定记录 | 监理(建设)单位验收记录 |
|---|---|---|---|---|---|---|
| 主控项目 | 1 | 墙体强度 | | 设计要求 | ✓ | 符合设计及施工质量验收规范要求,同意验收 |
| | 2 | 垂直度:永久结构<br>临时结构 | | 1/300<br>1/150 | ✓ | |
| 一般项目 | 1 | 导墙尺寸 | 宽度<br>墙面平整度<br>导墙平面位置 | W＋40mm<br>＜5mm<br>±10mm | ✓ | 符合设计及施工质量验收规范要求,同意验收 |
| | 2 | 沉渣厚度:永久结构<br>临时结构 | | ≤100mm<br>≤200mm | ✓ | |
| | 3 | 槽深 | | ＋100mm | ✓ | |
| | 4 | 混凝土坍落度 | | 180～220mm | ✓ | |
| | 5 | 钢筋笼质量 | 主筋间距<br>长度<br>钢筋材质<br>箍筋间距<br>直径 | ±10mm<br>±100 mm<br>设计要求<br>±20mm<br>±10 mm | ✓ | |
| | 6 | 地下墙表面平整度 | 永久结构<br>临时结构<br>插入式结构 | ＜100mm<br>＜150mm<br>＜20mm | ✓ | |
| | 7 | 永久结构时的预埋件位置 | 水平向<br>垂直向 | ≤10mm<br>≤20mm | ✓ | |
| 施工单位检查评定结果 | 经检查,主控项目全部合格,一般项目满足规范规定要求,检查评定结果为合格。<br><br>项目专业质量检查员:××× ××年×月×日 | | | | | |
| 监理(建设)单位验收结论 | 同意施工单位评定结果,验收合格。<br><br>监理工程师:×××<br>(建设单位项目专业技术负责人) ××年×月×日 | | | | | |

**《地下连续墙工程检验批质量验收记录表》填表说明：**

(1)资料流程：本表由施工单位在完成本工序后填写，并报送监理单位；监理单位审批后返还施工单位，各相关单位存档。

(2)相关规定与要求：

1)主控项目：

①墙体强度：设计要求；查试件记录。

②垂直度：

永久结构：1/300；测声波测精仪。

临时结构：1/150；测声波测精仪。

2)一般项目：

①导墙尺寸：

a. 宽度：$W+40$($W$ 为地下墙设计厚度)；尺量检查。

b. 墙面平整度：<5mm；尺量检查。

c. 导墙平面位置：±10mm；尺量检查。

②沉渣厚度：

a. 永久结构：≤100mm；重锤测。

b. 临时结构：≤200mm；重锤测。

③槽深：+100mm；重锤测。

④混凝土坍落度：180～220mm；坍落度测定器。

⑤钢筋笼尺寸：

a. 主筋间距：±10mm；尺量检查。

b. 长度：±100mm；尺量检查。

c. 钢筋材质：符合设计要求；检查合格证。

d. 箍筋间距：±20mm；尺量检查。

e. 直径：±10mm；尺量检查。

⑥地下墙表面平整度：

a. 永久结构：<100mm；尺量检查。

b. 临时结构：<150mm；尺量检查。

c. 插入式结构：<20mm；尺量检查。

⑦永久结构时的预埋件位置：

a. 水平向：≤10mm；尺量检查。

b. 垂直向：≤20mm；用水准仪。

(3)注意事项：检查后形成检查记录。检查检查记录和钢筋合格证及检验报告。

4. 锚杆及土钉墙支护工程检验批质量验收记录表

**锚杆及土钉墙支护工程检验批质量验收记录表**
**GB 50202—2002**

010204□□

<table>
<tr><td colspan="2">工程名称</td><td>××工程</td><td>分部(子分部)工程名称</td><td colspan="2">有支护土方</td><td>验收部位</td><td>基础①～⑩/Ⓐ～Ⓔ</td></tr>
<tr><td colspan="2">施工单位</td><td colspan="2">××建筑集团公司</td><td>专业工长</td><td>×××</td><td>项目经理</td><td>×××</td></tr>
<tr><td colspan="2">施工执行标准名称及编号</td><td colspan="6">建筑地基基础工程施工质量验收规范(GB 50202—2002)</td></tr>
<tr><td colspan="2">分包单位</td><td>××建筑公司</td><td>分包项目经理</td><td colspan="2">×××</td><td>施工班组长</td><td>×××</td></tr>
<tr><td colspan="4">施工质量验收规范的规定</td><td colspan="3">施工单位检查评定记录</td><td>监理(建设)单位验收记录</td></tr>
<tr><td rowspan="2">主控项目</td><td>1</td><td>锚杆土钉长度</td><td>±30mm</td><td colspan="3">√</td><td rowspan="2">符合设计及施工质量验收规范要求,同意验收</td></tr>
<tr><td>2</td><td>锚杆锁定力</td><td>设计要求</td><td colspan="3">√</td></tr>
<tr><td rowspan="6">一般项目</td><td>1</td><td>锚杆或土钉位置</td><td>±100mm</td><td colspan="3">√</td><td rowspan="6">符合设计及施工质量验收规范要求,同意验收</td></tr>
<tr><td>2</td><td>钻孔倾斜度</td><td>±1°</td><td colspan="3">√</td></tr>
<tr><td>3</td><td>浆体强度</td><td>设计要求</td><td colspan="3">√</td></tr>
<tr><td>4</td><td>注浆量</td><td>大于理论计算浆量</td><td colspan="3">√</td></tr>
<tr><td>5</td><td>土钉墙面厚度</td><td>±10mm</td><td colspan="3">√</td></tr>
<tr><td>6</td><td>墙体强度</td><td>设计要求</td><td colspan="3">√</td></tr>
<tr><td colspan="2">施工单位检查评定结果</td><td colspan="6">经检查,主控项目全部合格,一般项目满足规范规定要求,检查评定结果为合格。<br>项目专业质量检查员:××× ××年×月×日</td></tr>
<tr><td colspan="2">监理(建设)单位验收结论</td><td colspan="6">同意施工单位评定结果,验收合格。<br>监理工程师:×××<br>(建设单位项目专业技术负责人) ××年×月×日</td></tr>
</table>

**《锚杆及土钉墙支护工程检验批质量验收记录表》填表说明：**

(1)资料流程：本表由施工单位在完成本工序后填写，并报送监理单位；监理单位审批后返还施工单位，各相关单位存档。

(2)相关规定与要求：

1)主控项目：

①锚杆土钉长度：±30mm；尺量检查。

②锚杆锁定力：符合设计要求；现场抽样实测。

2)一般项目：

①锚杆或土钉位置：±100mm；尺量检查。

②钻孔倾斜度：±1°；测钻机倾角。

③浆体强度：符合设计要求；取样检验；检查试验报告。

④注浆量：实际注浆量大于理论计算浆量；检查计量数据。

⑤土钉墙面厚度：±10mm；尺量检查；符合设计要求。

⑥墙体强度：符合设计要求；取样检验，检查试验报告。

(3)注意事项：施工前检查降水系统确保正常工作，挖掘机、钻机、压浆泵、搅拌机等能正常运转。施工中检查锚杆或土钉位置，钻孔直径、深度及角度，锚杆或土钉插入长度，注浆配比、压力及注浆量，喷锚墙面厚度及强度、锚杆或土钉应力等。每段支护体施工完后，检查坡顶或坡面位移，坡顶沉降及周围环境变化，如有异常情况应采取措施，恢复正常后方可继续施工。

5. 水泥土桩墙支护工程检验批质量验收记录表

**水泥土桩墙支护工程检验批质量验收记录表**
**GB 50202—2002**

010205□□

<table>
<tr><td colspan="3">工程名称</td><td>××工程</td><td>分部(子分部)工程名称</td><td colspan="2">有支护土方</td><td>验收部位</td><td>基础①～⑩／Ⓐ～Ⓔ</td></tr>
<tr><td colspan="3">施工单位</td><td colspan="2">××建筑集团公司</td><td>专业工长</td><td>×××</td><td>项目经理</td><td>×××</td></tr>
<tr><td colspan="3">施工执行标准名称及编号</td><td colspan="6">建筑地基基础工程施工质量验收规范(GB 50202—2002)</td></tr>
<tr><td colspan="3">分包单位</td><td>××建筑公司</td><td>分包项目经理</td><td colspan="2">×××</td><td>施工班组长</td><td>×××</td></tr>
<tr><td colspan="5">施工质量验收规范的规定</td><td colspan="3">施工单位检查评定记录</td><td>监理(建设)单位验收记录</td></tr>
<tr><td rowspan="4">一般项目</td><td>1</td><td colspan="2">型钢长度</td><td>±10mm</td><td colspan="3">✓</td><td rowspan="4">符合设计及施工质量验收规范要求，同意验收</td></tr>
<tr><td>2</td><td colspan="2">型钢垂直度</td><td><1%</td><td colspan="3">✓</td></tr>
<tr><td>3</td><td colspan="2">型钢插入标高</td><td>±30mm</td><td colspan="3">✓</td></tr>
<tr><td>4</td><td colspan="2">型钢插入平面位置</td><td>10mm</td><td colspan="3">✓</td></tr>
<tr><td colspan="3">施工单位检查评定结果</td><td colspan="6">经检查，一般项目满足规范规定要求，检查评定结果为合格。<br><br>项目专业质量检查员：×××　　××年×月×日</td></tr>
<tr><td colspan="3">监理(建设)单位验收结论</td><td colspan="6">同意施工单位评定结果，验收合格。<br><br>监理工程师：×××<br>(建设单位项目专业技术负责人)　　××年×月×日</td></tr>
</table>

**《水泥土桩墙支护工程检验批质量验收记录表》填表说明：**

(1)资料流程：本表由施工单位在完成本工序后填写，并报送监理单位；监理单位审批后返还施工单位，各相关单位存档。

(2)相关规定与要求：

1)型钢长度：±10mm；尺量检查。

2)型钢垂直度：<1%；经纬仪检查。

3)型钢插入标高：±30mm；用水准仪检查。

4)型钢插入平面位置：10mm；尺量检查。

6. 沉井与沉箱工程检验批质量验收记录表

**沉井与沉箱工程检验批质量验收记录表**

**GB 50202—2002**

010206□□

<table>
<tr><td colspan="2">工程名称</td><td colspan="2">××工程</td><td>分部(子分部)工程名称</td><td>有支护土方</td><td>验收部位</td><td>基础①～⑩／Ⓐ～Ⓔ</td></tr>
<tr><td colspan="2">施工单位</td><td colspan="3">××建筑集团公司</td><td>专业工长 ×××</td><td>项目经理</td><td>×××</td></tr>
<tr><td colspan="2">施工执行标准名称及编号</td><td colspan="6">建筑地基基础工程施工质量验收规范(GB 50202—2002)</td></tr>
<tr><td colspan="2">分包单位</td><td colspan="2">××建筑公司</td><td>分包项目经理</td><td>×××</td><td>施工班组长</td><td>×××</td></tr>
<tr><td colspan="5">施工质量验收规范的规定</td><td colspan="2">施工单位检查评定记录</td><td>监理(建设)单位验收记录</td></tr>
<tr><td rowspan="3">主控项目</td><td>1</td><td colspan="2">混凝土强度</td><td>设计要求</td><td colspan="2">√</td><td rowspan="3">符合设计及施工质量验收规范要求,同意验收</td></tr>
<tr><td>2</td><td colspan="2">封底前沉井(箱)的下沉稳定</td><td><10mm/8h</td><td colspan="2">√</td></tr>
<tr><td>3</td><td colspan="2">封底结束后的位置:<br>刃脚平均标高(与设计标高比)<br>刃脚平面中心线位移<br>四角中任何两角的底面高差</td><td><br><100mm<br><1%$H$<br><1%$L$</td><td colspan="2">√</td></tr>
<tr><td rowspan="6">一般项目</td><td>1</td><td colspan="2">钢材、对接钢筋、水泥、骨料等原材料检查</td><td>设计要求</td><td colspan="2">√</td><td rowspan="6">符合设计及施工质量验收规范要求,同意验收</td></tr>
<tr><td>2</td><td colspan="2">结构体外观</td><td>无裂缝、无蜂窝、空洞、不露筋</td><td colspan="2">√</td></tr>
<tr><td>3</td><td colspan="2">平面尺寸:长与宽<br>曲线部位半径<br>两对角线差<br>预埋件</td><td>±0.5%<br>±0.5%<br>1.0%<br>20mm</td><td colspan="2">√</td></tr>
<tr><td rowspan="2">4</td><td rowspan="2">下沉过程中的偏差</td><td>高差</td><td>1.5%～2.0%</td><td colspan="2" rowspan="2">√</td></tr>
<tr><td>平面轴线</td><td><1.5%$H$</td></tr>
<tr><td>5</td><td colspan="2">封底混凝土坍落度</td><td>18～22cm</td><td colspan="2">√</td></tr>
<tr><td colspan="2">施工单位检查评定结果</td><td colspan="6">经检查,主控项目全部合格,一般项目满足规范规定要求,检查评定结果为合格。<br><br>项目专业质量检查员:××× ××年×月×日</td></tr>
<tr><td colspan="2">监理(建设)单位验收结论</td><td colspan="6">同意施工单位评定结果,验收合格。<br><br>监理工程师:×××<br>(建设单位项目专业技术负责人) ××年×月×日</td></tr>
</table>

**《沉井与沉箱工程检验批质量验收记录表》填表说明：**

(1)资料流程：本表由施工单位在完成本工序后填写，并报送监理单位；监理单位审批后返还施工单位，各相关单位存档。

(2)相关规定与要求：

1)主控项目：

①混凝土强度：符合设计要求；检查试件抗压报告或钻芯试压；下沉必须达到70%设计强度。

②封底前沉井(箱)下沉稳定：<10mm/8h；用水准仪测量。

③封底结束后的位置。刃脚平均标高：<100mm(与设计标高比)；用水准仪测量；刃脚平面中心线位移：<1%$H$，用经纬仪测量，下沉总深度$H$<10m时，控制在100mm之内。四角中任何两角底面高差<1%$L$，但不超过300mm；用水准仪检查；$L$为两角的距离，$L$<10m时，控制在100mm之内。

2)一般项目：

①钢材、对接钢筋、水泥、骨料等原材料：符合设计要求；检查产品合格证、检验报告。

②结构体外观：无裂缝、蜂窝、空洞和露筋；观察检查。

③平面尺寸：长与宽±0.5%；尺量检查；最大控制在100mm之内；曲线部位半径±0.5%；尺量检查，最大控制在50mm之内。两对角线差1.0%；尺量检查。预埋件20mm；尺量检查。

④下沉过程中的偏差，高差1.5%～2.0%，但最大不超过1m；用水准仪测量。平面轴线<1.5%$H$，最大控制在300mm之内；用经纬仪检查。

⑤封底混凝土坍落度18～22cm；坍落度测定器；检查试验记录。

(3)注意事项：检查后形成“施工记录”或“检验报告”。检查“施工记录”和“检验报告”。

7. 钢或混凝土支撑工程检验批质量验收记录表

**钢或混凝土支撑工程检验批质量验收记录表**

**GB 50202—2002**

010207□□

<table>
<tr><td colspan="2">工程名称</td><td>××工程</td><td>分部(子分部)工程名称</td><td colspan="2">有支护土方</td><td>验收部位</td><td>基础①~⑩/Ⓐ~Ⓔ</td></tr>
<tr><td colspan="2">施工单位</td><td colspan="2">××建筑集团公司</td><td>专业工长</td><td>×××</td><td>项目经理</td><td>×××</td></tr>
<tr><td colspan="2">施工执行标准名称及编号</td><td colspan="6">建筑地基基础工程施工质量验收规范(GB 50202—2002)</td></tr>
<tr><td colspan="2">分包单位</td><td>××建筑公司</td><td>分包项目经理</td><td colspan="2">×××</td><td>施工班组长</td><td>×××</td></tr>
<tr><td colspan="4">施工质量验收规范的规定</td><td colspan="3">施工单位检查评定记录</td><td>监理(建设)单位验收记录</td></tr>
<tr><td rowspan="2">主控项目</td><td>1</td><td>支撑位置:标高<br>平面</td><td>30mm<br>100mm</td><td colspan="3">√</td><td rowspan="2">符合设计及施工质量验收规范要求,同意验收</td></tr>
<tr><td>2</td><td>预加顶力</td><td>±50kN</td><td colspan="3">√</td></tr>
<tr><td rowspan="5">一般项目</td><td>1</td><td>围囹标高</td><td>30mm</td><td colspan="3">√</td><td rowspan="5">符合设计及施工质量验收规范要求,同意验收</td></tr>
<tr><td>2</td><td>立柱桩</td><td>设计要求</td><td colspan="3">√</td></tr>
<tr><td>3</td><td>立柱位置:标高<br>平面</td><td>30mm<br>50mm</td><td colspan="3">√</td></tr>
<tr><td>4</td><td>开挖超深(开槽放支撑不在此范围)</td><td><200mm</td><td colspan="3">√</td></tr>
<tr><td>5</td><td>支撑安装时间</td><td>设计要求</td><td colspan="3">√</td></tr>
<tr><td colspan="2">施工单位检查评定结果</td><td colspan="6">经检查,主控项目全部合格,一般项目满足规范规定要求,检查评定结果为合格。<br><br>项目专业质量检查员:××× ××年×月×日</td></tr>
<tr><td colspan="2">监理(建设)单位验收结论</td><td colspan="6">同意施工单位评定结果,验收合格。<br><br>监理工程师:×××<br>(建设单位项目专业技术负责人) ××年×月×日</td></tr>
</table>

**《钢或混凝土支撑工程检验批质量验收记录表》填表说明：**

(1)资料流程：本表由施工单位在完成本工序后填写，并报送监理单位；监理单位审批后返还施工单位，各相关单位存档。

(2)相关规定与要求：

1)主控项目：

①支撑位置：标高 30mm；用水准仪检查；符合设计标高。平面 100mm；尺量检查；符合设计位置。

②预加顶力：±50kN；检查油泵读数或传感的读数。

2)一般项目：

①围图标高：30mm；用水准仪检查。

②立柱桩：符合设计要求；按相应桩基标准验收。

③立柱位置：标高 30mm；用水准仪检查。平面 50mm；尺量检查。

④开挖超深(开槽放支撑不在此范围)：＜200mm；用水准仪检查。

⑤支撑安装时间：符合设计要求；用钟表估测。

(3)注意事项：施工前熟悉支撑系统的图纸，掌握开挖及支撑设置的方式、预顶力及周围环境保护的要求。施工过程中严格控制开挖和支撑的程序及时间，对支撑的位置(包括立柱及立柱桩的位置)、每层开挖深度、预加顶力(如需要时)、钢围图与围护体或支撑与围图的密贴度应做周密检查。全部支撑安装结束后，仍维持整个系统的正常运转直至支撑全部拆除。施工过程形成“施工记录”或“检验报告”。检查“施工记录”和“检验报告”。

## 二、分项工程质量验收记录

### 1. 排桩墙分项工程质量验收记录表

**表 D-2** 排桩墙支护分项工程质量验收记录表

<table>
<tr><td colspan="2">单位(子单位)工程名称</td><td>××工程</td><td>结构类型</td><td>钢框架-混凝土剪力墙</td></tr>
<tr><td colspan="2">分部(子分部)工程名称</td><td>有支护土方工程</td><td>检验批数</td><td>42</td></tr>
<tr><td colspan="2">施工单位</td><td>××建筑公司</td><td>项目经理</td><td>×××</td></tr>
<tr><td colspan="2">分包单位</td><td>/</td><td>分包项目经理</td><td>/</td></tr>
<tr><td>序号</td><td>检验批名称及部位、区段</td><td colspan="2">施工单位检查评定结果</td><td>监理(建设)单位验收结论</td></tr>
<tr><td>1</td><td>基础①～⑩/Ⓐ～Ⓔ轴</td><td colspan="2">√</td><td rowspan="12">验收合格</td></tr>
<tr><td>2</td><td>基础⑩～⑳/Ⓐ～Ⓕ轴</td><td colspan="2">√</td></tr>
<tr><td>3</td><td>基础⑳～㉕/Ⓐ～Ⓔ轴</td><td colspan="2">√</td></tr>
<tr><td></td><td></td><td colspan="2"></td></tr>
<tr><td></td><td></td><td colspan="2"></td></tr>
<tr><td></td><td></td><td colspan="2"></td></tr>
<tr><td></td><td></td><td colspan="2"></td></tr>
<tr><td></td><td></td><td colspan="2"></td></tr>
<tr><td></td><td></td><td colspan="2"></td></tr>
<tr><td></td><td></td><td colspan="2"></td></tr>
<tr><td></td><td></td><td colspan="2"></td></tr>
<tr><td></td><td></td><td colspan="2"></td></tr>
<tr><td colspan="5">说明:</td></tr>
<tr><td>检查结论</td><td colspan="2">基础①～㉕/Ⓐ～Ⓕ轴排桩墙施工质量符合《建筑地基基础工程施工质量验收规范》(GB 50202—2002)的规定,排桩分项工程合格。<br><br>项目专业技术负责人:×××<br>××年×月×日</td><td>验收结论</td><td>合格,同意验收<br><br>监理工程师:×××<br>(建设单位项目专业技术负责人)<br>××年×月×日</td></tr>
</table>

注:地基基础、主体结构工程的分项工程质量验收不填写“分包单位”、“分包项目经理”。

## 2. 水泥土桩墙支护分项工程质量验收记录

**表 D-2　　　　水泥土桩墙支护分项工程质量验收记录表**

<table>
<tr><td colspan="2">单位(子单位)工程名称</td><td>××工程</td><td>结构类型</td><td>钢框架-混凝土剪力墙</td></tr>
<tr><td colspan="2">分部(子分部)工程名称</td><td>有支护土方工程</td><td>检验批数</td><td>31</td></tr>
<tr><td colspan="2">施工单位</td><td>××建筑公司</td><td>项目经理</td><td>×××</td></tr>
<tr><td colspan="2">分包单位</td><td>/</td><td>分包项目经理</td><td>/</td></tr>
<tr><td>序号</td><td>检验批名称及部位、区段</td><td colspan="2">施工单位检查评定结果</td><td>监理(建设)单位验收结论</td></tr>
<tr><td>1</td><td>基础①～⑮/Ⓐ～Ⓘ轴</td><td colspan="2">✓</td><td rowspan="8">验收合格</td></tr>
<tr><td>2</td><td>基础⑮～㉚/Ⓐ～Ⓘ轴</td><td colspan="2">✓</td></tr>
<tr><td>3</td><td>基础㉚～㉟/Ⓐ～Ⓘ轴</td><td colspan="2">✓</td></tr>
<tr><td></td><td></td><td colspan="2"></td></tr>
<tr><td></td><td></td><td colspan="2"></td></tr>
<tr><td></td><td></td><td colspan="2"></td></tr>
<tr><td></td><td></td><td colspan="2"></td></tr>
<tr><td></td><td></td><td colspan="2"></td></tr>
<tr><td colspan="5">说明:</td></tr>
<tr><td>检查结论</td><td colspan="2">基础①～㉟/Ⓐ～Ⓘ轴排桩墙施工质量符合《建筑地基基础工程施工质量验收规范》(GB 50202—2002)的规定,排桩分项工程合格。<br><br>项目专业技术负责人:×××<br>××年×月×日</td><td>验收结论</td><td>合格,同意验收<br><br>监理工程师:×××<br>(建设单位项目专业技术负责人)<br>××年×月×日</td></tr>
</table>

注:地基基础、主体结构工程的分项工程质量验收不填写“分包单位”、“分包项目经理”。

3. 锚杆及土钉墙支护分项工程质量验收记录表

表 D-2　　锚杆及土钉墙支护分项工程质量验收记录表

<table>
<tr><td colspan="2">单位(子单位)工程名称</td><td>××工程</td><td>结构类型</td><td>钢框架-剪力墙</td></tr>
<tr><td colspan="2">分部(子分部)工程名称</td><td>有支护土方工程</td><td>检验批数</td><td>45</td></tr>
<tr><td colspan="2">施工单位</td><td>××建筑公司</td><td>项目经理</td><td>×××</td></tr>
<tr><td colspan="2">分包单位</td><td>/</td><td>分包项目经理</td><td>/</td></tr>
<tr><td>序号</td><td>检验批名称及部位、区段</td><td>施工单位检查评定结果</td><td colspan="2">监理(建设)单位验收结论</td></tr>
<tr><td>1</td><td>基坑①/Ⓐ～Ⓗ轴</td><td>√</td><td colspan="2" rowspan="8">验收合格</td></tr>
<tr><td>2</td><td>基坑①～⑨/Ⓗ轴</td><td>√</td></tr>
<tr><td>3</td><td>基坑⑨～⑯/Ⓗ轴</td><td>√</td></tr>
<tr><td>4</td><td>基坑⑯～㉚/Ⓐ轴</td><td>√</td></tr>
<tr><td></td><td></td><td></td></tr>
<tr><td></td><td></td><td></td></tr>
<tr><td></td><td></td><td></td></tr>
<tr><td></td><td></td><td></td></tr>
<tr><td colspan="5">说明：</td></tr>
<tr><td>检查结论</td><td>基坑①～㉚/Ⓐ～Ⓗ轴锚杆及土钉墙工质量符合《建筑地基基础工程施工质量验收规范》(GB 50202—2002)的规定，锚杆及土钉墙支护分项工程合格。<br><br>项目专业技术负责人：×××<br>××年×月×日</td><td>验收结论</td><td colspan="2">合格，同意验收<br><br>监理工程师：×××<br>(建设单位项目专业技术负责人)<br>××年×月×日</td></tr>
</table>

注：地基基础、主体结构工程的分项工程质量验收不填写“分包单位”、“分包项目经理”。

4. 钢或混凝土支撑分项工程质量验收记录表

表 D-2　　钢或混凝土支撑分项工程质量验收记录表

<table>
<tr><td>单位(子单位)工程名称</td><td colspan="2">××工程</td><td>结构类型</td><td>框架筒体</td></tr>
<tr><td>分部(子分部)工程名称</td><td colspan="2">有支护土方工程</td><td>检验批数</td><td>36</td></tr>
<tr><td>施工单位</td><td colspan="2">××建筑公司</td><td>项目经理</td><td>×××</td></tr>
<tr><td>分包单位</td><td colspan="2">/</td><td>分包项目经理</td><td>/</td></tr>
<tr><td>序号</td><td>检验批名称及部位、区段</td><td colspan="2">施工单位检查评定结果</td><td>监理(建设)单位验收结论</td></tr>
<tr><td>1</td><td>基坑①～⑮/Ⓐ～Ⓗ轴</td><td colspan="2">✓</td><td rowspan="8">验收合格</td></tr>
<tr><td>2</td><td>基坑⑮～㉚/Ⓐ～Ⓗ轴</td><td colspan="2">✓</td></tr>
<tr><td>3</td><td>基坑㉚～㉟/Ⓐ～Ⓗ轴</td><td colspan="2">✓</td></tr>
<tr><td></td><td></td><td colspan="2"></td></tr>
<tr><td></td><td></td><td colspan="2"></td></tr>
<tr><td></td><td></td><td colspan="2"></td></tr>
<tr><td></td><td></td><td colspan="2"></td></tr>
<tr><td></td><td></td><td colspan="2"></td></tr>
<tr><td colspan="5">说明：</td></tr>
<tr><td>检查结论</td><td>基础①～㉟/Ⓐ～Ⓗ轴钢及混凝土支撑施工质量符合《建筑地基基础工程施工质量验收规范》(GB 50202—2002)的规定，钢支撑分项工程合格。<br><br>项目专业技术负责人：×××<br>××年×月×日</td><td>验收结论</td><td colspan="2">合格，同意验收<br><br>监理工程师：×××<br>(建设单位项目专业技术负责人)<br>××年×月×日</td></tr>
</table>

注：地基基础、主体结构工程的分项工程质量验收不填写“分包单位”、“分包项目经理”。

5. 地下连续墙分项工程质量验收记录表

表 D-2　　地下连续墙分项工程质量验收记录表

<table>
<tr><td>单位(子单位)工程名称</td><td colspan="2">××工程</td><td>结构类型</td><td>框架筒体</td></tr>
<tr><td>分部(子分部)工程名称</td><td colspan="2">有支护土方工程</td><td>检验批数</td><td>4</td></tr>
<tr><td>施工单位</td><td colspan="2">××建筑公司</td><td>项目经理</td><td>×××</td></tr>
<tr><td>分包单位</td><td colspan="2">/</td><td>分包项目经理</td><td>/</td></tr>
<tr><td>序号</td><td>检验批名称及部位、区段</td><td colspan="2">施工单位检查评定结果</td><td>监理(建设)单位验收结论</td></tr>
<tr><td>1</td><td>基坑支护墙①～⑩/Ⓐ～Ⓕ轴</td><td colspan="2">√</td><td rowspan="8">验收合格</td></tr>
<tr><td>2</td><td>基坑支护墙⑩～⑮/Ⓐ～Ⓕ轴</td><td colspan="2">√</td></tr>
<tr><td>3</td><td>基坑支护墙①～⑩/Ⓔ～Ⓘ轴</td><td colspan="2">√</td></tr>
<tr><td>4</td><td>基坑支护墙⑩～⑳/Ⓔ～Ⓘ轴</td><td colspan="2">√</td></tr>
<tr><td></td><td></td><td colspan="2"></td></tr>
<tr><td></td><td></td><td colspan="2"></td></tr>
<tr><td></td><td></td><td colspan="2"></td></tr>
<tr><td></td><td></td><td colspan="2"></td></tr>
<tr><td colspan="5">说明:</td></tr>
<tr><td>检查结论</td><td>基坑支护墙①～⑳/Ⓐ～Ⓘ轴施工质量符合《建筑地基基础工程施工质量验收规范》(GB 50202—2002)的规定,地下连续墙分项工程合格。<br><br>项目专业技术负责人:×××<br>××年×月×日</td><td>验收结论</td><td colspan="2">合格,同意验收<br><br>监理工程师:×××<br>(建设单位项目专业技术负责人)<br>××年×月×日</td></tr>
</table>

注:地基基础、主体结构工程的分项工程质量验收不填写“分包单位”、“分包项目经理”。

6. 沉井与沉箱分项工程质量验收记录表

表 D-2　　沉井与沉箱分项工程质量验收记录表

<table>
<tr><td colspan="2">单位(子单位)工程名称</td><td>××工程</td><td>结构类型</td><td>钢框架-剪力墙</td></tr>
<tr><td colspan="2">分部(子分部)工程名称</td><td>有支护土方工程</td><td>检验批数</td><td>2</td></tr>
<tr><td colspan="2">施工单位</td><td>××建筑公司</td><td>项目经理</td><td>×××</td></tr>
<tr><td colspan="2">分包单位</td><td>/</td><td>分包项目经理</td><td>/</td></tr>
<tr><td>序号</td><td>检验批名称及部位、区段</td><td>施工单位检查评定结果</td><td colspan="2">监理(建设)单位验收结论</td></tr>
<tr><td>1</td><td>深基础①～⑤/Ⓐ～Ⓓ轴</td><td>✓</td><td colspan="2" rowspan="8">验收合格</td></tr>
<tr><td>2</td><td>深基础⑤～⑩/Ⓐ～Ⓓ轴</td><td>✓</td></tr>
<tr><td></td><td></td><td></td></tr>
<tr><td></td><td></td><td></td></tr>
<tr><td></td><td></td><td></td></tr>
<tr><td></td><td></td><td></td></tr>
<tr><td></td><td></td><td></td></tr>
<tr><td></td><td></td><td></td></tr>
<tr><td colspan="5">说明：</td></tr>
<tr><td>检查结论</td><td colspan="2">深基础①～⑩/Ⓐ～Ⓓ轴施工质量符合《建筑地基基础工程施工质量验收规范》(GB 50202—2002)的规定，沉井分项工程合格。<br><br>项目专业技术负责人：×××<br>××年×月×日</td><td>验收结论</td><td>合格，同意验收<br><br>监理工程师：×××<br>(建设单位项目专业技术负责人)<br>××年×月×日</td></tr>
</table>

注：地基基础、主体结构工程的分项工程质量验收不填写“分包单位”、“分包项目经理”。

7. 降水与排水分项工程质量验收记录表

表 D-2　　降水与排水分项工程质量验收记录表

<table>
<tr><td colspan="2">单位(子单位)工程名称</td><td>××工程</td><td>结构类型</td><td colspan="2">全现浇剪力墙</td></tr>
<tr><td colspan="2">分部(子分部)工程名称</td><td>有支护土方工程</td><td>检验批数</td><td colspan="2">2</td></tr>
<tr><td colspan="2">施工单位</td><td>××建筑公司</td><td>项目经理</td><td colspan="2">×××</td></tr>
<tr><td colspan="2">分包单位</td><td>/</td><td>分包项目经理</td><td colspan="2">/</td></tr>
<tr><td>序号</td><td colspan="2">检验批名称及部位、区段</td><td>施工单位检查评定结果</td><td colspan="2">监理(建设)单位验收结论</td></tr>
<tr><td>1</td><td colspan="2">基础①～⑫/Ⓐ～Ⓕ轴</td><td>✓</td><td colspan="2" rowspan="8">验收合格</td></tr>
<tr><td>2</td><td colspan="2">基础⑫～⑳/Ⓐ～Ⓕ轴</td><td>✓</td></tr>
<tr><td></td><td colspan="2"></td><td></td></tr>
<tr><td></td><td colspan="2"></td><td></td></tr>
<tr><td></td><td colspan="2"></td><td></td></tr>
<tr><td></td><td colspan="2"></td><td></td></tr>
<tr><td></td><td colspan="2"></td><td></td></tr>
<tr><td></td><td colspan="2"></td><td></td></tr>
<tr><td colspan="6">说明：</td></tr>
<tr><td>检查结论</td><td colspan="2">基础①～⑳/Ⓐ～Ⓕ轴降水施工质量符合《建筑地基基础工程施工质量验收规范》(GB 50202—2002)的规定，降水分项工程合格。<br>项目专业技术负责人：×××<br>××年×月×日</td><td>验收结论</td><td colspan="2">合格，同意验收<br>监理工程师：×××<br>(建设单位项目专业技术负责人)<br>××年×月×日</td></tr>
</table>

注：地基基础、主体结构工程的分项工程质量验收不填写“分包单位”、“分包项目经理”。

## 三、子分部工程质量验收记录

**有支护土方　分部(子分部)工程质量验收记录表**

<table>
<tr><td colspan="2">单位(子单位)工程名称</td><td colspan="2">××工程</td><td>结构类型及层数</td><td colspan="2">钢框架-混凝土剪力墙</td></tr>
<tr><td colspan="2">施工单位</td><td>××建筑公司</td><td>技术部门负责人</td><td>×××</td><td>质量部门负责人</td><td>×××</td></tr>
<tr><td colspan="2">分包单位</td><td>××地基基础工程公司</td><td>分包单位负责人</td><td>×××</td><td>分包技术负责人</td><td>×××</td></tr>
<tr><td colspan="2">序号</td><td>子分部(分项)工程名称</td><td>分项工程(检验批)数</td><td colspan="2">施工单位检查评定</td><td>验收意见</td></tr>
<tr><td rowspan="10">1</td><td>①</td><td>降水与排水</td><td>15</td><td colspan="2">✓</td><td rowspan="10">同意验收</td></tr>
<tr><td>②</td><td>锚杆及土钉墙</td><td>41</td><td colspan="2">✓</td></tr>
<tr><td>③</td><td>混凝土灌注桩(钢筋笼)</td><td>41</td><td colspan="2">✓</td></tr>
<tr><td>④</td><td>混凝土灌注桩</td><td>41</td><td colspan="2">✓</td></tr>
<tr><td></td><td></td><td></td><td colspan="2"></td></tr>
<tr><td></td><td></td><td></td><td colspan="2"></td></tr>
<tr><td></td><td></td><td></td><td colspan="2"></td></tr>
<tr><td></td><td></td><td></td><td colspan="2"></td></tr>
<tr><td></td><td></td><td></td><td colspan="2"></td></tr>
<tr><td></td><td></td><td></td><td colspan="2"></td></tr>
<tr><td>2</td><td colspan="2">质量控制资料</td><td colspan="3">工程测量、各种原材料质量证明、进场复验、隐蔽工程检查、施工记录等齐全、有效</td><td>同意验收</td></tr>
<tr><td>3</td><td colspan="2">安全和功能检验(检测)报告</td><td colspan="3">土钉、锚杆拉拔试验、护坡桩完整性检测等齐全有效</td><td>同意验收</td></tr>
<tr><td>4</td><td colspan="2">观感质量验收</td><td colspan="3">一般</td><td>同意验收</td></tr>
<tr><td rowspan="5">验收单位</td><td colspan="2">分包单位</td><td>项目经理</td><td>×××</td><td colspan="2">××年×月×日</td></tr>
<tr><td colspan="2">施工单位</td><td>项目经理</td><td>×××</td><td colspan="2">××年×月×日</td></tr>
<tr><td colspan="2">勘察单位</td><td>项目负责人</td><td>×××</td><td colspan="2">××年×月×日</td></tr>
<tr><td colspan="2">设计单位</td><td>项目负责人</td><td>×××</td><td colspan="2">××年×月×日</td></tr>
<tr><td colspan="2">监理(建设)单位</td><td colspan="2">总监理工程师：×××<br>(建设单位项目专业负责人)</td><td colspan="2">××年×月×日</td></tr>
</table>

注：地基基础、主体结构分部工程质量验收不填写“分包单位”、“分包单位负责人”和“分包技术负责人”。地基基础、主体结构分部工程验收勘察单位应签认，其他分部工程验收勘察单位可不签认。

# 第五章 地基基础处理工程资料

## 第一节 地基基础处理工程资料分类

地基基础处理工程施工资料分类见表 5-1。

**表 5-1** 地基基础处理工程施工资料分类

| 类别及编号 | 表格编号（或资料来源） | 资料名称 | | 备注 |
|---|---|---|---|---|
| 施工技术资料（C2） | C2-1 | 技术交底记录 | 灰土地基工程技术交底记录 | |
| | | | 砂和砂石地基工程技术交底记录 | |
| | | | 土工合成材料地基工程技术交底记录 | |
| | | | 粉煤灰地基工程技术交底记录 | |
| | | | 强夯地基工程技术交底记录 | |
| | | | 注浆地基工程技术交底记录 | |
| | | | 预压地基工程技术交底记录 | |
| | | | 振冲地基工程技术交底记录 | |
| | | | 高压喷射注浆地基工程技术交底记录 | |
| | | | 水泥土搅拌桩地基工程技术交底记录 | |
| | | | 土和灰土挤密桩复合地基工程技术交底记录 | |
| | | | 水泥粉煤灰碎石桩复合地基工程技术交底记录 | |
| | | | 夯实水泥土桩复合地基工程技术交底记录 | |
| | | | 砂桩地基工程技术交底记录 | |
| 施工物资资料（C4） | C4-1 | 材料、构配件进场检验记录 | | |
| | 供应单位提供 | 各种物资出厂合格证、质量保证书和商检证 | | |
| | C4-10 | 水泥试验报告 | | 见本书第四章 |
| | C4-11 | 砂试验报告 | | 见本书第四章 |
| | C4-12 | 碎石（卵）石试验报告 | | 见本书第四章 |
| 施工记录（C5） | C5-1 | 隐蔽工程检查记录 | | |
| | C5-3 | 施工检查记录 | | |
| | 专业施工单位提供 | 地基施工记录 | | |
| 施工试验记录（C6） | 检测单位提供 | 地基承载力检验报告 | | |
| | C6-4 | 土工击实试验报告 | | 见本书第三章 |
| | C6-5 | 回填土试验报告 | | 见本书第三章 |

续表

| 类别及编号 | 表格编号（或资料来源） | 资料名称 | | 备　注 |
|---|---|---|---|---|
| 施工质量验收记录（C7） | 施工单位提供 | 检验批质量验收记录 | 灰土地基工程检验批质量验收记录表 | |
| | | | 砂和砂石地基工程检验批质量验收记录表 | |
| | | | 土工合成材料地基工程检验批质量验收记录表 | |
| | | | 粉煤灰地基工程检验批质量验收记录表 | |
| | | | 强夯地基工程检验批质量验收记录表 | |
| | | | 注浆地基工程检验批质量验收记录表 | |
| | | | 预压地基工程检验批质量验收记录表 | |
| | | | 振冲地基工程检验批质量验收记录表 | |
| | | | 高压喷射注浆地基工程检验批质量验收记录表 | |
| | | | 水泥土搅拌桩地基工程检验批质量验收记录表 | |
| | | | 土和灰土挤密桩复合地基工程检验批质量验收记录表 | |
| | | | 水泥粉煤灰碎石桩复合地基工程检验批质量验收记录表 | |
| | | | 夯实水泥土桩复合地基工程检验批质量验收记录表 | |
| | | | 砂桩地基分项工程检验批质量验收记录表 | |
| | | 分项工程质量验收记录 | 灰土地基分项工程质量验收记录表 | |
| | | | 砂和砂石地基分项工程质量验收记录表 | |
| | | | 土工合成材料地基分项工程质量验收记录表 | |
| | | | 粉煤土地基分项工程质量验收记录表 | |
| | | | 强夯地基分项工程质量验收记录表 | |
| | | | 注浆地基分项工程质量验收记录表 | |
| | | | 振冲地基分项工程质量验收记录表 | |
| | | | 高压喷射注浆地基分项工程质量验收记录表 | |
| | | | 水泥土搅拌桩地基分项工程质量验收记录表 | |
| | | | 土和灰土挤密桩复合地基分项工程质量验收记录表 | |
| | | | 水泥粉煤灰碎石桩复合地基分项工程质量验收记录表 | |
| | | | 夯实水泥土桩复合地基分项工程质量验收记录表 | |
| | | | 砂桩地基分项工程质量验收记录表 | |
| | | 子分部工程质量验收记录 | 地基与基础子分部工程质量验收记录表 | |

# 第二节 地基基础处理工程施工物资资料

表 C4-1 材料、构配件进场检验记录

编号：×××

<table>
<tr><td colspan="2">工程名称</td><td colspan="3">×××工程</td><td>检验日期</td><td colspan="2">××年×月×日</td></tr>
<tr><td rowspan="2">序号</td><td rowspan="2">名称</td><td rowspan="2">规格型号</td><td rowspan="2">进场数量</td><td>生产厂家</td><td rowspan="2">检验项目</td><td rowspan="2">检验结果</td><td rowspan="2">备注</td></tr>
<tr><td>合格证号</td></tr>
<tr><td rowspan="2">1</td><td rowspan="2">生石灰粉</td><td rowspan="2"></td><td rowspan="2">××t</td><td>××建材公司</td><td rowspan="2">外观、质量证明文件</td><td rowspan="2">合格</td><td rowspan="2"></td></tr>
<tr><td>×××</td></tr>
<tr><td rowspan="2">2</td><td rowspan="2">砂</td><td rowspan="2">中砂</td><td rowspan="2">××t</td><td>××建材公司</td><td rowspan="2">外观、质量证明文件</td><td rowspan="2">合格</td><td rowspan="2"></td></tr>
<tr><td>×××</td></tr>
<tr><td rowspan="2">3</td><td rowspan="2">水泥</td><td rowspan="2">P·O 32.5</td><td rowspan="2">××t</td><td>××建材公司</td><td rowspan="2">外观、质量证明文件</td><td rowspan="2">合格</td><td rowspan="2"></td></tr>
<tr><td>×××</td></tr>
<tr><td></td><td></td><td></td><td></td><td></td><td></td><td></td><td></td></tr>
<tr><td></td><td></td><td></td><td></td><td></td><td></td><td></td><td></td></tr>
<tr><td></td><td></td><td></td><td></td><td></td><td></td><td></td><td></td></tr>
<tr><td></td><td></td><td></td><td></td><td></td><td></td><td></td><td></td></tr>
<tr><td></td><td></td><td></td><td></td><td></td><td></td><td></td><td></td></tr>
<tr><td></td><td></td><td></td><td></td><td></td><td></td><td></td><td></td></tr>
<tr><td colspan="8">检验结论：<br>以上材料、构配件经外观检查合格，材质、规格型号及数量经复检均符合设计、规范要求，产品质量证明文件齐全。</td></tr>
<tr><td rowspan="3">签字栏</td><td rowspan="2">建设(监理)单位</td><td colspan="2">施工单位</td><td colspan="4">××建筑工程公司</td></tr>
<tr><td colspan="2">专业质检员</td><td colspan="2">专业工长</td><td colspan="2">检验员</td></tr>
<tr><td>×××</td><td colspan="2">×××</td><td colspan="2">×××</td><td colspan="2">×××</td></tr>
</table>

**《材料、构配件进场检验记录表》填表说明：**

(1)资料流程：由直接使用所检查的材料及配件的施工单位填写，作为工程物资进场报验表填表进入资料流程。

(2)相关规定与要求：工程物资进场后，施工单位应及时组织相关人员检查外观、数量及供货单位提供的质量证明文件等，合格后填写本表。

(3)注意事项：

1)工程名称填写应准确、统一，日期应准确。

2)物资名称、规格、数量、检验项目和结果等填写应规范、准确。

3)检验结论及相关人员签字应清晰可辨认，严禁其他人代签。

4)按规定应进场复试的工程物资，必须在进场检查验收合格后取样复试。

(4)本表由施工单位填写并保存。

# 第三节　地基基础处理工程施工记录

## 一、隐蔽工程检查记录

### 1. 灰土地基隐蔽工程检查记录

**表 C5-1**　　**隐蔽工程检查记录**

编号：×××

<table>
<tr><td>工程名称</td><td colspan="3">××工程</td></tr>
<tr><td>隐检项目</td><td>灰土地基</td><td>隐检日期</td><td>××年×月×日</td></tr>
<tr><td>隐检部位</td><td colspan="3">基础①～⑱/Ⓐ～Ⓓ轴线　－8.90m 标高</td></tr>
<tr><td colspan="4">隐检依据：施工图图号 结施 1、结施 4 ，设计变更/洽商（编号 / ）及有关国家现行标准等。<br>主要材料名称及规格/型号：灰土</td></tr>
<tr><td colspan="4">隐检内容：<br>（1）根据施工图纸要求，基槽土层已挖空至－8.90m。在摊铺灰土前，经钎探检查，地质情况符合勘察报告，无出现地下水。<br>（2）槽底清理：清除槽内浮土、积水和泥浆，抗（槽）边坡稳定。<br>（3）基底轴线尺寸。<br>隐检内容已做完，请予以检查。<br>申报人：×××</td></tr>
<tr><td colspan="4">检查意见：<br>经检查，现场情况与隐检内容相符，满足设计要求，符合规范规定。<br>检查结论：　☑同意隐蔽　　□不同意，修改后进行复查</td></tr>
<tr><td colspan="4">复检结论：<br><br>复查人：　　　　复查日期：</td></tr>
</table>

<table>
<tr><td rowspan="3">签字栏</td><td rowspan="2">建设（监理）单位</td><td>施工单位</td><td colspan="2">××建设工程有限公司</td></tr>
<tr><td>专业技术负责人</td><td>专业质检员</td><td>专业工长</td></tr>
<tr><td>×××</td><td>×××</td><td>×××</td><td>×××</td></tr>
</table>

本表由施工单位填写，建设单位、施工单位、城建档案馆各保存一份。

2. 砂和砂土地基隐蔽工程检查记录

表 C5-1　　　　　　　　　　　　　　隐蔽工程检查记录

编号：×××

| 工程名称 | ××工程 | | |
|---|---|---|---|
| 隐检项目 | 砂和砂石地基 | 隐检日期 | ××年×月×日 |
| 隐检部位 | 基础①～⑱/Ⓐ～Ⓓ轴线　－8.90m 标高 | | |
| 隐检依据：施工图图号 **结施 1、结施 4** ，设计变更/洽商(编号 / )及有关国家现行标准等。<br>主要材料名称及规格/型号：**中砂　5～25mm 碎石** | | | |
| 隐检内容：<br>**(1)根据施工图纸要求，基槽土层已挖至－8.900mm。砂石在摊铺灰土前，经钎探检查，地质情况符合勘察报告，没有出现地下水。**<br>**(2)槽底清理：清除槽内浮土、积水和泥浆，坑(槽)边坡稳定。**<br>**(3)基底轴线尺寸。**<br>**隐检内容已做完，请予以检查。**<br>申报人：××× | | | |
| 检查意见：<br>**经检查，现场情况与隐检内容相符，满足设计要求，符合规范规定，同意进行下道工序。**<br>检查结论：　☑同意隐蔽　　☐不同意，修改后进行复查 | | | |
| 复检结论：<br>复查人：　　　　复查日期： | | | |

| 签字栏 | 建设(监理)单位 | 施工单位 | ××建设工程有限公司 | |
|---|---|---|---|---|
| | | 专业技术负责人 | 专业质检员 | 专业工长 |
| | ××× | ××× | ××× | ××× |

本表由施工单位填写，建设单位、施工单位、城建档案馆各保存一份。

3. 土工合成材料地基隐蔽工程检查记录

表 C5-1　　隐蔽工程检查记录

编号：×××

<table>
<tr><td>工程名称</td><td colspan="3">××工程</td></tr>
<tr><td>隐检项目</td><td>土工合成材料地基</td><td>隐检日期</td><td>××年×月×日</td></tr>
<tr><td>隐检部位</td><td colspan="3">基础层①～⑱/Ⓐ～Ⓓ轴线　　－8.90m 标高</td></tr>
<tr><td colspan="4">隐检依据：施工图图号　结施 1、结施 3　，设计变更/洽商（编号　/　）及有关国家现行标准等。<br>主要材料名称及规格/型号：　土工合成材料</td></tr>
<tr><td colspan="4">隐检内容：<br>（1）铺放土工合成材料的基层已清理平整，局部高差≤50mm。<br>（2）土工合成材料按其主要受力方向铺放，采用人工拉紧，没有皱折，且紧贴下承层。<br>（3）土工织物、土工膜的连接采用搭接法，搭接长度 400mm。<br>（4）土工合成材料铺放无大面积的损伤破坏。<br>隐检内容已做完，请予以检查。<br>申报人：×××</td></tr>
<tr><td colspan="4">检查意见：<br>经检查，现场情况与隐检内容相符，满足设计要求，符合规范规定，同意进行下道工序施工。<br>检查结论：　☑同意隐蔽　　□不同意，修改后进行复查</td></tr>
<tr><td colspan="4">复查结论：<br>复查人：　　　　复查日期：</td></tr>
</table>

<table>
<tr><td rowspan="3">签字栏</td><td rowspan="2">建设（监理）单位</td><td>施工单位</td><td colspan="2">××建设工程有限公司</td></tr>
<tr><td>专业技术负责人</td><td>专业质检员</td><td>专业工长</td></tr>
<tr><td>×××</td><td>×××</td><td>×××</td><td>×××</td></tr>
</table>

本表由施工单位填写，建设单位、施工单位、城建档案馆各保存一份。

4. 粉煤灰土地基隐蔽工程检查记录

表 C5-1　　隐蔽工程检查记录

编号：×××

<table>
<tr><td>工程名称</td><td colspan="3">××工程</td></tr>
<tr><td>隐检项目</td><td>粉煤灰地基</td><td>隐检日期</td><td>××年×月×日</td></tr>
<tr><td>隐检部位</td><td colspan="3">基础层　①～㉓/Ⓐ～Ⓖ轴线　－7.800m 标高</td></tr>
<tr><td colspan="4">隐检依据：施工图图号　结施 1、结施 3　，设计变更/洽商（编号　/　）及有关国家现行标准等。<br>主要材料名称及规格/型号：　Ⅱ级粉煤灰</td></tr>
<tr><td colspan="4">隐检内容：<br>(1)基槽杂物已清理、基层平整、局部高差不大于 50mm。<br>(2)每层铺筑厚度为 250mm，压实后为 150mm 左右。每层铺完检测合格后，及时铺筑上一层。<br>(3)粉煤灰地基铺设施工含水量为 20%，在最优含水量($W_{op}$±2%)范围内。<br>(4)每层现场实测压实系数均大于 0.95，见试验报告（编号：×××）。<br>隐检内容已做完，请予以检查。<br>申报人：×××</td></tr>
<tr><td colspan="4">检查意见：<br>经检查，现场情况与隐检内容相符，满足设计要求，符合规范规定，同意进行下道工序施工。<br>检查结论：　☑同意隐蔽　　☐不同意，修改后进行复查</td></tr>
<tr><td colspan="4">复检结论：<br>复查人：　　复查日期：</td></tr>
</table>

<table>
<tr><td rowspan="3">签字栏</td><td rowspan="2">建设（监理）单位</td><td>施工单位</td><td colspan="2">××建设工程有限公司</td></tr>
<tr><td>专业技术负责人</td><td>专业质检员</td><td>专业工长</td></tr>
<tr><td>×××</td><td>×××</td><td>×××</td><td>×××</td></tr>
</table>

本表由施工单位填写，建设单位、施工单位、城建档案馆各保存一份。

5. 预压地基隐蔽工程检查记录

**表 C5-1** 　　　　　　　　　　**隐蔽工程检查记录**

编号：×××

| 工程名称 | ××工程 | | |
|---|---|---|---|
| 隐检项目 | 预压地基 | 隐检日期 | ××年×月×日 |
| 隐检部位 | 基础　①～⑩/Ⓐ～Ⓔ轴线　－8.60m 标高 | | |

隐检依据：施工图图号　结施 1、结施 3　，设计变更/洽商（编号　/　）及有关国家现行标准等。

主要材料名称及规格/型号：　荆笆

隐检内容：

工作垫层由铺荆笆和填干两道工序组成，先铺荆笆，在软土表面按顺序满铺两层，荆笆的块与块之间搭接 200mm，并用 16 号钢丝按 500mm 间距绑扎牢固，层与层之间要错缝。然后填土，厚度 400mm。填土用人工手推车进行。

隐检内容已做完，请予以检查。

申报人：×××

检查意见：

经检查，现场情况与隐检内容相符，满足设计要求，符合规范规定，同意进行下道工序施工。

检查结论：　☑同意隐蔽　　☐不同意，修改后进行复查

复查结论：

复查人：　　　　　　　　　　复查日期：

| 签字栏 | 建设（监理）单位 | 施工单位 | ××建设工程有限公司 | |
|---|---|---|---|---|
| | | 专业技术负责人 | 专业质检员 | 专业工长 |
| | ××× | ××× | ××× | ××× |

本表由施工单位填写，建设单位、施工单位、城建档案馆各保存一份。

6. 水泥粉煤灰碎石桩复合地基隐蔽工程检查记录

**表 C5-1** **隐蔽工程检查记录**

编号：×××

<table>
<tr><td>工程名称</td><td colspan="5">××工程</td></tr>
<tr><td>隐检项目</td><td colspan="2">水泥粉煤灰碎石桩复合地基</td><td>隐检日期</td><td colspan="2">××年×月×日</td></tr>
<tr><td>隐检部位</td><td colspan="5">基础层 ⑩～㉚/Ⓐ～Ⓗ轴线 －5.400m 标高</td></tr>
<tr><td colspan="6">隐检依据：施工图图号 结施 1、结施 4 ，设计变更/洽商（编号 / ）及有关国家现行标准等。<br>主要材料名称及规格/型号： P·O 32.5 水泥、粉煤灰、砂、碎石</td></tr>
<tr><td colspan="6">隐检内容：<br>(1)水泥粉煤灰碎石桩采用长螺旋钻孔操作方法，桩位偏差为××mm，符合设计及规范要求。<br>(2)清底、夯实孔底。沉渣厚度为 40mm，用 35kg 的重锤将孔底夯实，孔底无地下水。<br>(3)验孔。检查孔深为××m，垂直度偏差为××%，符合设计及规范要求。<br>隐检内容已做完，请予以检查。<br>申报人：×××</td></tr>
<tr><td colspan="6">检查意见：<br>经检查，现场情况与隐检内容相符，满足设计要求，符合规范规定，同意进行下道工序施工。<br>检查结论： ☑同意隐蔽 □不同意，修改后进行复查</td></tr>
<tr><td colspan="6">复查结论：<br>复查人： 复查日期：</td></tr>
<tr><td rowspan="3">签字栏</td><td rowspan="2">建设（监理）单位</td><td>施工单位</td><td colspan="3">××建设工程有限公司</td></tr>
<tr><td>专业技术负责人</td><td>专业质检员</td><td colspan="2">专业工长</td></tr>
<tr><td>×××</td><td>×××</td><td>×××</td><td colspan="2">×××</td></tr>
</table>

本表由施工单位填写，建设单位、施工单位、城建档案馆各保存一份。

## 二、施工记录

### 1. 强夯施工记录

**强夯施工记录**

编号：×××

| 工程名称 | ××工程 | | 施工总包单位 | ××公司 | |
|---|---|---|---|---|---|
| 专业施工单位 | ××基础工程有限公司 | 施工日期 | ××年×月×日 | 锤重(t) | 30 |
| 锤底直径(m) | 2.5 | | 落距(m) | 12 | |

| 夯区编号 | 夯区夯点数 | 起夯点标高(cm) | 终夯点标高(cm) | 最后两遍 | | 各夯击区每遍夯沉量读数(cm) | | | | | | | | 总夯沉量(cm) |
|---|---|---|---|---|---|---|---|---|---|---|---|---|---|---|
| | | | | 夯沉量之差(cm) | 夯沉量(cm) | 1 | 2 | 3 | 4 | 5 | 6 | 7 | 8 | |
| 1-1 | 1 | 130 | 10 | 3 | 11 | 30 | 26 | 20 | 15 | 10 | 8 | 7 | 4 | 120 |
| 1-2 | 1 | 133 | 14 | 2 | 10 | 30 | 25 | 21 | 15 | 11 | 7 | 6 | 4 | 119 |
| 1-3 | 1 | 128 | 10 | 3 | 11 | 29 | 25 | 20 | 15 | 10 | 8 | 7 | 4 | 118 |
| 1-4 | 1 | 131 | 12 | 3 | 9 | 30 | 26 | 21 | 16 | 10 | 7 | 6 | 3 | 119 |
| 1-5 | 1 | 134 | 14 | 4 | 10 | 31 | 26 | 21 | 15 | 10 | 7 | 7 | 3 | 120 |
| 1-6 | 1 | 127 | 7 | 3 | 11 | 29 | 24 | 20 | 16 | 11 | 9 | 7 | 4 | 120 |
| 2-1 | 1 | 132 | 12 | 3 | 11 | 30 | 26 | 20 | 15 | 10 | 8 | 7 | 4 | 120 |
| 2-2 | 1 | 127 | 7 | 3 | 11 | 29 | 25 | 20 | 16 | 11 | 8 | 7 | 4 | 120 |
| 2-3 | 1 | 133 | 13 | 4 | 10 | 31 | 26 | 21 | 15 | 10 | 7 | 7 | 3 | 120 |
| | | | | | | | | | | | | | | |
| | | | | | | | | | | | | | | |
| | | | | | | | | | | | | | | |
| | | | | | | | | | | | | | | |
| | | | | | | | | | | | | | | |
| | | | | | | | | | | | | | | |
| | | | | | | | | | | | | | | |
| | | | | | | | | | | | | | | |

| 签字栏 | 建设(监理)单位 | 施工单位 | | |
|---|---|---|---|---|
| | | 质检员 | 施工员 | 施工班组长 |
| | ××× | ××× | ××× | ××× |

日期：××年×月×日

2. 振冲地基施工记录

**振冲地基施工记录**

编号：×××

| 工程名称 | ××工程 | 施工总包单位 | ××建筑公司 |
|---|---|---|---|
| 专业施工单位 | ××基础工程有限公司 | 振冲器型号 | ZCQ-30 |
| 填料规格 | 15～25mm 碎石 | 施工日期 | ××年×月×日 |
| 孔位编号 | 17# | | |

| 造孔 | | | | | 造孔 | | | | |
|---|---|---|---|---|---|---|---|---|---|
| 作业 | | 电流（A） | 水压（MPa） | 设计桩径（cm） | 作业 | | 电流（A） | 水压（MPa） | 设计桩径（cm） |
| 时间 | 深度(m) | | | | 时间 | 深度(m) | | | |
| 8：30～9：30 | 12 | 20～25 | 0.4 | 70 | | | | | |

| 作业 | | 填料数量（$m^3$） | 电流（A） | 水压（MPa） | 填料次数 | 孔底留振时间（min） | 作业 | | 填料数量（$m^3$） | 电流（A） | 水压（MPa） | 填料次数 | 孔底留振时间（min） |
|---|---|---|---|---|---|---|---|---|---|---|---|---|---|
| 时间 | 深度(m) | | | | | | 时间 | 深度(m) | | | | | |
| 10：00～10：30 | −10.0～12.0 | 1.20 | 60 | 0.5 | 4 | 2 | | | | | | | |
| 10：50 | −8.5 | 0.8 | 58 | 0.5 | 3 | 2 | | | | | | | |
| 11：20 | −6.1 | 1.20 | 58 | 0.5 | 4 | 2 | | | | | | | |
| 11：50 | −4.0 | 0.9 | 58 | 0.5 | 3 | 2 | | | | | | | |
| 12：20 | −2.5 | 0.8 | 60 | 0.5 | 3 | 2 | | | | | | | |
| 13：00 | 0.00 | 1.10 | 57 | 0.4 | 4 | 2 | | | | | | | |
| | | | | | | | | | | | | | |
| | | | | | | | | | | | | | |
| | | | | | | | | | | | | | |
| | | | | | | | | | | | | | |
| | | | | | | | | | | | | | |

| 签字栏 | 建设(监理)单位 | 施工单位 | | |
|---|---|---|---|---|
| | | 质检员 | 施工员 | 施工班组长 |
| | ××× | ××× | ××× | ××× |

日期：××年×月×日

3. 水泥土搅拌地基施工记录

**水泥土搅拌地基施工记录**

编号：×××

| 工程名称 | | | ××工程 | | | 施工单位 | | ××建筑公司 | | |
|---|---|---|---|---|---|---|---|---|---|---|
| 专业施工单位 | | | ××基础工程有限公司 | | 设计桩长(m) | 13 | 设计桩径(m) | | 0.5 | |
| 设备型号规格 | 深层搅拌机 | | SJB40 | 外加剂 | 名称 | FDN | 水泥 | 品牌 | ××× | |
| | 集料斗 | | $1.85m^3$ | | 含量(%) | 2 | | 强度等级 | P·O 32.5 | |
| | 灰浆泵 | | 2×40 | | 名称 | / | 水灰比 | | 0.55∶1 | |
| | 拌浆机 | | $0.5m^3$ | | 含量(%) | / | 喷搅型式 | | 四搅三喷 | |
| 桩号 | | | 7# | 8# | | | | | | |
| 第一次 | 喷浆段起止标高(m) | | −1.5 | −1.1 | | | | | | |
| | | | −14.5 | −14.5 | | | | | | |
| | 钻进 | 开始时间 | 8∶10 | 9∶50 | | | | | | |
| | | 结束时间 | 8∶30 | 10∶10 | | | | | | |
| | 提升喷浆 | 开始时间 | 8∶35 | 10∶15 | | | | | | |
| | | 结束时间 | 9∶02 | 10∶42 | | | | | | |
| | 流量(l/min) | | 30 | 30 | | | | | | |
| 第二次 | 喷浆段起止标高(m) | | −1.5 | −1.5 | | | | | | |
| | | | −14.5 | −14.5 | | | | | | |
| | 钻进 | 开始时间 | 9∶03 | 10∶43 | | | | | | |
| | | 结束时间 | 9∶08 | 10∶48 | | | | | | |
| | 提升喷浆 | 开始时间 | 9∶09 | 10∶49 | | | | | | |
| | | 结束时间 | 9∶15 | 10∶56 | | | | | | |
| | 流量(l/min) | | 30 | 30 | | | | | | |
| 水泥用量(kg) | | | 690 | 690 | | | | | | |
| 施工异常情况记录 | | | 正常 | | | | | | | |
| 签字栏 | 建设(监理)单位 | | 施工单位 | | | | | | | |
| | | | 质检员 | | | 施工员 | | 施工班组长 | | |
| | ××× | | ××× | | | ××× | | ××× | | |

日期：××年×月×日

4. 水泥粉煤灰碎石桩施工记录

## 水泥粉煤灰碎石桩施工记录

工程名称：××工程　　　　　　　　　　　　　　　　　　　工程编号：×××

桩　　径：______　　混凝土强度等级：C25　　成孔方式：长螺旋成孔

工作面标高：－13.15m　　设计桩长 22.00m　　施工桩顶标高 －13.65m

| 施工日期 | 序号 | 桩号 | 成孔深度(m) | 成孔时间(时、分) | | 成桩时间(时、分) | | 投料量($m^3$) | 备注 |
|---|---|---|---|---|---|---|---|---|---|
| | | | | 起 | 止 | 起 | 止 | | |
| 7.5 | 176 | 505 | 22.75 | 11:40 | 11:49 | 11:49 | 11:58 | 2.97 | |
| 7.5 | 177 | 490 | 22.75 | 12:10 | 12:20 | 12:20 | 12:30 | 2.97 | 接班 |
| 7.5 | 178 | 492 | 22.75 | 12:36 | 12:47 | 12:47 | 12:55 | 2.97 | |
| 7.5 | 179 | 511 | 22.75 | 13:08 | 13:18 | 13:18 | 13:27 | 2.97 | |
| 7.5 | 180 | 509 | 22.75 | 13:42 | 13:52 | 13:52 | 14:01 | 2.97 | |
| 7.5 | 181 | 507 | 22.75 | 14:10 | 14:19 | 14:19 | 14:28 | 2.97 | |
| 7.5 | 182 | 524 | 22.75 | 14:38 | 14:47 | 14:47 | 14:56 | 2.97 | |
| 7.5 | 183 | 541 | 22.75 | 15:02 | 15:11 | 15:11 | 15:20 | 2.97 | |
| 7.5 | 184 | 526 | 22.75 | 15:27 | 15:36 | 15:36 | 15:45 | 2.97 | |
| 7.5 | 185 | 528 | 22.75 | 15:54 | 16:03 | 16:03 | 17:53 | 2.97 | 接管复孔 |
| 7.5 | 186 | 547 | 22.75 | 18:06 | 18:17 | 18:17 | 18:25 | 2.97 | 等料 |
| 7.5 | 187 | 543 | 22.75 | 20:10 | 20:18 | 20:18 | 20:26 | 2.97 | |
| 7.5 | 188 | 545 | 22.75 | 20:32 | 20:40 | 20:40 | 21:09 | 2.97 | 等料 |
| 7.5 | 189 | 560 | 22.75 | 21:19 | 21:27 | 21:27 | 21:35 | 2.97 | |
| 7.5 | 190 | 577 | 22.75 | 21:42 | 21:51 | 21:51 | 22:00 | 2.97 | |
| 7.5 | 191 | 562 | 22.75 | 22:04 | 22:13 | 22:13 | 22:22 | 2.97 | |
| 7.5 | 192 | 564 | 22.75 | 22:28 | 22:39 | 22:39 | 22:48 | 2.97 | |
| 7.5 | 193 | 583 | 22.75 | 23:23 | 23:32 | 23:32 | 23:39 | 2.97 | |
| 7.5 | 194 | 579 | 22.75 | 0:06 | 0:06 | 0:06 | 0:31 | 2.97 | 接班等料 |
| 7.5 | 195 | 581 | 22.5 | 1:15 | 1:15 | 1:15 | 1:26 | 2.97 | |
| 7.5 | 196 | 702 | 22.5 | 2:36 | 2:36 | 1:58 | 2:08 | 2.97 | |
| 7.5 | 197 | 677 | 22.5 | 2:36 | 2:36 | 2:36 | 2:46 | 2.97 | |
| 7.5 | 198 | 613 | 22.75 | 3:07 | 3:07 | 3:07 | 3:15 | 2.97 | |
| 7.5 | 199 | 686 | 22.75 | 3:59 | 3:59 | 3:59 | 4:07 | 2.97 | |
| 7.5 | 200 | 650 | 22.75 | 4:25 | 4:25 | 4:25 | 4:34 | 2.97 | |

桩径、垂直度是否满足设计要求（＜1%）　是☑　　否□

（异常情况见备注）

施工负责人：×××　　　　记录：×××　　　　质检员：×××

# 第四节　地基基础处理工程施工质量验收记录

## 一、检验批质量验收记录

### 1. 灰土地基工程检验批质量验收记录表

**灰土地基工程检验批质量验收记录表**
**GB 50202—2002**

010301□□

<table>
<tr><td colspan="2">工程名称</td><td>××工程</td><td>分部(子分部)工程名称</td><td colspan="2">地基与基础处理</td><td>验收部位</td><td>基础①～⑩/Ⓐ～Ⓔ</td></tr>
<tr><td colspan="2">施工单位</td><td colspan="2">××建筑集团公司</td><td>专业工长</td><td>×××</td><td>项目经理</td><td>×××</td></tr>
<tr><td colspan="2">施工执行标准名称及编号</td><td colspan="6">建筑地基基础工程施工质量验收规范(GB 50202—2002)</td></tr>
<tr><td colspan="2">分包单位</td><td>××建筑公司</td><td>分包项目经理</td><td>×××</td><td>施工班组长</td><td colspan="2">×××</td></tr>
<tr><td colspan="4">施工质量验收规范的规定</td><td colspan="3">施工单位检查评定记录</td><td>监理(建设)单位验收记录</td></tr>
<tr><td rowspan="3">主控项目</td><td>1</td><td>地基承载力</td><td>设计要求</td><td colspan="3">✓</td><td rowspan="3">符合设计及施工质量验收规范要求，同意验收</td></tr>
<tr><td>2</td><td>配合比</td><td>设计要求</td><td colspan="3">✓</td></tr>
<tr><td>3</td><td>压实系数</td><td>设计要求</td><td colspan="3">✓</td></tr>
<tr><td rowspan="5">一般项目</td><td>1</td><td>石灰粒径(mm)</td><td>≤5</td><td colspan="3">✓</td><td rowspan="5">符合设计及施工质量验收规范要求，同意验收</td></tr>
<tr><td>2</td><td>土料有机质含量(%)</td><td>≤5</td><td colspan="3">✓</td></tr>
<tr><td>3</td><td>土颗粒粒径(mm)</td><td>≤15</td><td colspan="3">✓</td></tr>
<tr><td>4</td><td>含水量(与要求的最优含水量比较)(%)</td><td>±2</td><td colspan="3">✓</td></tr>
<tr><td>5</td><td>分层厚度较差(与设计要求比较)(mm)</td><td>±50</td><td colspan="3">✓</td></tr>
<tr><td colspan="2">施工单位检查评定结果</td><td colspan="6">经检查，主控项目全部合格，一般项目满足规范规定要求，检查评定结果为合格。<br><br>项目专业质量检查员：×××　　××年×月×日</td></tr>
<tr><td colspan="2">监理(建设)单位验收结论</td><td colspan="6">同意施工单位评定结果，验收合格。<br><br>监理工程师：×××<br>(建设单位项目专业技术负责人)　　××年×月×日</td></tr>
</table>

**《灰土地基工程检验批质量验收记录表》填表说明：**

(1)资料流程：本表由施工单位在完成本工序后填写，并报送监理单位；监理单位审批后返还施工单位，各相关单位存档。

(2)相关规定与要求：

1)主控项目：

①地基承载力，由设计提出要求，在施工结束，一定时间后进行灰土地基的承载力检验。其检验方法也因各地设计单位的习惯、经验等不同，选用标贯、静力触探及十字板剪切强度或承载力检验等方法；按设计指定方法检验；其结果必须达到设计要求的标准。每个单位工程不少于3点，$1000m^2$ 上，每 $100m^2$ 抽查1点；$3000m^2$ 上，每 $300m^2$ 抽查1点；独立柱每柱1点，基槽每20延长米1点。

②配合比。土料、石灰或水泥材料质量、配合比按拌和时的体积比，应符合设计要求；观察检查，必要时检查材料试验报告。

③压实系数。首先检查分层铺设的厚度，分段施工时，上下两层搭接的长度，夯实时的加水量，夯实遍数。按规定检测压实系数，结果符合设计要求；检查施工记录。

2)一般项目：

①石灰粒径：≤5mm；检查筛子及实施情况。

②土料有机质含量：≤5%；检查焙烧试验报告。

③土颗粒粒径：≤15mm；检查筛子及实施情况。

④含水量：±2%；与要求的最优含水量比较，观察检查现场和检查烘干报告。

⑤分层厚度偏差。+50mm；与设计要求比较；水准仪。

(3)注意事项：施工前检查土料、石灰(水灰)材质、配合比及拌和均匀。施工中检查分层铺设厚度、分段施工上下层搭接长度、加水量、夯压遍数及压实系数。施工结束后检查地基承载力。检查后形成“施工记录”或“检验报告”；检查“施工记录”和“检验报告”。

2. 砂和砂石地基检验批质量验收记录表

**砂和砂石地基检验批质量验收记录表**

**GB 50202—2002**

010302□□

<table>
<tr><td colspan="2">工程名称</td><td>××工程</td><td>分部(子分部)工程名称</td><td colspan="2">地基与基础处理</td><td>验收部位</td><td>基础①~⑩/Ⓐ~Ⓔ</td></tr>
<tr><td colspan="2">施工单位</td><td colspan="2">××建筑集团公司</td><td>专业工长</td><td>×××</td><td>项目经理</td><td>×××</td></tr>
<tr><td colspan="2">施工执行标准名称及编号</td><td colspan="6">建筑地基基础工程施工质量验收规范(GB 50202—2002)</td></tr>
<tr><td colspan="2">分包单位</td><td>××建筑公司</td><td colspan="2">分包项目经理</td><td>×××</td><td>施工班组长</td><td>×××</td></tr>
<tr><td colspan="4">施工质量验收规范的规定</td><td colspan="3">施工单位检查评定记录</td><td>监理(建设)单位验收记录</td></tr>
<tr><td rowspan="3">主控项目</td><td>1</td><td>地基承载力</td><td>设计要求</td><td colspan="3">√</td><td rowspan="3">符合设计及施工质量验收规范要求,同意验收</td></tr>
<tr><td>2</td><td>配合比</td><td>设计要求</td><td colspan="3">√</td></tr>
<tr><td>3</td><td>压实系数</td><td>设计要求</td><td colspan="3">√</td></tr>
<tr><td rowspan="5">一般项目</td><td>1</td><td>砂石料有机质含量</td><td>≤5%</td><td colspan="3">√</td><td rowspan="5">符合设计及施工质量验收规范要求,同意验收</td></tr>
<tr><td>2</td><td>砂石料含泥量</td><td>≤5%</td><td colspan="3">√</td></tr>
<tr><td>3</td><td>石料粒径</td><td>≤100mm</td><td colspan="3">√</td></tr>
<tr><td>4</td><td>含水量(与最优含水量比较)</td><td>±2%</td><td colspan="3">√</td></tr>
<tr><td>5</td><td>分层厚度(与设计要求比较)</td><td>±50mm</td><td colspan="3">√</td></tr>
<tr><td colspan="2">施工单位检查评定结果</td><td colspan="6">经检查,主控项目全部合格,一般项目满足规范规定要求,检查评定结果为合格。<br>项目专业质量检查员:××× ××年×月×日</td></tr>
<tr><td colspan="2">监理(建设)单位验收结论</td><td colspan="6">同意施工单位评定结果,验收合格。<br>监理工程师:×××<br>(建设单位项目专业技术负责人) ××年×月×日</td></tr>
</table>

**《砂和砂石地基工程检验批质量验收记录表》填表说明：**

(1)资料流程：本表由施工单位在完成本工序后填写，并报送监理单位；监理单位审批后返还施工单位，各相关单位存档。

(2)相关规定与要求：

1)主控项目：

①地基承载力：由设计提出要求，在施工结束后，一定时间后进行灰土地基的承载力检验。其检验方法也因各地设计单位的习惯、经验等不同，选用标贯、静力触探及十字板剪切强度等方法；按设计指定方法检验；其结果必须达到设计要求的标准。每个单位工程不少于 3 点，$1000m^2$ 以上，每 $100m^2$ 抽查 1 点；$3000m^2$ 以上，每 $300m^2$ 抽查 1 点；独立柱每柱 1 点，基槽每 20 延长米 1 点。

②配合比：砂、石材料质量及配合比符合设计要求；体积比或重量比均可，砂石搅拌均匀；检查施工记录。

③压实系数：现场施工随时检查分层铺筑厚度，分段施工搭接部位的压实情况，加水量区压实遍数，按规定检测压实系数结果应符合设计要求；检查施工记录。

2)一般项目：

①砂石料有机质含量：≤5%；检查焙烧试验报告。

②砂石料含泥量：≤5%；现场检查及检查水洗试验报告。

③石料粒径：≤100mm；检查筛分报告。

④含水量：±2%；与最优含水量比较。检查烘干报告。

⑤分层厚度：+50mm；与设计厚度比较。水准仪检查。

(3)注意事项：施工前检查砂、石质量、配合比及砂石搅拌情况。施工中检查分层厚度、搭接部位压实情况、加水量、压实遍数、压实系数。施工结束后检查砂和砂石地基的承载力。检查后形成“施工记录”或“检验报告”。检查“施工记录”和“检验报告”。

3. 土工合成材料地基工程检验批质量验收记录表

**土工合成材料地基工程检验批质量验收记录表**

**GB 50202—2002**

010303□□

<table>
<tr><td colspan="2">工程名称</td><td>××工程</td><td>分部(子分部)工程名称</td><td colspan="2">地基与基础处理</td><td>验收部位</td><td>基础①~⑩/Ⓐ~Ⓔ</td></tr>
<tr><td colspan="2">施工单位</td><td colspan="2">××建筑集团公司</td><td>专业工长</td><td>×××</td><td>项目经理</td><td>×××</td></tr>
<tr><td colspan="2">施工执行标准名称及编号</td><td colspan="6">建筑地基基础工程施工质量验收规范(GB 50202—2002)</td></tr>
<tr><td colspan="2">分包单位</td><td>××建筑公司</td><td>分包项目经理</td><td>×××</td><td>施工班组长</td><td colspan="2">×××</td></tr>
<tr><td colspan="4">施工质量验收规范的规定</td><td colspan="3">施工单位检查评定记录</td><td>监理(建设)单位验收记录</td></tr>
<tr><td rowspan="3">主控项目</td><td>1</td><td>土工合成材料强度(%)</td><td>≤5</td><td colspan="3">✓</td><td rowspan="3">符合设计及施工质量验收规范要求,同意验收</td></tr>
<tr><td>2</td><td>土工合成材料延伸率(%)</td><td>≤3</td><td colspan="3">✓</td></tr>
<tr><td>3</td><td>地基承载力</td><td>设计要求</td><td colspan="3">✓</td></tr>
<tr><td rowspan="4">一般项目</td><td>1</td><td>土工合成材料搭接长度(mm)</td><td>≥300</td><td colspan="3">✓</td><td rowspan="4">符合设计及施工质量验收规范要求,同意验收</td></tr>
<tr><td>2</td><td>土石料有机质含量(%)</td><td>≤5</td><td colspan="3">✓</td></tr>
<tr><td>3</td><td>层面平整度(mm)</td><td>≤20</td><td colspan="3">✓</td></tr>
<tr><td>4</td><td>每层铺设厚度(mm)</td><td>±25</td><td colspan="3">✓</td></tr>
<tr><td colspan="2">施工单位检查评定结果</td><td colspan="6">经检查,主控项目全部合格,一般项目满足规范规定要求,检查评定结果为合格。<br>项目专业质量检查员:×××　　××年×月×日</td></tr>
<tr><td colspan="2">监理(建设)单位验收结论</td><td colspan="6">同意施工单位评定结果,验收合格。<br>监理工程师:×××<br>(建设单位项目专业技术负责人)　　××年×月×日</td></tr>
</table>

**《土工合成材料地基工程检验批质量验收记录表》填表说明：**

(1)资料流程：本表由施工单位在完成本工序后填写，并报送监理单位；监理单位审批后返还施工单位，各相关单位存档。

(2)相关规定与要求：

1)主控项目：

①土工合成材料强度：做拉伸试验，抗拉强度与设计要求标准相比较：≤5%；检查试验报告。

②土工合成材料延伸率：做拉伸试验，结果与设计要求标准相比较：≤3%；检查试验报告。

③地基承载力。由设计提出要求，在施工结束后，一定时间后进行地基的承载力检验。其检验方法也因各地设计单位的习惯、经验等不同，选用标贯、静力触探及十字板剪切强度或等方法；按设计指定方法检验；其结果必须达到设计要求的标准。每个单位工程不少于3点，1000$m^2$以上，每100$m^2$抽查1点；3000$m^2$以上，每300$m^2$抽查1点；独立柱每柱1点，基槽每20延长米1点。

2)一般项目：

①土工合成材料搭接长度：≥300mm；尺量检查；随时检查土工合成材料铺设方向、接缝情况、搭接长度及与结构连接情况等。

②石料有机质含量：≤5%；检查焙烧试验报告。

③层面平整度：≤20mm；用2m靠尺检查。

④每层铺设厚度：±25mm；随时检查清基、铺设厚度、平整度，水准仪检查；与设计厚度比较。

(3)注意事项：施工前检查土工合成材料性能、强度延伸率及土、砂石料质量。施工中检查清基、回填铺料厚度及平整度、土工合成材料铺设方向、搭接长度及与结构连接状况。施工结束后检查承载力。

检查形成"施工记录"或"检验报告"。检查"施工记录"和"检验报告"。

4. 粉煤灰地基工程检验批质量验收记录表

**粉煤灰地基工程检验批质量验收记录表**
**GB 50202—2002**

010304□□

<table>
<tr><td colspan="2">工程名称</td><td>××工程</td><td>分部(子分部)工程名称</td><td>地基与基础处理</td><td colspan="2">验收部位</td><td>基础①～⑩/Ⓐ～Ⓔ</td></tr>
<tr><td colspan="2">施工单位</td><td colspan="2">××建筑集团公司</td><td>专业工长</td><td>×××</td><td>项目经理</td><td>×××</td></tr>
<tr><td colspan="2">施工执行标准名称及编号</td><td colspan="6">建筑地基基础工程施工质量验收规范(GB 50202—2002)</td></tr>
<tr><td colspan="2">分包单位</td><td>××建筑公司</td><td>分包项目经理</td><td colspan="2">×××</td><td>施工班组长</td><td>×××</td></tr>
<tr><td colspan="4">施工质量验收规范的规定</td><td colspan="3">施工单位检查评定记录</td><td>监理(建设)单位验收记录</td></tr>
<tr><td rowspan="2">主控项目</td><td>1</td><td>压实系数</td><td>设计要求</td><td colspan="3">✓</td><td rowspan="2">符合设计及施工质量验收规范要求,同意验收</td></tr>
<tr><td>2</td><td>地基承载力</td><td>设计要求</td><td colspan="3">✓</td></tr>
<tr><td rowspan="5">一般项目</td><td>1</td><td>粉煤灰粒径(mm)</td><td>0.001～2.000</td><td colspan="3">✓</td><td rowspan="5">符合设计及施工质量验收规范要求,同意验收</td></tr>
<tr><td>2</td><td>氧化铝及二氧化硅含量(%)</td><td>≥70</td><td colspan="3">✓</td></tr>
<tr><td>3</td><td>烧失量(%)</td><td>≤12</td><td colspan="3">✓</td></tr>
<tr><td>4</td><td>每层铺设厚度(mm)</td><td>±50</td><td colspan="3">✓</td></tr>
<tr><td>5</td><td>含水量(与最优含水量比较)(%)</td><td>±2</td><td colspan="3">✓</td></tr>
<tr><td colspan="3">施工单位检查评定结果</td><td colspan="5">经检查,主控项目全部合格,一般项目满足规范规定要求,检查评定结果为合格。<br><br>项目专业质量检查员:××× ××年×月×日</td></tr>
<tr><td colspan="3">监理(建设)单位验收结论</td><td colspan="5">同意施工单位评定结果,验收合格。<br><br>监理工程师:×××<br>(建设单位项目专业技术负责人) ××年×月×日</td></tr>
</table>

**《粉煤灰地基工程检验批质量验收记录表》填表说明：**

(1)资料流程：本表由施工单位在完成本工序后填写，并报送监理单位；监理单位审批后返还施工单位，各相关单位存档。

(2)相关规定与要求：

1)主控项目：

①压实系数：现场施工随时检查分层铺筑厚度、碾压遍数，施工含水量控制，分段施工搭接区碾压程度，按规定检测压实系数结果符合设计要求。检查施工记录和试验报告。

②地基承载力：由设计提出要求，在施工结束后，一定时间后进行灰土地基的承载力检验。其检验方法也因各地设计单位的习惯、经验等不同，选用标贯、静力触探及十字板剪切强度或承载力检验等方法；按设计指定方法检验；其结果必须达到设计要求的标准。每个单位工程不少于3点，1000$m^2$ 以上，每 100$m^2$ 抽查 1 点；3000$m^2$ 以上，每 300$m^2$ 抽查 1 点；独立柱每柱 1 点，基槽每 20 延长米 1 点。

2)一般项目：

①粉煤灰粒径：0.001～2.00mm；检查过筛报告。

②氧化铝及二氧化硅含量：≥70%；检查试验报告。

③烧失量：≤12%；检查烧结试验报告。

④每层铺筑厚度：±50mm；用水准仪检查。

⑤含水量：±2%与最优含水量比较；现场取样、检查试验报告。

(3)注意事项：施工前检查粉煤灰材料、基槽清底情况、地质条件。施工中检查铺筑厚度、碾压遍数、施工含水量、搭接正碾压程度、压实系数。施工结束后检查地基承载力。检查形成“施工记录”或“检验报告”。检查“施工记录”和“检验报告”。

5. 强夯地基工程检验批质量验收记录表

**强夯地基工程检验批质量验收记录表**
**GB 50202—2002**

010305□□

<table>
<tr><td>工程名称</td><td>××工程</td><td>分部(子分部)工程名称</td><td colspan="2">地基与基础处理</td><td>验收部位</td><td>基础①～⑩/Ⓐ～Ⓔ</td></tr>
<tr><td>施工单位</td><td colspan="2">××建筑集团公司</td><td>专业工长</td><td>×××</td><td>项目经理</td><td>×××</td></tr>
<tr><td>施工执行标准名称及编号</td><td colspan="6">建筑地基基础工程施工质量验收规范(GB 50202—2002)</td></tr>
<tr><td>分包单位</td><td>××建筑公司</td><td>分包项目经理</td><td>×××</td><td>施工班组长</td><td colspan="2">×××</td></tr>
</table>

<table>
<tr><td colspan="4">施工质量验收规范的规定</td><td>施工单位检查评定记录</td><td>监理(建设)单位验收记录</td></tr>
<tr><td rowspan="2">主控项目</td><td>1</td><td>地基强度</td><td>设计要求</td><td>√</td><td rowspan="2">符合设计及施工质量验收规范要求，同意验收</td></tr>
<tr><td>2</td><td>地基承载力</td><td>设计要求</td><td>√</td></tr>
<tr><td rowspan="6">一般项目</td><td>1</td><td>夯锤落距(mm)</td><td>±300</td><td>√</td><td rowspan="6">符合设计及施工质量验收规范要求，同意验收</td></tr>
<tr><td>2</td><td>锤重(kg)</td><td>±100</td><td>√</td></tr>
<tr><td>3</td><td>夯击遍数及顺序</td><td>设计要求</td><td>√</td></tr>
<tr><td>4</td><td>夯点间距(mm)</td><td>±500</td><td>√</td></tr>
<tr><td>5</td><td>夯击范围(超出基础范围距离)</td><td>设计要求</td><td>√</td></tr>
<tr><td>6</td><td>前后两遍间歇时间</td><td>设计要求</td><td>√</td></tr>
<tr><td>施工单位检查评定结果</td><td colspan="5">经检查，主控项目全部合格，一般项目满足规范规定要求，检查评定结果为合格。<br>项目专业质量检查员：××× ××年×月×日</td></tr>
<tr><td>监理(建设)单位验收结论</td><td colspan="5">同意施工单位评定结果，验收合格。<br>监理工程师：×××<br>(建设单位项目专业技术负责人) ××年×月×日</td></tr>
</table>

**《强夯地基工程检验批质量验收记录表》填表说明：**

(1)资料流程：本表由施工单位在完成本工序后填写，并报送监理单位；监理单位审批后返还施工单位，各相关单位存档。

(2)相关规定与要求：

1)主控项目：

①地基强度：按设计指定方法检测，强度达到设计要求。

②地基承载力：由设计提出要求，在施工结束后，一定时间后进行地基的承载力检验。其检验方法也因各地设计单位的习惯、经验等不同，选用标贯、静力触探及十字板剪切强度或承载力检验等方法；按设计指定方法检验；其结果必须达到设计要求的标准。每个单位工程不少于3点，1000$m^2$ 以上，每100$m^2$ 抽查1点；3000$m^2$ 以上，每300$m^2$ 抽查1点；独立柱每柱1点，基槽每20延长米1点。

2)一般项目：

①夯锤落距：±300mm；根据设计及试夯确定落距，控制落距标志设在钢索上。开夯前尺量检查，施工中检查标志符合控制要求±300mm。

②锤重：±100kg；根据设计及试夯确定锤重。称量与设计锤重比较。符合±100kg。

③夯击遍数及顺序：符合设计要求。

④夯点距离：±500mm；尺量检查与设计比较。

⑤夯击范围超出基础范围距离：符合设计要求；用尺量检查。

⑥前后两遍间歇时间；符合设计要求。

(3)注意事项：施工前检查夯锤重量、尺寸、落距控制手段，排水设施及被夯地基的土质。施工中检查落距、夯击遍数、夯点位置、夯击范围。施工结束后检查地基的强度、承载力。检查后形成“施工记录”或“检验报告”。检查“施工记录”和“检验报告”。

6. 振冲地基工程检验批质量验收记录表

**振冲地基工程检验批质量验收记录表**
**GB 50202—2002**

010306□□

| 工程名称 | ××工程 | 分部(子分部)工程名称 | 地基与基础处理 | 验收部位 | 基础①~⑩/Ⓐ~Ⓔ |
|---|---|---|---|---|---|
| 施工单位 | ××建筑集团公司 | | 专业工长 | ××× 项目经理 | ××× |
| 施工执行标准名称及编号 | 建筑地基基础工程施工质量验收规范(GB 50202—2002) | | | | |
| 分包单位 | ××建筑公司 | 分包项目经理 | ××× | 施工班组长 | ××× |
| 施工质量验收规范的规定 | | | | 施工单位检查评定记录 | 监理(建设)单位验收记录 |
| 主控项目 | 1 | 填料粒径 | 设计要求 | √ | 符合设计及施工质量验收规范要求,同意验收 |
| | 2 | 密实电流(黏性土)(A)<br>密实电流(砂性土或粉土)(A)<br>(以上为功率 30kW 振冲器)<br>密实电流(其他类型振冲器)($A_0$) | 50~55<br>40~50<br><br>1.5~2.0 | √ | |
| | 3 | 地基承载力 | 设计要求 | √ | |
| 一般项目 | 1 | 填料含泥量(%) | <5 | √ | 符合设计及施工质量验收规范要求,同意验收 |
| | 2 | 振冲器喷水中心与孔径中心偏差(mm) | ≤50 | √ | |
| | 3 | 成孔中心与设计孔位中心偏差(mm) | ≤100 | √ | |
| | 4 | 桩体直径(mm) | <50 | √ | |
| | 5 | 孔深(mm) | ±200 | √ | |
| 施工单位检查评定结果 | 经检查,主控项目全部合格,一般项目满足规范规定要求,检查评定结果为合格。<br><br>项目专业质量检查员:××× ××年×月×日 | | | | |
| 监理(建设)单位验收结论 | 同意施工单位评定结果,验收合格。<br><br>监理工程师:×××<br>(建设单位项目技术负责人) ××年×月×日 | | | | |

**《振冲地基工程检验批质量验收记录表》填表说明：**

(1)资料流程：本表由施工单位在完成本工序后填写，并报送监理单位；监理单位审批后返还施工单位，各相关单位存档。

(2)相关规定与要求：

1)主控项目：

①填料粒径：符合设计要求，检查检验报告。

②密实电流控制黏性土(30kW 振冲器)50～55A，电流表读数；砂性土或粉土(30kW 振冲器)40～50A，电流表读数；其他类型振冲器 1.5～2.0A，电流表读数，A 为空振电流；边施工边检查，定时做好施工记录；检查施工记录。

③地基承载力。按规定方法检查。

2)一般项目：

①材料含泥量：＜5%；检查检测报告。

②振冲器喷水中心与孔径中心偏差：≤50mm；尺量检查；符合≤50mm 为合格。

③成孔中心与设计孔位中心偏差：≤100mm；尺量检查；符合≤100mm 为合格。

④桩体直径：＜50mm；尺量检查。

⑤孔深：±200mm；尺量检查钻杆或重锤吊测，符合±200mm 为合格。施工前检查振冲器性能、电流表、电压表准确度及填料性能。施工过程中检查密实电流、供水压力、供水量、填料量、孔底留振时间、振冲点位置、孔径、孔深等。施工结束按规定做地基强度或承载力检验。

(3)注意事项：检查后形成“施工记录”或“检验报告”。检查“施工记录”和“检验报告”。

7. 砂桩地基工程检验批质量验收记录表

**砂桩地基工程检验批质量验收记录表**
**GB 50202—2002**

010307□□

<table>
<tr><td>工程名称</td><td>××工程</td><td>分部(子分部)工程名称</td><td colspan="2">地基与基础处理</td><td>验收部位</td><td>基础①~⑩/Ⓐ~Ⓔ</td></tr>
<tr><td>施工单位</td><td colspan="2">××建筑集团公司</td><td>专业工长</td><td>×××</td><td>项目经理</td><td>×××</td></tr>
<tr><td>施工执行标准名称及编号</td><td colspan="6">建筑地基基础工程施工质量验收规范(GB 50202—2002)</td></tr>
<tr><td>分包单位</td><td>××建筑公司</td><td>分包项目经理</td><td>×××</td><td>施工班组长</td><td colspan="2">×××</td></tr>
</table>

<table>
<tr><td colspan="4">施工质量验收规范的规定</td><td>施工单位检查评定记录</td><td>监理(建设)单位验收记录</td></tr>
<tr><td rowspan="3">主控项目</td><td>1</td><td>灌砂量(%)</td><td>≥95</td><td>√</td><td rowspan="3">符合设计及施工质量验收规范要求,同意验收</td></tr>
<tr><td>2</td><td>地基强度</td><td>设计要求</td><td>√</td></tr>
<tr><td>3</td><td>地基承载力</td><td>设计要求</td><td>√</td></tr>
<tr><td rowspan="5">一般项目</td><td>1</td><td>砂料的含泥量(%)</td><td>≤3</td><td>√</td><td rowspan="5">符合设计及施工质量验收规范要求,同意验收</td></tr>
<tr><td>2</td><td>砂料的有机质含量</td><td>≤5</td><td>√</td></tr>
<tr><td>3</td><td>桩位(mm)</td><td>≤50</td><td>√</td></tr>
<tr><td>4</td><td>砂桩标高(mm)</td><td>±150</td><td>√</td></tr>
<tr><td>5</td><td>垂直度(%)</td><td>≤1.5</td><td>√</td></tr>
<tr><td colspan="2">施工单位检查评定结果</td><td colspan="4">经检查,主控项目全部合格,一般项目满足规范规定要求,检查评定结果为合格。<br><br>项目专业质量检查员:×××　　××年×月×日</td></tr>
<tr><td colspan="2">监理(建设)单位验收结论</td><td colspan="4">同意施工单位评定结果,验收合格。<br><br>监理工程师:×××<br>(建设单位项目专业技术负责人)　　××年×月×日</td></tr>
</table>

**《砂桩地基工程检验批质量验收记录表》填表说明：**

(1)资料流程：本表由施工单位在完成本工序后填写，并报送监理单位；监理单位审批后返还施工单位，各相关单位存档。

(2)相关规定与要求：

1)主控项目：

①灌砂量：≥95%；测量实际用砂量与设计体积比；不少于95%。

②地基强度：强度达到设计要求；按设计指定方法检测。

③地基承载力：按规定方法检验。

2)一般项目：

①砂料的含泥量：≤3%；取样；进行检验；检查检验报告。

②砂料的有机质含量：≤5%；取样；用焙烧法试验；检查试验报告。

③桩位：≤50mm；尺量检查；根据桩孔放线检查。

④砂桩标高：±150mm；用水准仪检查。

⑤垂直度：≤1.5%；用经纬仪检查桩管垂直度，控制在1.5%内。

(3)注意事项：施工前应检查砂料的含泥量及有机质含量、样桩的位置。施工中检查桩位、灌砂量、标高、垂直度。施工结束后检验地基强度或承载力。检查后形成“施工记录”或“检验报告”。检查“施工记录”和“检验报告”。

8. 预压地基工程检验批质量验收记录表

**预压地基工程检验批质量验收记录表**

**GB 50202—2002**

010308□□

<table>
<tr><td colspan="3">工程名称</td><td>××工程</td><td>分部(子分部)工程名称</td><td>地基与基础处理</td><td>验收部位</td><td>基础①~⑩/Ⓐ~Ⓔ</td></tr>
<tr><td colspan="3">施工单位</td><td colspan="2">××建筑集团公司</td><td>专业工长 ×××</td><td>项目经理</td><td>×××</td></tr>
<tr><td colspan="3">施工执行标准名称及编号</td><td colspan="5">建筑地基基础工程施工质量验收规范(GB 50202—2002)</td></tr>
<tr><td colspan="3">分包单位</td><td>××建筑公司</td><td>分包项目经理</td><td>×××</td><td>施工班组长</td><td>×××</td></tr>
<tr><td colspan="5">施工质量验收规范的规定</td><td colspan="2">施工单位检查评定记录</td><td>监理(建设)单位验收记录</td></tr>
<tr><td rowspan="3">主控项目</td><td>1</td><td colspan="2">预压载荷(%)</td><td>≤2</td><td colspan="2">✓</td><td rowspan="3">符合设计及施工质量验收规范要求,同意验收</td></tr>
<tr><td>2</td><td colspan="2">固结度(与设计要求比)(%)</td><td>≤2</td><td colspan="2">✓</td></tr>
<tr><td>3</td><td colspan="2">承载力或其他性能指标</td><td>设计要求</td><td colspan="2">✓</td></tr>
<tr><td rowspan="6">一般项目</td><td>1</td><td colspan="2">沉降速率(与控制值比)(%)</td><td>±10</td><td colspan="2">✓</td><td rowspan="6">符合设计及施工质量验收规范要求,同意验收</td></tr>
<tr><td>2</td><td colspan="2">砂井或塑料排水带位置(mm)</td><td>±100</td><td colspan="2">✓</td></tr>
<tr><td>3</td><td colspan="2">砂井或塑料排水带插入深度(mm)</td><td>±200</td><td colspan="2">✓</td></tr>
<tr><td>4</td><td colspan="2">插入塑料排水带时的回带长度(mm)</td><td>≤500</td><td colspan="2">✓</td></tr>
<tr><td>5</td><td colspan="2">塑料排水带或砂井高出砂垫层距离(mm)</td><td>≥200</td><td colspan="2">✓</td></tr>
<tr><td>6</td><td colspan="2">插入塑料排水带的回带根数(%)</td><td><5</td><td colspan="2">✓</td></tr>
<tr><td colspan="3">施工单位检查评定结果</td><td colspan="5">经检查,主控项目全部合格,一般项目满足规范规定要求,检查评定结果为合格。<br>项目专业质量检查员:××× ××年×月×日</td></tr>
<tr><td colspan="3">监理(建设)单位验收结论</td><td colspan="5">同意施工单位评定结果,验收合格。<br>监理工程师:×××<br>(建设单位项目专业技术负责人) ××年×月×日</td></tr>
</table>

**《预压地基工程检验批质量验收记录表》填表说明：**

(1)资料流程：本表由施工单位在完成本工序后填写，并报送监理单位；监理单位审批后返还施工单位，各相关单位存档。

(2)相关规定与要求：

1)主控项目：

①预压载荷：≤2%；用水准仪检查，符合设计要求。当真空预压时，真空度降低值<2%，与设计值比较。观察检查。堆载预压，必须分级堆载，以确保预压效果并避免坍滑事故，一般每天控制沉降在10～15mm，边桩控制在4～7mm。孔隙水压力增量不超过预压荷载增量60%，以这些来控制堆载速率；用水准仪检查；符合设计要求为合格。

②固结度：≤2%(与设计要求比)；按设计要求进行检验。

③承载力或其他性能指标：按设计要求或规定方法进行检验；通常施工结束后，做十字板剪切强度或标贯、静力触探；检测地基土强度及其他物理力学技术指标；重要建筑地基做承载力检验。

2)一般项目：

①沉降速率：±10%(与控制值比)；用预压载荷来控制沉降速率；用水准仪检查。

②砂井或塑料排水带位置：±100mm；尺量检查；按设计位置进行检测，符合±100mm要求。

③砂井或塑料排水带插入深度：±200mm；插入时用水准仪检查；控制在±200mm以内。

④插入塑料排水带时的回带长度：≤500mm；尺量检查；符合±≤500mm的要求。

⑤塑料排水带或砂井高出砂垫层距离：≥200mm；尺量检查。

⑥插入塑料排水带的回带根数：<5%；观察检查。

(3)注意事项：施工前检查施工监测措施、沉降、孔隙水压力原始数据、砂井塑料排水带位置及塑料排水带质量。施工中检查堆载高度、沉降速率、密封膜密封性、真空表读数。施工结束后检查地基土强度、物理力学指标以及承载力检验。检查后形成“施工记录”或“检验报告”。检查“施工记录”和“检验报告”。

9. 高压喷射注浆地基工程检验批质量验收记录表

## 高压喷射注浆地基工程检验批质量验收记录表
## GB 50202—2002

010309□□

<table>
<tr><td>工程名称</td><td>××工程</td><td>分部(子分部)工程名称</td><td colspan="2">地基与基础处理</td><td>验收部位</td><td colspan="2">基础①～⑩/Ⓐ～Ⓔ</td></tr>
<tr><td>施工单位</td><td colspan="2">××建筑集团公司</td><td>专业工长</td><td>×××</td><td>项目经理</td><td colspan="2">×××</td></tr>
<tr><td>施工执行标准名称及编号</td><td colspan="7">建筑地基基础工程施工质量验收规范(GB 50202—2002)</td></tr>
<tr><td>分包单位</td><td>××建筑公司</td><td>分包项目经理</td><td>×××</td><td colspan="2">施工班组长</td><td colspan="2">×××</td></tr>
<tr><td colspan="4">施工质量验收规范的规定</td><td colspan="2">施工单位检查评定记录</td><td colspan="2">监理(建设)单位验收记录</td></tr>
<tr><td rowspan="4">主控项目</td><td>1</td><td>水泥及外掺剂质量</td><td>符合出厂要求</td><td colspan="2">√</td><td colspan="2" rowspan="4">符合设计及施工质量验收规范要求，同意验收</td></tr>
<tr><td>2</td><td>水泥用量</td><td>设计要求</td><td colspan="2">√</td></tr>
<tr><td>3</td><td>桩体强度或完整性检验</td><td>设计要求</td><td colspan="2">√</td></tr>
<tr><td>4</td><td>地基承载力</td><td>设计要求</td><td colspan="2">√</td></tr>
<tr><td rowspan="7">一般项目</td><td>1</td><td>钻孔位置(mm)</td><td>≤50</td><td colspan="2">√</td><td colspan="2" rowspan="7">符合设计及施工质量验收规范要求，同意验收</td></tr>
<tr><td>2</td><td>钻孔垂直度%(mm)</td><td>≤1.5</td><td colspan="2">√</td></tr>
<tr><td>3</td><td>孔深(mm)</td><td>±200</td><td colspan="2">√</td></tr>
<tr><td>4</td><td>注浆压力</td><td>按设定参数指标</td><td colspan="2">√</td></tr>
<tr><td>5</td><td>桩体搭接(mm)</td><td>>200</td><td colspan="2">√</td></tr>
<tr><td>6</td><td>桩体直径(mm)</td><td>≤50</td><td colspan="2">√</td></tr>
<tr><td>7</td><td>桩身中心允许偏差(mm)</td><td>≤0.2$D$</td><td colspan="2">√</td></tr>
<tr><td>施工单位检查评定结果</td><td colspan="7">经检查，主控项目全部合格，一般项目满足规范规定要求，检查评定结果为合格。<br><br>项目专业质量检查员：××× ××年×月×日</td></tr>
<tr><td>监理(建设)单位验收结论</td><td colspan="7">同意施工单位评定结果，验收合格。<br><br>监理工程师：×××<br>(建设单位项目专业技术负责人) ××年×月×日</td></tr>
</table>

**《高压喷射注浆地基工程检验批质量验收记录表》填表说明：**

(1)资料流程：本表由施工单位在完成本工序后填写，并报送监理单位；监理单位审批后返还施工单位，各相关单位存档。

(2)相关规定与要求：

1)主控项目：

①水泥及外掺剂质量：按设计要求选用，并按规定做检测试验，检查合格证及试验报告。

②水泥用量：符合设计要求；检查水灰比及查看流量表。

③桩体强度或完整性检验：按设计要求进行检验。

④地基承载力：按规定方法检验。

2)一般项目：

①钻孔位置：≤50mm；按设计放线进行检查；尺量检查。

②钻孔垂直度：≤1.5%；用经纬仪测钻杆垂直度。

③孔深：±200mm；尺量检查。

④注浆压力：按设计设定的参数指标；查看压力表。

⑤桩体搭接：>200mm；尺量检查。

⑥桩体直径：≤50mm；尺量检查。

⑦桩身中心允许偏差：≤0.2$D$；开挖后桩顶下500mm处尺量检查。

(3)注意事项：施工前检查水泥、外掺剂的质量、桩位、压力表、流量表的精度和灵敏度、高压喷射设备的性能。施工中检查施工压力、水泥浆量、提升速度、旋转速度及施工程序等。施工结束后，检验桩体强度、平均直径、桩身中心位置，28天后检验桩体质量及承载力等。检查后形成"施工记录"或"检验报告"。检查"施工记录"和"检验报告"。

10. 土和灰土挤密桩复合地基检验批质量验收记录表

## 土和灰土挤密桩复合地基检验批质量验收记录表
## GB 50202—2002

010310□□

<table>
<tr><td colspan="2">工程名称</td><td>××工程</td><td>分部(子分部)<br>工程名称</td><td colspan="2">地基与基础处理</td><td>验收部位</td><td>基础①~⑩<br>/Ⓐ~Ⓔ</td></tr>
<tr><td colspan="2">施工单位</td><td colspan="2">××建筑集团公司</td><td>专业工长</td><td>×××</td><td>项目经理</td><td>×××</td></tr>
<tr><td colspan="2">施工执行标准名称及编号</td><td colspan="6">建筑地基基础工程施工质量验收规范(GB 50202—2002)</td></tr>
<tr><td colspan="2">分包单位</td><td>××建筑公司</td><td>分包项目经理</td><td colspan="2">×××</td><td>施工班组长</td><td>×××</td></tr>
<tr><td colspan="4">施工质量验收规范的规定</td><td colspan="3">施工单位检查评定记录</td><td>监理(建设)单位验收记录</td></tr>
<tr><td rowspan="4">主控项目</td><td>1</td><td>桩体及桩间土干密度</td><td>设计要求</td><td colspan="3">√</td><td rowspan="4">符合设计及施工质量验收规范要求，同意验收</td></tr>
<tr><td>2</td><td>桩长(mm)</td><td>+500</td><td colspan="3">√</td></tr>
<tr><td>3</td><td>地基承载力</td><td>设计要求</td><td colspan="3">√</td></tr>
<tr><td>4</td><td>桩径(mm)</td><td>−20</td><td colspan="3">√</td></tr>
<tr><td rowspan="5">一般项目</td><td>1</td><td>土料有机质含量(%)</td><td>≤5</td><td colspan="3">√</td><td rowspan="5">符合设计及施工质量验收规范要求，同意验收</td></tr>
<tr><td>2</td><td>石灰粒径(mm)</td><td>≤5</td><td colspan="3">√</td></tr>
<tr><td>3</td><td>桩位偏差</td><td>满堂布桩≤0.40$D$<br>条基布桩≤0.25$D$</td><td colspan="3">√</td></tr>
<tr><td>4</td><td>垂直度(%)</td><td>≤1.5</td><td colspan="3">√</td></tr>
<tr><td>5</td><td>桩径(mm)</td><td>−20</td><td colspan="3">√</td></tr>
<tr><td colspan="3">施工单位检查评定结果</td><td colspan="5">经检查，主控项目全部合格，一般项目满足规范规定要求，检查评定结果为合格。<br><br>项目专业质量检查员：××× ××年×月×日</td></tr>
<tr><td colspan="3">监理(建设)单位验收结论</td><td colspan="5">同意施工单位评定结果，验收合格。<br><br>监理工程师：×××<br>(建设单位项目专业技术负责人) ××年×月×日</td></tr>
</table>

**《土和灰土挤密桩复合地基检验批质量验收记录表》填表说明：**

(1)资料流程：本表由施工单位在完成本工序后填写，并报送监理单位；监理单位审批后返还施工单位，各相关单位存档。

(2)相关规定与要求：

1)主控项目：

①桩体及桩间土干密度：取样试验；干密度达到设计要求；检查试验报告。

②桩长：+500mm；尺量检查；测桩管长度或垂球测孔深。

③地基承载力：按规定方法检查。

④桩径：-20mm；尺量检查；个别断面的负值。

2)一般项目：

①土料有机质含量：≤5%；取样焙烧法试验；检查试验报告。

②石灰粒径：≤5mm；施工前过筛；做好记录。

③桩位偏差：满堂布桩≤0.40$D$；尺量检查；根据桩位放线检查。

条基布桩≤0.25$D$；尺量检查；根据桩位放线检查。

④垂直度≤1.5%；用经纬仪侧桩管；控制在1.5%以内，做好记录。

(3)注意事项：施工前检查土及灰土的质量、桩孔放样位置等。施工中检查桩孔直径、桩孔深度、夯击次数、填料的含水量等。施工结束后检验成桩的质量及地基承载力。检查后形成“施工记录”或“检验报告”。检查“施工记录”和“检验报告”。

11. 注浆地基检验批质量验收记录表

**注浆地基检验批质量验收记录表**
**GB 50202—2002**

010311□□

| 工程名称 | ××工程 | 分部(子分部)工程名称 | 地基与基础处理 | 验收部位 | 基础①～⑩/Ⓐ～Ⓔ |
|---|---|---|---|---|---|
| 施工单位 | ××建筑集团公司 | 专业工长 | ××× | 项目经理 | ××× |
| 施工执行标准名称及编号 | 建筑地基基础工程施工质量验收规范(GB 50202—2002) | | | | |
| 分包单位 | ××建筑公司 | 分包项目经理 | ××× | 施工班组长 | ××× |

| | | | 施工质量验收规范的规定 | | 施工单位检查评定记录 | 监理(建设)单位验收记录 |
|---|---|---|---|---|---|---|
| 主控项目 | 1 | 原材料检验 | 水泥 | 设计要求 | √ | 符合设计及施工质量验收规范要求，同意验收 |
| | | | 注浆用砂：粒径(mm)<br>细度模数<br>含泥量及有机物含量(%) | ＜2.5<br>＜2.0<br>＜3 | √ | |
| | | | 注浆用黏土：塑性指数<br>粘料含量(%)<br>含砂量(%)<br>有机物含量(%) | ＞14<br>＞25<br>＜5<br>＜3 | √ | |
| | | | 粉煤灰：细度 | 不粗于同时使用的水泥 | √ | |
| | | | 烧失量(%) | ＜3 | √ | |
| | | | 水玻璃：模数 | 2.5～3.3 | √ | |
| | | | 其他化学浆液 | 设计要求 | √ | |
| | 2 | 注浆体强度 | | 设计要求 | √ | |
| | 3 | 地基承载力 | | 设计要求 | √ | |
| 一般项目 | 1 | 各种注浆材料称量误差(%) | | ＜3 | √ | 符合设计及施工质量验收规范要求，同意验收 |
| | 2 | 注浆孔位(mm) | | ±20 | √ | |
| | 3 | 注浆孔深(mm) | | ±100 | √ | |
| | 4 | 注浆压力(与设计参数比)(%) | | ±10 | √ | |

| | |
|---|---|
| 施工单位检查评定结果 | 经检查，主控项目全部合格，一般项目满足规范规定要求，检查评定结果为合格。<br>项目专业质量检查员：××× ××年×月×日 |
| 监理(建设)单位验收结论 | 同意施工单位评定结果，验收合格。<br>监理工程师：×××<br>(建设单位项目专业技术负责人) ××年×月×日 |

**《注浆地基检验批质量验收记录表》填表说明：**

(1)资料流程：本表由施工单位在完成本工序后填写，并报送监理单位；监理单位审批后返还施工单位，各相关单位存档。

(2)相关规定与要求：

1)主控项目：

①原材料检验：

a. 水泥：符合设计要求；检查产品合格证或检验报告。

b. 注浆用砂：粒径＜2.5mm，检查试验报告；细度模数＜2.0％，检查试验报告；含泥量及有机物含量＜3％，检查试验报告。

c. 注浆用黏土：塑性指数＞14；粘粒含量＞25％；含砂量＜5％；有机物含量＜3％；检查试验报告。

d. 粉煤灰：细度，不粗于同时使用的水泥；烧失量，＜3％；检查试验报告。

e. 水玻璃模数：2.5～3.3，检查试验报告；1～6 其他化学浆液，符合设计要求；检查试验报告。

②注浆体强度：符合设计要求；检查试验报告。

③地基承载力：由设计提出要求；在施工结束后，一定时间后进行灰土地基的承载力检验。其检验方法也因各地设计单位的习惯、经验等不同，选用标贯、静力触探及十字板剪切强度或承载力检验等方法。按设计指定方法检验。其结果必须达到设计要求的标准。每个单位工程不少于 3 点，1000$m^2$ 以上，每 100$m^2$ 抽查 1 点；3000$m^2$ 以上，每 300$m^2$ 抽查 1 点；独立柱每柱 1 点，基槽每 20 延长米 1 点。注浆后 15 天(砂土、黄土)或 60 天(黏性土)检验。检查孔数总量的 2～5％，不合格率＜20％，否则应进行二次注浆。

2)一般项目：

①注浆材料称量误差：＜3％；检查称量记录及抽样检查。

②注浆孔位：±20mm；尺量检查。

③注浆孔深：≤100mm；尺量检查注浆管的长度。

④注浆压力(与设计参数比)：±10％；检查压力表数据。

(3)注意事项：施工前检查注浆点位置、浆液配比、注浆技术参数、材料质量及注浆设备状况。施工中应抽查，浆液配比、注浆技术性能、注浆顺序、压力控制等技术参数。施工结束对注体强度、承载能力等进行检测。检查后形成“施工记录”或“检验报告”。检查“施工记录”和“检验报告”。

12. 水泥粉煤灰碎石桩复合地基工程检验批质量验收记录表

**水泥粉煤灰碎石桩复合地基工程检验批质量验收记录表**
**GB 50202—2002**

010312□□

<table>
<tr><td colspan="2">工程名称</td><td>××工程</td><td>分部(子分部)工程名称</td><td colspan="2">地基与基础处理</td><td>验收部位</td><td>基础①～⑩/Ⓐ～Ⓔ</td></tr>
<tr><td colspan="2">施工单位</td><td colspan="2">××建筑集团公司</td><td>专业工长</td><td>×××</td><td>项目经理</td><td>×××</td></tr>
<tr><td colspan="2">施工执行标准名称及编号</td><td colspan="6">建筑地基基础工程施工质量验收规范(GB 50202—2002)</td></tr>
<tr><td colspan="2">分包单位</td><td>××建筑公司</td><td>分包项目经理</td><td colspan="2">×××</td><td>施工班组长</td><td>×××</td></tr>
<tr><td colspan="4">施工质量验收规范的规定</td><td colspan="3">施工单位检查评定记录</td><td>监理(建设)单位验收记录</td></tr>
<tr><td rowspan="4">主控项目</td><td>1</td><td>原材料</td><td>设计要求</td><td colspan="3">✓</td><td rowspan="4">符合设计及施工质量验收规范要求，同意验收</td></tr>
<tr><td>2</td><td>桩径(mm)</td><td>－20</td><td colspan="3">✓</td></tr>
<tr><td>3</td><td>桩身强度</td><td>设计要求</td><td colspan="3">✓</td></tr>
<tr><td>4</td><td>地基承载力</td><td>设计要求</td><td colspan="3">✓</td></tr>
<tr><td rowspan="5">一般项目</td><td>1</td><td>桩身完整性</td><td>按桩基检测技术规范</td><td colspan="3">✓</td><td rowspan="5">符合设计及施工质量验收规范要求，同意验收</td></tr>
<tr><td>2</td><td>桩位偏差</td><td>满堂布桩≤0.40$D$<br>条基布桩≤0.25$D$</td><td colspan="3">✓</td></tr>
<tr><td>3</td><td>桩垂直度(%)</td><td>≤1.5</td><td colspan="3">✓</td></tr>
<tr><td>4</td><td>桩长(mm)</td><td>＋100</td><td colspan="3">✓</td></tr>
<tr><td>5</td><td>褥垫层夯填度</td><td>≤0.9</td><td colspan="3">✓</td></tr>
<tr><td colspan="2">施工单位检查评定结果</td><td colspan="6">经检查，主控项目全部合格，一般项目满足规范规定要求，检查评定结果为合格。<br><br>项目专业质量检查员：×××　　　××年×月×日</td></tr>
<tr><td colspan="2">监理(建设)单位验收结论</td><td colspan="6">同意施工单位评定结果，验收合格。<br><br>监理工程师：×××<br>(建设单位项目专业技术负责人)　　　××年×月×日</td></tr>
</table>

**《水泥粉煤灰碎石桩复合地基工程检验批质量验收记录表》填表说明：**

(1)资料流程：本表由施工单位在完成本工序后填写，并报送监理单位；监理单位审批后返还施工单位，各相关单位存档。

(2)相关规定与要求：

1)主控项目：

①桩径：－20mm；尺量检查；－20mm是个别断面。

②桩长：＋500mm；测桩孔深度；尺量检查。

③桩体干密度：取样试验；结果符合设计要求。

④地基承载力：按规定方法检验。

2)一般项目：

①土料有机质含量：≤5%；取样，用焙烧法试验；检查试验报告。

②含水量：与最优含水量比±2%；取样用烘干法试验；检查试验报告。

③土料粒径：≤20mm；施工前过筛；做好记录。

④水泥质量：检查产品合格证和抽样试验报告；符合设计要求。

⑤桩位偏差：满堂布桩≤0.40$D$；尺量检查；根据桩位放线检查。

条基布桩≤0.25$D$；尺量检查；根据桩位放线检查。

⑥桩孔垂直度：≤1.5；用经纬仪测桩管垂直度。

⑦褥垫层夯填度。≤0.9；尺量检查；虚铺厚度和夯后厚度比值。

(3)注意事项：施工前检查水泥及夯实用土料的质量。施工中检查孔位、孔深、孔径、水泥和土的配比、混合料含水量。施工结束后，检查桩体质量及复合地基承载力做检验，褥垫层夯填度。检查后形成“施工记录”或“检验报告”。检查“施工记录”和“检验报告”。

13. 夯实水泥土桩复合地基工程检验批质量验收记录表

**夯实水泥土桩复合地基工程检验批质量验收记录表**
**GB 50202—2002**

010313□□

<table>
<tr><td colspan="2">工程名称</td><td>××工程</td><td>分部(子分部)工程名称</td><td colspan="2">地基与基础处理</td><td>验收部位</td><td>基础①~⑩/Ⓐ~Ⓔ</td></tr>
<tr><td colspan="2">施工单位</td><td colspan="2">××建筑集团公司</td><td>专业工长</td><td>×××</td><td>项目经理</td><td>×××</td></tr>
<tr><td colspan="2">施工执行标准名称及编号</td><td colspan="6">建筑地基基础工程施工质量验收规范(GB 50202—2002)</td></tr>
<tr><td colspan="2">分包单位</td><td>××建筑公司</td><td>分包项目经理</td><td>×××</td><td>施工班组长</td><td colspan="2">×××</td></tr>
<tr><td colspan="4">施工质量验收规范的规定</td><td colspan="2">施工单位检查评定记录</td><td colspan="2">监理(建设)单位验收记录</td></tr>
<tr><td rowspan="4">主控项目</td><td>1</td><td>桩径(mm)</td><td>−20</td><td colspan="2">✓</td><td colspan="2" rowspan="4">符合设计及施工质量验收规范要求，同意验收</td></tr>
<tr><td>2</td><td>桩长(mm)</td><td>+500</td><td colspan="2">✓</td></tr>
<tr><td>3</td><td>桩体干密度</td><td>设计要求</td><td colspan="2">✓</td></tr>
<tr><td>4</td><td>地基承载力</td><td>设计要求</td><td colspan="2">✓</td></tr>
<tr><td rowspan="7">一般项目</td><td>1</td><td>土料有机质含量(%)</td><td>≤5</td><td colspan="2">✓</td><td colspan="2" rowspan="7">符合设计及施工质量验收规范要求，同意验收</td></tr>
<tr><td>2</td><td>含水量(与最优含水量比)</td><td>±2</td><td colspan="2">✓</td></tr>
<tr><td>3</td><td>土料位径(mm)</td><td>≤20</td><td colspan="2">✓</td></tr>
<tr><td>4</td><td>水泥质量</td><td>设计要求</td><td colspan="2">✓</td></tr>
<tr><td>5</td><td>桩位偏差</td><td>满堂布桩≤0.40D<br>条基布桩≤0.25D</td><td colspan="2">✓</td></tr>
<tr><td>6</td><td>桩孔垂直度(%)</td><td>≤1.5</td><td colspan="2">✓</td></tr>
<tr><td>7</td><td>褥垫层夯填度</td><td>≤0.9</td><td colspan="2">✓</td></tr>
<tr><td colspan="2">施工单位检查评定结果</td><td colspan="6">经检查，主控项目全部合格，一般项目满足规范规定要求，检查评定结果为合格。<br><br>项目专业质量检查员：××× ××年×月×日</td></tr>
<tr><td colspan="2">监理(建设)单位验收结论</td><td colspan="6">同意施工单位评定结果，验收合格。<br><br>监理工程师：×××<br>(建设单位项目专业技术负责人) ××年×月×日</td></tr>
</table>

**《夯实水泥土桩复合地基工程检验批质量验收记录表》填表说明：**

(1)资料流程：本表由施工单位在完成本工序后填写，并报送监理单位；监理单位审批后返还施工单位，各相关单位存档。

(2)相关规定与要求：

1)主控项目：

①桩径：－20mm；尺量检查；－20mm是个别断面。

②桩长：＋500mm；测桩孔深度；尺量检查。

③桩体干密度：取样试验；结果符合设计要求。

④地基承载力：按规定方法检验。

2)一般项目：

①土料有机质含量：≤5％；取样；用焙烧法试验；检查试验报告。

②含水量：与最优含水量比±2％；取样用烘干法试验；检查试验报告。

③土料粒径：≤20mm；施工前过筛；做好记录。

④水泥质量：检查产品合格证和抽样试验报告；符合设计要求。

⑤桩位偏差：满堂布桩≤0.40$D$；尺量检查；根据桩位放线检查。

条基布桩≤0.25$D$；尺量检查；根据桩位放线检查。

⑥桩孔垂直度：≤1.5；用经纬仪测桩管垂直度。

⑦褥垫层夯填度。≤0.9；尺量检查；虚铺厚度和夯后厚度比值。

(3)注意事项：施工前检查水泥及夯实用土料的质量。施工中检查孔位、孔深、孔径、水泥和土的配比、混合料含水量。施工结束后，检查桩体质量及复合地基承载力做检验，褥垫层夯填度。检查后形成“施工记录”或“检验报告”。检查“施工记录”和“检验报告”。

14. 水泥土搅拌桩地基工程检验批质量验收记录表

**水泥土搅拌桩地基工程检验批质量验收记录表**

**GB 50202—2002**

010314□□

<table>
<tr><td colspan="2">工程名称</td><td>××工程</td><td>分部(子分部)工程名称</td><td>地基与基础处理</td><td>验收部位</td><td>基础①~⑩/Ⓐ~Ⓔ</td></tr>
<tr><td colspan="2">施工单位</td><td colspan="2">××建筑集团公司</td><td>专业工长　×××</td><td>项目经理</td><td>×××</td></tr>
<tr><td colspan="2">施工执行标准名称及编号</td><td colspan="5">建筑地基基础工程施工质量验收规范(GB 50202—2002)</td></tr>
<tr><td colspan="2">分包单位</td><td>××建筑公司</td><td>分包项目经理</td><td>×××</td><td>施工班组长</td><td>×××</td></tr>
<tr><td colspan="4">施工质量验收规范的规定</td><td colspan="2">施工单位检查评定记录</td><td>监理(建设)单位验收记录</td></tr>
<tr><td rowspan="4">主控项目</td><td>1</td><td>水泥及外掺剂质量</td><td>设计要求</td><td colspan="2">√</td><td rowspan="4">符合设计及施工质量验收规范要求，同意验收</td></tr>
<tr><td>2</td><td>水泥用量</td><td>参数指标</td><td colspan="2">√</td></tr>
<tr><td>3</td><td>桩体强度</td><td>设计要求</td><td colspan="2">√</td></tr>
<tr><td>4</td><td>地基承载力</td><td>设计要求</td><td colspan="2">√</td></tr>
<tr><td rowspan="7">一般项目</td><td>1</td><td>机头提升速度(m/min)</td><td>≤0.5</td><td colspan="2">√</td><td rowspan="7">符合设计及施工质量验收规范要求，同意验收</td></tr>
<tr><td>2</td><td>桩底标高(mm)</td><td>±200</td><td colspan="2">√</td></tr>
<tr><td>3</td><td>桩顶标高(mm)</td><td>+100，−50</td><td colspan="2">√</td></tr>
<tr><td>4</td><td>桩位偏差(mm)</td><td>＜50</td><td colspan="2">√</td></tr>
<tr><td>5</td><td>桩径</td><td>＜0.04D</td><td colspan="2">√</td></tr>
<tr><td>6</td><td>垂直度(%)</td><td>≤1.5</td><td colspan="2">√</td></tr>
<tr><td>7</td><td>搭接(mm)</td><td>＞200</td><td colspan="2">√</td></tr>
<tr><td colspan="2">施工单位检查评定结果</td><td colspan="5">经检查，主控项目全部合格，一般项目满足规范规定要求，检查评定结果为合格。<br>项目专业质量检查员：×××　　××年×月×日</td></tr>
<tr><td colspan="2">监理(建设)单位验收结论</td><td colspan="5">同意施工单位评定结果，验收合格。<br>监理工程师：×××<br>(建设单位项目专业技术负责人)　　××年×月×日</td></tr>
</table>

**《水泥土搅拌桩地基工程检验批质量验收记录表》填表说明：**

(1)资料流程：本表由施工单位在完成本工序后填写，并报送监理单位；监理单位审批后返还施工单位，各相关单位存档。

(2)相关规定与要求：

1)主控项目：

①水泥及外掺剂质量：按设计要求选用；并按规定进行检测试验；检查产品合格证及试验报告。

②水泥用量：符合设计要求；检查水灰比及查看流量表。

③桩体强度：按设计要求进行检查。

④地基承载力：按规定方法检验。

2)一般项目：

①机头提升速度：≤0.5m/min；量机头上升距离及时间。

②桩底标高：±200mm；量测机头深度计算。

③桩顶标高：＋100mm，－50mm；水准仪检查(最上部500mm不计入)。

④桩位偏差：＜50mm；尺量检查；根据设计桩位点位置。

⑤桩径：＜0.04$D$；尺量检查桩的直径。

⑥垂直度：≤1.5％；用经纬仪检查。

⑦搭接：＞200mm；尺量检查。

(3)注意事项：施工前检查水泥及外掺剂的质量、桩位、搅拌机工作性能及各种计量设备完好程度。施工中检查机头提升速度、水泥浆或水泥注入量、搅拌桩的长度及标高。施工结束后检查桩体强度，桩体直径及地基承载力。强度检查承重桩取90天后的试件；支护桩取28天后的试件。检查扣形成“施工记录”或“检验报告”。检查“施工记录”和“检验报告”。

## 二、分项工程质量验收记录

表 D-2　　灰土地基　分项工程质量验收记录表

<table>
<tr><td colspan="2">单位(子单位)工程名称</td><td>××工程</td><td>结构类型</td><td>框架剪力墙</td></tr>
<tr><td colspan="2">分部(子分部)工程名称</td><td>地基及基础处理</td><td>检验批数</td><td>4</td></tr>
<tr><td>施工单位</td><td colspan="2">××建筑公司</td><td>项目经理</td><td>×××</td></tr>
<tr><td>分包单位</td><td colspan="2">/</td><td>分包项目经理</td><td>/</td></tr>
<tr><td>序号</td><td colspan="2">检验批名称及部位、区段</td><td>施工单位检查评定结果</td><td>监理(建设)单位验收结论</td></tr>
<tr><td>1</td><td colspan="2">基础①～⑫/Ⓐ～Ⓗ轴</td><td>√</td><td rowspan="4">验收合格</td></tr>
<tr><td>2</td><td colspan="2">基础⑫～⑱/Ⓐ～Ⓗ轴</td><td>√</td></tr>
<tr><td>3</td><td colspan="2">基础⑱～㉖/Ⓐ～Ⓗ轴</td><td>√</td></tr>
<tr><td>4</td><td colspan="2">基础㉖～㉟/Ⓐ～Ⓗ轴</td><td>√</td></tr>
<tr><td colspan="5">说明：</td></tr>
<tr><td>检查结论</td><td colspan="2">基础①～㉕/Ⓐ～Ⓗ轴灰土地基施工质量符合《建筑地基基础工程施工质量验收规范》(GB 50202—2002)的规定。<br>项目专业技术负责人：×××<br>××年×月×日</td><td>验收结论</td><td>合格，同意验收。<br>监理工程师：×××<br>(建设单位项目专业技术负责人)<br>××年×月×日</td></tr>
</table>

注：地基基础、主体结构工程的分项工程质量验收不填写“分包单位”、“分包项目经理”。

## 三、地基基础处理子分部工程质量验收记录

表 D-3　　地基与基础处理　分部(子分部)工程质量验收记录表

<table>
<tr><td colspan="2">工程名称</td><td>××××</td><td>结构类型</td><td>框架<br>剪力墙</td><td>层数</td><td>地下 2 层<br>地下 25 层</td></tr>
<tr><td colspan="2">施工单位</td><td>××建筑公司</td><td>技术部门负责人</td><td>×××</td><td>质量部门负责人</td><td>×××</td></tr>
<tr><td colspan="2">分包单位</td><td>/</td><td>分包单位负责人</td><td>/</td><td>分包技术负责人</td><td>/</td></tr>
<tr><td colspan="2">序号</td><td>子分部(分项)工程名称</td><td>分项工程<br>(检验批)数</td><td>施工单位检查评定</td><td colspan="2">验收意见</td></tr>
<tr><td colspan="2">1</td><td>土工合成材料地基</td><td>12</td><td>√</td><td colspan="2" rowspan="2">同意验收</td></tr>
<tr><td colspan="2"></td><td></td><td></td><td></td></tr>
<tr><td colspan="3">质量控制资料</td><td colspan="2">完整，符合要求</td><td colspan="2">同意施工单位评定</td></tr>
<tr><td colspan="3">安全和功能检验(检测)报告</td><td colspan="2">符合要求，合格</td><td colspan="2">同意施工单位评定</td></tr>
<tr><td colspan="3">观感质量验收</td><td colspan="2">好</td><td colspan="2">同意施工单位评定</td></tr>
<tr><td rowspan="5">验收单位</td><td>分包单位</td><td colspan="4">项目经理：×××</td><td>××年×月×日</td></tr>
<tr><td>施工单位</td><td colspan="4">项目经理：×××</td><td>××年×月×日</td></tr>
<tr><td>勘察单位</td><td colspan="4">项目负责人：×××</td><td>××年×月×日</td></tr>
<tr><td>设计单位</td><td colspan="4">项目负责人：×××</td><td>××年×月×日</td></tr>
<tr><td>监理(建设)单位</td><td colspan="4">总监理工程师：×××<br>(建设单位项目专业负责人)</td><td>××年×月×日</td></tr>
</table>

# 第六章　桩基础工程资料

## 第一节　桩基础工程资料分类

桩基础工程施工资料分类见表 6-1。

**表 6-1**　　**桩基工程施工资料分类**

<table>
<tr><th>类别及编号</th><th>表格编号<br>（或资料来源）</th><th colspan="2">资料名称</th><th>备注</th></tr>
<tr><td rowspan="9">施工技术资料(C2)</td><td>施工单位提供</td><td colspan="2">施工组织设计或施工方案</td><td></td></tr>
<tr><td rowspan="5">C2-1</td><td rowspan="5">技术交底记录</td><td>静力压桩工程技术交底记录</td><td rowspan="5"></td></tr>
<tr><td>先张法预应力管桩工程技术交底记录</td></tr>
<tr><td>混凝土预制桩工程技术交底记录</td></tr>
<tr><td>钢桩工程技术交底记录</td></tr>
<tr><td>混凝土灌注桩工程技术交底记录</td></tr>
<tr><td>C2-2</td><td colspan="2">图纸会审记录</td><td>见本书第二章</td></tr>
<tr><td>C2-3</td><td colspan="2">设计变更记录</td><td>见本书第二章</td></tr>
<tr><td>C2-4</td><td colspan="2">工程洽商记录</td><td>见本书第二章</td></tr>
<tr><td rowspan="2">施工测量记录(C3)</td><td>C3-1</td><td colspan="2">工程定位测量记录</td><td>见本书第二章</td></tr>
<tr><td>C3-2</td><td colspan="2">桩位测量放线及复核记录</td><td>见本书第二章</td></tr>
<tr><td rowspan="7">施工物资资料(C4)</td><td>C4-1</td><td colspan="2">材料、构配件进场检验记录</td><td>见本书第四章</td></tr>
<tr><td>供应单位提供</td><td colspan="2">各种物资出厂合格证、质量保证书和商检证</td><td></td></tr>
<tr><td>C4-9</td><td colspan="2">钢材试验报告</td><td>见本书第四章</td></tr>
<tr><td>C4-10</td><td colspan="2">水泥试验报告</td><td>见本书第四章</td></tr>
<tr><td>C4-11</td><td colspan="2">砂试验报告</td><td>见本书第四章</td></tr>
<tr><td>C4-12</td><td colspan="2">碎(卵)石试验报告</td><td>见本书第四章</td></tr>
<tr><td>C4-13</td><td colspan="2">外加剂试验报告</td><td></td></tr>
</table>

续表

<table>
<tr><th>类别及编号</th><th>表格编号<br>（或资料来源）</th><th colspan="2">资料名称</th><th>备注</th></tr>
<tr><td rowspan="5">施工记录(C5)</td><td>C5-1</td><td colspan="2">隐蔽工程检查记录</td><td></td></tr>
<tr><td>C5-2</td><td colspan="2">预检记录</td><td>见本书第四章</td></tr>
<tr><td>C5-3</td><td colspan="2">施工检查记录</td><td>见本书第四章</td></tr>
<tr><td>C5-4</td><td colspan="2">交接检查记录</td><td>见本书第四章</td></tr>
<tr><td>专业施工单位提供</td><td colspan="2">桩基施工记录</td><td></td></tr>
<tr><td rowspan="5">施工试验<br>记录(C6)</td><td>C6-6</td><td colspan="2">钢筋连接试验报告</td><td>见本书第四章</td></tr>
<tr><td>C6-10</td><td colspan="2">混凝土配合比申请单、通知单</td><td>见本书第四章</td></tr>
<tr><td>C6-11</td><td colspan="2">混凝土抗压强度报告</td><td>见本书第四章</td></tr>
<tr><td>C6-12</td><td colspan="2">混凝土试块强度统计、评定记录</td><td></td></tr>
<tr><td>检测单位提供</td><td colspan="2">桩检测报告</td><td></td></tr>
<tr><td rowspan="11">施工质量验收<br>记录(C7)</td><td rowspan="5">施工单位提供</td><td rowspan="5">检验批质<br>量验收记录</td><td>静力压桩工程检验批质量验收记录表</td><td rowspan="11"></td></tr>
<tr><td>先张法预应力管桩检验批质量验收记录表</td></tr>
<tr><td>混凝土预制桩检验批质量验收记录表</td></tr>
<tr><td>钢桩检验批质量验收记录表</td></tr>
<tr><td>混凝土注灌桩检验批质量验收记录表</td></tr>
<tr><td rowspan="5">施工单位提供</td><td rowspan="5">分项工程质<br>量验收记录</td><td>静力压桩分项工程质量验收记录表</td></tr>
<tr><td>先张法预应力桩分项工程质量验收记录表</td></tr>
<tr><td>混凝土预制桩分项工程质量验收记录表</td></tr>
<tr><td>钢桩分项工程质量验收记录表</td></tr>
<tr><td>混凝土灌注桩分项工程质量验收记录表</td></tr>
<tr><td>施工单位提供</td><td>子分部工程<br>质量验收记录</td><td>桩基子分部工程质量验收记录表</td></tr>
</table>

# 第二节 桩基础工程施工记录

## 一、隐蔽工程检查记录

### 1. 静力压桩隐蔽工程检查记录

表 C5-1

**隐蔽工程检查记录**

编号：×××

<table>
<tr><td>工程名称</td><td colspan="4">××工程</td></tr>
<tr><td>隐检项目</td><td colspan="2">静力压桩焊接接桩</td><td>隐检日期</td><td>××年×月×日</td></tr>
<tr><td>隐检部位</td><td colspan="4">基础层 ①～⑩/Ⓐ～Ⓓ轴线 －7.500m 标高</td></tr>
<tr><td colspan="5">隐检依据：施工图图号 结施 1、结施 4 ，设计变更/洽商(编号 / )及有关国家现行标准等。<br>主要材料名称及规格/型号： 钢板、焊条</td></tr>
<tr><td colspan="5">隐检内容：<br>(1)采用焊接接桩时，应先将四周点焊固定，然后对称焊接，并确保焊缝质量和设计尺寸。<br>(2)焊接的材质(钢板、焊条)均符合设计要求，焊接件做好防腐处理。<br>(3)焊接接桩，其预埋件表面应清洁，上下节之间的间隙应用铁片垫实焊牢。<br>(4)接桩时，在距地面 1m 左右进行，上下节桩的中心线偏差不得大于 10mm，节点弯曲矢高不得大于 1%桩长。<br>隐检内容已做完，请予以检查。<br>申报人：×××</td></tr>
<tr><td colspan="5">检查意见：<br>经检查，现场情况与隐检内容相符，满足设计要求，符合规范规定，同意进行下道工序施工。<br>检查结论： ☑同意隐蔽 □不同意，修改后进行复查</td></tr>
<tr><td colspan="5">复查结论：<br>复查人： 复查日期：</td></tr>
<tr><td rowspan="3">签字栏</td><td rowspan="2">建设(监理)单位</td><td>施工单位</td><td colspan="2">××建筑公司</td></tr>
<tr><td>专业技术负责人</td><td>专业质检员</td><td>专业工长</td></tr>
<tr><td>×××</td><td>×××</td><td>×××</td><td>×××</td></tr>
</table>

本表由施工单位填写，建设单位、施工单位、城建档案馆各保存一份。

2. 混凝土灌注桩钢筋笼隐蔽工程检查记录

**表 C5-1**

**隐蔽工程检查记录**

编号：×××

<table>
<tr><td>工程名称</td><td colspan="5">××工程</td></tr>
<tr><td>隐检项目</td><td colspan="2">混凝土灌注桩钢筋笼</td><td>隐检日期</td><td colspan="2">××年×月×日</td></tr>
<tr><td>隐检部位</td><td colspan="5">⑱～㉒/Ⓐ～Ⓗ轴钢筋笼</td></tr>
<tr><td colspan="6">隐检依据：施工图图号 结施 2、结施 4 ，设计变更/洽商（编号 / ）及有关国家现行标准等。<br>主要材料名称及规格/型号： 热轧带肋钢筋 HRB335ϕ20、热轧图盘条 HRB235ϕ6</td></tr>
<tr><td colspan="6">隐检内容：<br>(1)成孔：孔径 ϕ1000，施工孔深 31.80m，桩顶标高－1.60m。<br>(2)钢筋笼制作：笼径 900mm，笼长 26.80m，主筋 18Φ20，加劲箍Φ18@2000，箍筋加密区 ϕ10@100，非加密区 ϕ10@200，十字支撑Φ22@4000，吊筋 4Φ18×5.98m。<br>(3)钢筋笼主筋采用焊接连接，双面搭接焊 5 天。<br>隐检内容已做完，请予以检查。<br>申报人：×××</td></tr>
<tr><td colspan="6">检查意见：<br>经检查，现场情况与隐检内容相符，满足设计要求，符合规范规定，同意进行下道工序施工。<br>检查结论：☑同意隐蔽　　□不同意，修改后进行复查</td></tr>
<tr><td colspan="6">复查结论：<br>复查人：　　　　复查日期：</td></tr>
<tr><td rowspan="3">签字栏</td><td rowspan="2">建设（监理）单位</td><td>施工单位</td><td colspan="3">××建设集团有限公司</td></tr>
<tr><td>专业技术负责人</td><td>专业质检员</td><td colspan="2">专业工长</td></tr>
<tr><td>×××</td><td>×××</td><td>×××</td><td colspan="2">×××</td></tr>
</table>

本表由施工单位填写，建设单位、施工单位、城建档案馆各保存一份。

## 二、施工记录

### 1. 静力压桩施工记录表

**静力压桩施工记录表**

编号：×××

<table>
<tr><td colspan="2">工程名称</td><td colspan="2">××工程</td><td>施工单位</td><td>××建筑公司</td><td colspan="2">设计桩长(m)</td><td>30</td><td colspan="2">设计压桩力(kN)</td><td>4000</td></tr>
<tr><td rowspan="3">桩号</td><td rowspan="3">18</td><td rowspan="3">实际桩长<br>(m)</td><td rowspan="3">29=10+10+9</td><td rowspan="3">自然地面<br>标高(m)</td><td rowspan="3">−0.8</td><td rowspan="3">设计桩<br>顶标高<br>(m)</td><td rowspan="3">−1.8</td><td rowspan="3">送(砍)<br>桩长度<br>(m)</td><td rowspan="3">1.0</td><td colspan="2">××年×月×日</td></tr>
<tr><td>开始时间</td><td>18:00</td></tr>
<tr><td>结束时间</td><td>20:10</td></tr>
</table>

| 入土深度(m) | 压力表读数(MPa) | 实际压桩力(kN) | 垂直度 | 入土深度(m) | 压力表读数(MPa) | 实际压桩力(kN) | 垂直度 |
|---|---|---|---|---|---|---|---|
| 2 | 1 | 200 | 0.3 | 28 | 8 | 1600 | 0.4 |
| 4 | 3 | 600 | 0.4 | 30 | 10(双) | 4000 | 0.3 |
| 6 | 4 | 800 | 0.4 | | | | |
| 8 | 5 | 1000 | 0.4 | | | | |
| 10 | 6 | 1200 | 0.3 | | | | |
| 12 | 10 | 2000 | 0.4 | | | | |
| 14 | 10 | 2000 | 0.2 | | | | |
| 16 | 10 | 2000 | 0.3 | | | | |
| 18 | 7 | 1400 | 0.4 | | | | |
| 20 | 6 | 1200 | 0.3 | | | | |
| 22 | 8 | 1600 | 0.4 | | | | |
| 24 | 8 | 1600 | 0.2 | | | | |
| 26 | 8 | 1600 | 0.3 | | | | |

<table>
<tr><td rowspan="3">签字栏</td><td rowspan="2">建设(监理)单位</td><td colspan="3">施工单位</td></tr>
<tr><td>质检员</td><td>施工员</td><td>施工班组长</td></tr>
<tr><td>×××</td><td>×××</td><td>×××</td><td>×××</td></tr>
</table>

## 2. 钻孔灌注桩施工记录表

### 钻孔灌注桩施工记录表

施工单位　×××地基基础工程公司　　　　工程名称　×××

施工班组　1号机组　　　　钻机类型　螺旋桩机

设计桩顶标高　−10.09m　　　　设计孔径　$\phi$400

| 施工日期 | 桩位编号 | 钻孔时间 | | 钻孔直径 | | 钻孔深度(m) | | 成桩时间 | 孔底标高(m) | 插入卵石层深度(m) | 钻杆垂直度 | 钢筋笼 | | 混凝土浇灌量 | | | | | 备注 |
|---|---|---|---|---|---|---|---|---|---|---|---|---|---|---|---|---|---|---|---|
| | | 开始 | 结束 | 设计(mm) | 实测(mm) | 设计 | 实测 | | | | | 笼顶标高(m) | 长度(m) | 顶面标高(m) | 坍落度(cm) | 设计用量($m^3$) | 实际用量($m^3$) | 充盈系数 | |
| 07.8.20 | YB-TB-182 | 15:20 | 15:42 | 400 | 400 | 18.7 | 19.3 | 15:55 | 17.12 | 1.2 | 120.0 | −9.39 | 14.70 | −9.59 | 22 | 2.4 | 2.9 | 1.21 | |
| 07.8.20 | YB-TB-168 | 16:00 | 16:21 | 400 | 400 | 18.7 | 19.3 | 16:31 | 17.12 | 1.2 | 120.0 | −9.40 | 14.70 | −9.60 | 22 | 2.4 | 2.9 | 1.21 | |
| 07.8.20 | YB-TB-154 | 16:42 | 16:59 | 400 | 400 | 18.7 | 19.3 | 17:12 | 17.12 | 1.2 | 120.0 | −9.39 | 14.70 | −9.60 | 22 | 2.4 | 2.9 | 1.21 | |
| 07.8.20 | 1fB-TB-140 | 17:22 | 17:38 | 400 | 400 | 18.7 | 19.3 | 17:50 | 17.12 | 1.2 | 120.0 | −9.39 | 14.70 | −9.60 | 22 | 2.4 | 2.9 | 1.21 | |
| | | | | | | | | | | | | | | | | | | | |
| | | | | | | | | | | | | | | | | | | | |
| | | | | | | | | | | | | | | | | | | | |
| | | | | | | | | | | | | | | | | | | | |
| | | | | | | | | | | | | | | | | | | | |
| | | | | | | | | | | | | | | | | | | | |
| | | | | | | | | | | | | | | | | | | | |
| | | | | | | | | | | | | | | | | | | | |
| | | | | | | | | | | | | | | | | | | | |
| | | | | | | | | | | | | | | | | | | | |
| | | | | | | | | | | | | | | | | | | | |
| | | | | | | | | | | | | | | | | | | | |
| | | | | | | | | | | | | | | | | | | | |
| | | | | | | | | | | | | | | | | | | | |
| | | | | | | | | | | | | | | | | | | | |
| | | | | | | | | | | | | | | | | | | | |
| | | | | | | | | | | | | | | | | | | | |
| | | | | | | | | | | | | | | | | | | | |
| | | | | | | | | | | | | | | | | | | | |
| | | | | | | | | | | | | | | | | | | | |
| | | | | | | | | | | | | | | | | | | | |
| | | | | | | | | | | | | | | | | | | | |
| | | | | | | | | | | | | | | | | | | | |
| | | | | | | | | | | | | | | | | | | | |

施工负责人:×××　　　　记录人:×××

3. 钻(挖)孔灌注桩成孔施工检查记录表

## 钻(挖)孔灌注桩成孔质量检查记录

编号：×××

| 工程名称 | ××工程 | 施工日期 | ××年×月×日 |
|---|---|---|---|
| 施工单位 | ××地基基础工程公司 | 桩号 | 18#(D=1000mm) |

| 序号 | 项目 | 质量检验值 | | 备注 |
|---|---|---|---|---|
| | | 设计要求或规范规定 | 实测值 | |
| 1 | 孔位中心(mm) | ≤100 | **25** | |
| 2 | 孔径(mm) | ±50 | **+20** | |
| 3 | 垂直度(%) | <1 | **0.30** | |
| 4 | 孔底沉渣厚度(mm) | ≤50 | **25** | |
| 5 | 孔底标高(mm) | ≤300 | **20** | |
| 6 | 扩大头尺寸(mm) | / | / | |
| 7 | 清孔后泥浆比重 | 1.15～1.20 | **1.16** | |
| 8 | 桩端进入持力层情况 | ≥设计值(500mm) | **600mm** | |
| | | | | |
| | | | | |
| | | | | |
| | | | | |
| | | | | |
| | | | | |
| | | | | |
| | | | | |

| 施工单位 | 项目技术负责人 | 施工员 | 监理(建设)单位 | 监理工程师(建设单位项目专业技术负责人) |
|---|---|---|---|---|
| | ××× | ××× | | ××× |

# 第三节　桩基础工程施工质量验收记录

## 一、检验批质量验收记录

### 1. 静力压桩工程检验批质量验收记录表

**静力压桩工程检验批质量验收记录表 GB 50202—2002**　　010401□□

| 工程名称 | ××工程 | 分部(子分部)工程名称 | 桩基 | 验收部位 | 基础①~⑩/Ⓐ~Ⓔ |
|---|---|---|---|---|---|
| 施工单位 | ××建筑集团公司 | 专业工长 | ××× | 项目经理 | ××× |
| 施工执行标准名称及编号 | 建筑地基基础工程施工质量验收规范(GB 50202—2002) | | | | |
| 分包单位 | ××建筑公司 | 分包项目经理 | ××× | 施工班组长 | ××× |

| 类别 | 序号 | 施工质量验收规范的规定 | | | 施工单位检查评定记录 | 监理(建设)单位验收记录 |
|---|---|---|---|---|---|---|
| 主控项目 | 1 | 桩体质量检验 | 按基桩检测技术规范 | | √ | 符合设计及施工质量验收规范要求，同意验收 |
| | 2 | 桩位偏差 | 第5.1.3条 | | √ | |
| | 3 | 承载力 | 按基桩检测技术规范 | | √ | |
| 一般项目 | 1 | 成品桩质量：外观 | 表面平整，颜色均匀，掉角深度<10mm，蜂窝面积小于总面积0.5% | | √ | 符合设计及施工质量验收规范要求，同意验收 |
| | | 外形尺寸 | 见本规范表5.4.5 | | | |
| | | 强度 | 满足设计要求 | | | |
| | 2 | 硫磺胶泥质量(半成品) | 设计要求 | | √ | |
| | 3 | 接桩 电焊接桩 电焊接桩焊缝： | | | √ | |
| | | (1)上下节端部错口 | | | | |
| | | (外径≥700mm) | mm | ≤3 | | |
| | | (外径<700mm) | mm | ≤2 | | |
| | | (2)焊缝咬边深度 | mm | ≤0.5 | | |
| | | (3)焊缝加强层高度 | mm | 2 | | |
| | | (4)焊缝加强层宽度 | mm | 2 | | |
| | | (5)焊缝电焊质量外观 | 无气孔，无焊瘤，无裂缝 | | | |
| | | (6)焊缝探伤检验 | 满足设计要求 | | | |
| | | 电焊结束后停歇时间 | min | >1.0 | | |
| | | 硫磺胶泥接桩： | | | | |
| | | 胶泥浇注时间 | min | <2 | | |
| | | 浇注后停歇时间 | min | >7 | | |
| | 4 | 电焊条质量 | 设计要求 | | √ | |
| | 5 | 压桩压力(设计有要求时) | % | ±5 | √ | |
| | 6 | 接桩时上下节平面偏差接桩时节点弯曲矢高 | mm | <10<br><1/1000L | √ | |
| | 7 | 桩顶标高 | mm | ±50 | √ | |

| | |
|---|---|
| 施工单位检查评定结果 | 经检查，主控项目全部合格，一般项目满足规范规定要求，检查评定结果为合格。<br>项目专业质量检查员：×××　　××年×月×日 |
| 监理(建设)单位验收结论 | 同意施工单位评定结果，验收合格。<br>监理工程师：×××<br>(建设单位项目专业技术负责人)　　××年×月×日 |

**《静力压桩工程检验批质量验收记录表》填表说明：**

(1)资料流程：本表由施工单位在完成本工序后填写，并报送监理单位；监理单位审批后返还施工单位，各相关单位存档。

(2)相关规定与要求：

1)主控项目：

①桩体质量检验：按基桩检测技术规范。

②桩位偏移：项目如下表；尺量检查；根据桩位放线检查。

| 序号 | 项目 | 允许偏差(mm) |
|---|---|---|
| 1 | 盖有基础梁的桩：<br>(1)垂直基础梁的中心线<br>(2)沿基础梁的中心线 | <br>$100+0.01H$<br>$150+0.01H$ |
| 2 | 桩数为1～3根桩基中的桩 | 100 |
| 3 | 桩数为4～16根桩基中的桩 | 1/2桩径或边长 |
| 4 | 桩数大于16根桩基中的桩：<br>(1)最外边的桩<br>(2)中间桩 | <br>1/3桩径或边长<br>1/2桩径或边长 |

③承载力：按基桩检测技术规范。

2)一般项目：

①成品质量：外观，表面平整、掉角深度＜10mm、蜂窝面积＜0.5%，观察检查。外形尺寸桩横截面边长±5mm，桩顶对角线差＜10mm；桩尖中心线＜10mm。桩身弯曲矢高＜$L/1000L$。尺量检查。桩顶平整度＜2mm，水平尺检查。强度：满足设计要求、混凝土试块28天强度。检查试验报告。

②硫磺胶泥质量：符合设计要求；检查产品合格证或抽样检验报告。

③接桩，电焊接桩：焊缝质量；按钢桩电焊接桩焊缝检查；焊后停歇时间＞1min，秒表测定。硫磺胶泥接桩，胶泥浇注时间＜2min；浇后停歇时间＞7min，秒表检查。

④电焊条质量：符合设计要求；检查产品合格证。

⑤压桩压力：±5%与设计要求比；检查压力表读数或施工记录。

⑥接桩上下节平面偏差＜10mm，尺量检查；接桩节点弯曲矢高＜$L/1000L$，拉线和尺量检查。

⑦桩顶标高：±50mm；用水准仪检查。

(3)注意事项：施工前检查成品桩外观及强度、接桩用焊条或半成品硫磺胶泥、压桩用压力表、锚杆规格及质量。硫磺胶泥半成品应每100kg做一组试件(3件)。压桩过程中检查压力、桩垂直度、接桩间歇时间、桩的连接质量及压入深度。重要工程应对电焊接桩的接头做10%的探伤检查。对承受反力的结构应加强观测。施工结束后检查承载力及桩体质量。检查后形成“施工记录”或“检验报告”。检查“施工记录”和“检验报告”。

2. 预应力管桩工程检验批质量验收记录表

**预应力管桩工程检验批质量验收记录表**

**GB 50202—2002**

010402□□

| 工程名称 | ××工程 | 分部(子分部)工程名称 | | 桩基 | 验收部位 | 基础①~⑩/Ⓐ~Ⓔ |
|---|---|---|---|---|---|---|
| 施工单位 | ××建筑集团公司 | | 专业工长 | ××× | 项目经理 | ××× |
| 施工执行标准名称及编号 | 建筑地基基础工程施工质量验收规范(GB 50202—2002) | | | | | |
| 分包单位 | ××建筑公司 | 分包项目经理 | | ××× | 施工班组长 | ××× |

| | | | 施工质量验收规范的规定 | | | 施工单位检查评定记录 | 监理(建设)单位验收记录 |
|---|---|---|---|---|---|---|---|
| 主控项目 | 1 | | 桩体质量检验 | 设计要求 | | √ | 符合设计及施工质量验收规范要求,同意验收 |
| | 2 | | 桩位偏差 | 第5.1.3条 | | √ | |
| | 3 | | 承载力 | 按基桩检测技术规范 | | √ | |
| 一般项目 | 1 | 成品桩质量 | 外观 | 无蜂窝、露筋、裂缝、色感均匀、桩顶处无孔隙 | | √ | 符合设计及施工质量验收规范要求,同意验收 |
| | | | 桩径 | mm | ±5 | | |
| | | | 管壁厚度 | mm | ±5 | | |
| | | | 桩尖中心线 | mm | <2 | | |
| | | | 顶面平整度 | mm | 10 | | |
| | | | 桩体弯曲 | | <1/1000L | | |
| | 2 | 接桩 | 电焊接桩焊缝:<br>(1)上下节端部错口 | | | √ | |
| | | | (外径≥700mm) | mm | ≤3 | | |
| | | | (外径<700mm) | mm | ≤2 | | |
| | | | (2)焊缝咬边深度 | mm | ≤0.5 | | |
| | | | (3)焊缝加强层高度 | mm | 2 | | |
| | | | (4)焊缝加强层宽度 | mm | 2 | | |
| | | | (5)焊缝电焊质量外观 | 无气孔,无焊瘤,无裂缝 | | | |
| | | | (6)焊缝探伤检验 | 满足设计要求 | | | |
| | | | 电焊结束后停歇时间 | min | >1.0 | | |
| | | | 上下节平面偏差(min) | mm | <10 | | |
| | | | 节点弯曲矢高 | | <1/1000L | | |
| | 3 | | 停锤标高 | 设计要求 | | √ | |
| | 4 | | 桩顶标高 | mm | ±50 | √ | |

| 施工单位检查评定结果 | 经检查,主控项目全部合格,一般项目满足规范规定要求,检查评定结果为合格。<br>项目专业质量检查员:××× ××年×月×日 |
|---|---|
| 监理(建设)单位验收结论 | 同意施工单位评定结果,验收合格。<br>监理工程师:×××<br>(建设单位项目专业技术负责人) ××年×月×日 |

**《预应力管桩工程检验批质量验收记录表》填表说明：**

(1)资料流程：本表由施工单位在完成本工序后填写，并报送监理单位；监理单位审批后返还施工单位，各相关单位存档。

(2)相关规定与要求：

1)主控项目：

①桩体质量检验：按基桩检测技术规范。

②桩位偏移：项目如下表；尺量检查，根据桩位放线检查。

| 序号 | 项目 | 允许偏差(mm) |
|---|---|---|
| 1 | 盖有基础梁的桩：<br>(1)垂直基础梁的中心线<br>(2)沿基础梁的中心线 | <br>100+0.01$H$<br>150+0.01$H$ |
| 2 | 桩数为1～3根桩基中的桩 | 100 |
| 3 | 桩数为4～16根桩基中的桩 | 1/2桩径或边长 |
| 4 | 桩数大于16根桩基中的桩：<br>(1)最外边的桩<br>(2)中间桩 | <br>1/3桩径或边长<br>1/2桩径或边长 |

③承载力：按基桩检测技术规范。

2)一般项目：

①成品桩质量，外观：无蜂窝、露筋、裂缝、色感均匀，桩顶处无孔隙；观察检查。

桩径±5mm；管壁厚度±5mm；桩尖中心线<2mm；用尺量检查。

桩顶平面度10mm；用水平尺检查。

桩体弯曲<$L$/1000$L$；用拉线及尺量检查；$L$为桩长。

②接桩：焊缝质量；按钢桩焊接接桩检查。

电焊后停歇时间>1.0min；用秒表测定。

上下节平面偏差<10mm，用尺量检查；节点弯曲矢高<$L$/1000$L$，拉线和尺量检查。

③停锤标准：符合设计要求；现场实测或检查沉桩记录。

④桩顶标高：±50mm；用水准仪检查。

(3)注意事项：施工前检查成品桩，接桩用电焊条质量。施工中检查桩的贯入情况、桩顶完整状况、电焊接桩质量、桩体垂直度、电焊后的停歇时间。重要工程应对电焊接头做10%焊缝探伤检查。施工结束后做承载力检验及桩体质量检验。检查后形成“施工记录”或“检验报告”。检查“施工记录”和“检验报告”。

3. 混凝土预制桩工程检验质量验收记录表

**混凝土预制桩(钢筋骨架)工程检验批质量验收记录表**

**GB 50202—2002(Ⅰ)**

010403□□

| 工程名称 | ××工程 | 分部(子分部)工程名称 | | 桩基 | 验收部位 | 基础①~⑩/Ⓐ~Ⓔ |
|---|---|---|---|---|---|---|
| 施工单位 | ××建筑集团公司 | | 专业工长 | ××× | 项目经理 | ××× |
| 施工执行标准名称及编号 | 建筑地基基础工程施工质量验收规范(GB 50202—2002) | | | | | |
| 分包单位 | ××建筑公司 | 分包项目经理 | | ××× | 施工班组长 | ××× |
| 施工质量验收规范的规定 | | | | | 施工单位检查评定记录 | 监理(建设)单位验收记录 |
| 主控项目 | 1 | 主筋距桩顶距离(mm) | | ±5 | √ | 符合设计及施工质量验收规范要求,同意验收 |
| | 2 | 多节桩锚固钢筋位置(mm) | | 5 | √ | |
| | 3 | 多节桩预埋铁件(mm) | | ±3 | √ | |
| | 4 | 主筋保护层厚度(mm) | | ±5 | √ | |
| 一般项目 | 1 | 主筋间距(mm) | | ±5 | √ | 符合设计及施工质量验收规范要求,同意验收 |
| | 2 | 桩尖中心线(mm) | | 10 | √ | |
| | 3 | 箍筋间距(mm) | | ±20 | √ | |
| | 4 | 桩顶钢筋网片(mm) | | ±10 | √ | |
| | 5 | 多节桩锚固钢筋长度(mm) | | ±10 | √ | |
| 施工单位检查评定结果 | 经检查,主控项目全部合格,一般项目满足规范规定要求,检查评定结果为合格。<br>项目专业质量检查员:××× ××年×月×日 | | | | | |
| 监理(建设)单位验收结论 | 同意施工单位评定结果,验收合格。<br>监理工程师:×××<br>(建设单位项目专业技术负责人) ××年×月×日 | | | | | |

**混凝土预制桩工程检验批质量验收记录表**

**GB 50202—2002(Ⅱ)**

010403□□

| 工程名称 | ××工程 | 分部(子分部)工程名称 | | 桩基 | 验收部位 | 基础①~⑩/Ⓐ~Ⓔ |
|---|---|---|---|---|---|---|
| 施工单位 | ××建筑集团公司 | | 专业工长 | ××× | 项目经理 | ××× |
| 施工执行标准名称及编号 | 建筑地基基础工程施工质量验收规范(GB 50202—2002) | | | | | |
| 分包单位 | ××建筑公司 | 分包项目经理 | | ××× | 施工班组长 | ××× |
| 施工质量验收规范的规定 | | | | | 施工单位检查评定记录 | 监理(建设)单位验收记录 |
| 主控项目 | 1 | 桩体质量检验 | | 设计要求 | √ | 符合设计及施工质量验收规范要求,同意验收 |
| | 2 | 桩位偏差 | | 第 5.1.3 条 | √ | |
| | 3 | 承载力 | | 设计要求 | √ | |

续表

| 施工质量验收规范的规定 | | | | 施工单位检查评定记录 | 监理(建设)单位验收记录 |
|---|---|---|---|---|---|
| 一般项目 | 1 | 砂、石、水泥、钢材等材料(现场预制时) | 设计要求 | √ | 符合设计及施工质量验收规范要求，同意验收 |
| | 2 | 混凝土配合比及强度(现场预制时) | 设计要求 | √ | |
| | 3 | 成品桩外形 | 表面平整，颜色均匀，掉角深度<10mm，蜂窝面积不小于总面积0.5% | √ | |
| | 4 | 成品桩裂缝(收缩裂缝或起吊、装运、堆放引起的裂缝) | 深度<20mm，宽度<0.25mm，横向裂缝不超过边长的一半 | √ | |
| | 5 | 成品桩尺寸：<br>横截面边长(mm)<br>桩顶对角线差(mm)<br>桩尖中心线(mm)<br>桩身弯曲矢高(mm)<br>桩顶平整度(mm) | <br>±5<br><10<br><10<br><1/1000$L$<br><2 | √ | |
| | 6 | 电焊接桩 焊缝质量：<br>(1)上下节端部错口<br>(外径≥700mm)<br>(外径<700mm)<br>(2)焊缝咬边深度<br>(3)焊缝加强层高度<br>(4)焊缝加强层宽度<br>(5)焊缝电焊质量外观<br>(6)焊缝探伤检验 | <br><br>mm ≤3<br>mm ≤2<br>mm ≤0.5<br>mm 2<br>mm 2<br>无气孔，无焊瘤，无裂缝<br>满足设计要求 | √ | |
| | | 电焊结束后停歇时间(min) | >1.0 | | |
| | | 上下节平面偏差(mm) | <10 | | |
| | | 节点弯曲矢高(mm) | <1/1000$L$ | | |
| | 7 | 硫磺胶泥接桩：胶泥浇注时间(min)<br>浇注停歇时间(min) | <2<br>>7 | √ | |
| | 8 | 桩顶标高(mm) | ±50 | √ | |
| | 9 | 停锤标准 | 设计要求 | √ | |
| 施工单位检查评定结果 | | **经检查，主控项目全部合格，一般项目满足规范规定要求，检查评定结果为合格。**<br>项目专业质量检查员：××× ××年×月×日 | | | |
| 监理(建设)单位验收结论 | | **同意施工单位评定结果，验收合格。**<br>监理工程师：×××<br>(建设单位项目专业技术负责人) ××年×月×日 | | | |

**《混凝土预制桩工程检验批质量验收记录表》填表说明：**

(1)资料流程：本表由施工单位在完成本工序后填写，并报送监理单位；监理单位审批后返还施工单位，各相关单位存档。

(2)相关规定与要求：

1)主控项目：

①桩体质量检验：按基桩检测技术规范。

②桩位偏差：项目如下表，尺量检查，根据桩位放线检查。

| 序号 | 项目 | 允许偏差(mm) |
|---|---|---|
| 1 | 盖有基础梁的桩：<br>(1)垂直基础梁的中心线<br>(2)沿基础梁的中心线 | <br>$100+0.01H$<br>$150+0.01H$ |
| 2 | 桩数为1～3根桩基中的桩 | 100 |
| 3 | 桩数为4～16根桩基中的桩 | 1/2桩径或边长 |
| 4 | 桩数大于16根桩基中的桩：<br>(1)最外边的桩<br>(2)中间桩 | <br>1/3桩径或边长<br>1/2桩径或边长 |

③承载力：按基桩检测技术规范。

2)一般项目：

①砂、石、水泥、钢材原材料质量(现场预制时才检查)：符合设计要求；检查产品合格证及试验报告。

②混凝土配合比强度(现场预制时才检查)：通过试验的配合比单配制的计量记录；按规定留置试块，28天强度符合设计要求。检查配合比单、计量记录、试验报告。

③成品桩外形：表面平整、掉角深度<10mm、蜂窝面积小于总面积0.5%；颜色均匀；观察检查。

④成品桩裂缝(收缩或起吊、运输、堆放引起的裂缝)：深度<20mm；宽度<0.25；横向裂缝不超过边长的一半。用裂缝测定仪测量。此项地下水侵蚀地区，锤击数超过500击的长桩不适用；检查测定记录。

⑤成品桩尺寸：横断面边长±5mm；桩顶对角线差<10mm；桩尖中心线<10mm；桩身弯曲矢高<$L/1000L$。

用尺量检查：桩顶平整度<2mm；用水平尺检查。

⑥电焊接桩：检查焊缝质量；按钢桩电焊接桩焊缝检查；焊后停歇时间>1min；秒表测定。上下节平面偏差<10mm；尺量检查；节点弯曲矢高<$L/1000L$；尺量检查。

⑦硫磺胶泥接桩：胶泥浇注时间<2min；秒表测定。

浇注后停歇时间>7min；秒表测定。

⑧桩顶标高：±50mm；水准仪测定。

⑨停锤标准：符合设计要求；现场实测或检查沉桩记录。

(3)注意事项：桩在现场预制时，检查原材料、钢筋骨架、混凝土强度；采用预制桩，检查桩的外观及尺寸。对长桩和总锤击数超过500击的桩，对其强度和邻期进行双控制。施工中桩体垂直度、沉桩情况、桩顶完整状况、接桩质量等进行检查，对电焊接桩，重要工程做10%的焊缝探伤检查。施工结束后做承载力体质量检验。检查后形成“施工记录”或“检查报告”，检查“施工记录”和“检验报告”。

4. 钢桩工程检验批质量验收记录表

**钢桩(成品)工程检验批质量验收记录表**
**GB 50202—2002**
**(Ⅰ)**

010404□□

| 工程名称 | ××工程 | 分部(子分部)工程名称 | 桩基 | 验收部位 | 基础①~⑩/Ⓐ~Ⓔ |
|---|---|---|---|---|---|
| 施工单位 | ××建筑集团公司 | | 专业工长 ××× | 项目经理 | ××× |
| 施工执行标准名称及编号 | 建筑地基基础工程施工质量验收规范(GB 50202—2002) | | | | |
| 分包单位 | ××建筑公司 | 分包项目经理 | ××× | 施工班组长 | ××× |
| 施工质量验收规范的规定 | | | | 施工单位检查评定记录 | 监理(建设)单位验收记录 |
| 主控项目 | 1 | 钢桩外径或断面尺寸:桩端<br>桩身 | ±0.5%D<br>±1D | √ | 符合设计及施工质量验收规范要求,同意验收 |
| | 2 | 矢高 | <1/1000L | √ | |
| | 3 | 桩位偏差(mm) | 第5.1.3条 | √ | |
| | 4 | 承载力 | 设计要求 | √ | |
| 一般项目 | 1 | 长度(mm) | +10 | √ | 符合设计及施工质量验收规范要求,同意验收 |
| | 2 | 端部平整度(mm) | ≤2 | √ | |
| | 3 | H钢桩的方正度　h>300<br>h<300 | T+T′≤8<br>T+T′≤6 | √ | |
| | 4 | 端部平面与桩中心线的倾斜值(mm) | ≤2 | √ | |
| | 5 | 电焊接桩焊缝:<br>(1)上下端部错口<br>(外径≥700mm)<br>(外径<700mm)<br>(2)焊缝咬边深度<br>(3)焊缝加强层高度<br>(4)焊缝加强层宽度<br>(5)焊缝电焊质量外观<br>(6)焊缝探检伤检验 | ≤3<br>≤2<br>≤0.5<br>2<br>2<br>无气孔,无焊瘤,无裂缝<br>满足设计要求 | √ | |
| | 6 | 电焊结束后停歇时间(min) | <1.0 | √ | |
| | 7 | 节点弯曲矢高(mm) | <1/1000L | √ | |
| | 8 | 桩顶标高(mm) | ±50 | √ | |
| | 9 | 停锤标准 | 设计要求 | √ | |
| 施工单位检查评定结果 | 经检查,主控项目全部合格,一般项目满足规范规定要求,检查评定结果为合格。<br>项目专业质量检查员:×××　　××年×月×日 | | | | |
| 监理(建设)单位验收结论 | 同意施工单位评定结果,验收合格。<br>监理工程师:×××<br>(建设单位项目专业技术负责人)　　××年×月×日 | | | | |

**《钢桩(成品)工程检验批质量验收记录表》填表说明：**

(1)资料流程：本表由施工单位在完成本工序后填写，并报送监理单位；监理单位审批后返还施工单位，各相关单位存档。

(2)相关规定与要求：

1)主控项目：

①钢桩外径或断面尺寸：桩端±0.5%$D$($D$为外径或边长)尺量检查。

桩身<$L$/1000($L$为桩长)，尺量检查。

②矢高<$L$/1000，尺量检查。

③桩位偏差：尺量检查；根据桩位放线检查。

④承载力：按基桩检测技术规范。

⑤电焊接桩焊缝。

⑥电焊后停歇时间：>1.0min；秒表测定。

⑦节点弯曲矢高：<$L$/1000$L$；拉线和尺量检查。

⑧桩顶标高：±50mm；用水准仪测量。

⑨停锤标准：符合设计要求；现场实测或检查沉桩记录。

2)一般项目：

①长度：+10mm；尺量检查。

②端部平整度：≤2mm；用水平尺检查。

③$H$钢桩的方正度：$h$>300mm；$T+T'$≤8；尺量检查。

$h$<300mm；$T+T'$≤6；尺量检查。

④端部平面与桩中心线的倾斜值：≤2mm，用水平尺检查。

(3)注意事项，检查后形成“检查记录”，检查“检查记录”。

钢桩施工检验批质量验收记录表
GB 50202—2002
(Ⅱ)

010404□□

| 工程名称 | ××工程 | 分部(子分部)工程名称 | 桩基 | 验收部位 | 基础①~⑩/Ⓐ~Ⓔ |
|---|---|---|---|---|---|
| 施工单位 | ××建筑集团公司 | | 专业工长 ××× | 项目经理 | ××× |
| 施工执行标准名称及编号 | 建筑地基基础工程施工质量验收规范(GB 50202—2002) | | | | |
| 分包单位 | ××建筑公司 | 分包项目经理 | ××× | 施工班组长 | ××× |
| 施工质量验收规范的规定 | | | | 施工单位检查评定记录 | 监理(建设)单位验收记录 |
| 主控项目 | 1 | 桩位偏差 | 第5.1.3条 | √ | 符合设计及施工质量验收规范要求,同意验收 |
| | 2 | 承载力 | 设计要求 | √ | |
| 一般项目 | 1 | 电焊接桩焊缝:<br>(1)上下端部错口<br>(外径≥700mm)(mm)<br>(外径<700mm)(mm)<br>(2)焊缝咬边深度(mm)<br>(3)焊缝加强层高度(mm)<br>(4)焊缝加强层宽度(mm)<br>(5)焊缝电焊质量外观<br>(6)焊缝探伤检验 | <br><br>≤3<br>≤2<br>≤0.5<br>2<br>2<br>无气孔,无焊瘤,无裂缝<br>满足设计要求 | √ | 符合设计及施工质量验收规范要求,同意验收 |
| | 2 | 电焊结束后停歇时间(min) | >1.0 | √ | |
| | 3 | 节点弯曲矢高 | <1/1000$L$ | √ | |
| | 4 | 桩顶标高(mm) | ±50 | √ | |
| | 5 | 停锤标准 | 设计要求 | √ | |
| 施工单位检查评定结果 | 经检查,主控项目全部合格,一般项目满足规范规定要求,检查评定结果为合格。<br><br>项目专业质量检查员:×××　　××年×月×日 | | | | |
| 监理(建设)单位验收结论 | 同意施工单位评定结果,验收合格。<br><br>监理工程师:×××<br>(建设单位项目专业技术负责人)　　××年×月×日 | | | | |

**《钢桩施工检验批质量验收记录表》填表说明：**

(1)资料流程：本表由施工单位在完成本工序后填写，并报送监理单位：监理单位审批后返还施工单位，各相关单位存档。

(2)相关规定与要求。

1)主控项目：

①桩位偏差：项目如下表，尺量检查，根据桩位放线检查。

| 序号 | 项目 | 允许偏差(mm) |
|---|---|---|
| 1 | 盖有基础梁的桩：<br>(1)垂直基础梁的中心线<br>(2)沿基础梁的中心线 | <br>100+0.01$H$<br>150+0.01$H$ |
| 2 | 桩数为1～3根桩基中的桩 | 100 |
| 3 | 桩数为4～16根桩基中的桩 | 1/2桩径或边长 |
| 4 | 桩数大于16根桩基中的桩：<br>(1)最外边的桩<br>(2)中间桩 | <br>1/3桩径或边长<br>1/2桩径或边长 |

②承载力：按基桩检测技术规范。

2)一般项目：

①电焊接桩焊缝。

a. 上下节端部错口：外径≥700mm时，≤3mm，尺量检查；外径＜700mm时，≤2mm，尺量检查。

b. 焊缝咬边深度：≤0.5mm；焊缝检查仪检查。

c. 焊缝加强层高度：2mm；焊缝检查仪检查。

d. 焊缝加强层宽度：2mm；焊缝检查仪检查。

e. 焊缝外观：无气孔、焊瘤、裂缝。观察检查。

f. 焊缝探伤检验：10％焊缝探伤检查；符合设计要求；按设计规定方法检查。

②电焊后停歇时间：＞1.0min；秒表测定。

③节点弯曲矢高：＜$L$/1000$L$；拉线和尺量检查。

④桩顶标高：±50mm；用水准仪测量。

⑤停锤标准：符合设计要求；现场实测或检查沉桩记录。

(3)注意事项：施工前成品钢桩作为一个检验批进行验收。施工中检查钢桩的垂直度、沉入过程、电焊连接质量、电焊后的停歇时间、桩顶锤击后的完整状况。施工结束后应做承载力检验。检查后形成“施工记录”或“检验报告”。检查“施工记录”和“检验报告”。

5. 混凝土灌注桩工程检验批质量验收记录表

**混凝土灌注桩(钢筋笼)工程检验批质量验收记录表**

**GB 50202—2002**

**(Ⅰ)**

010203□□
010405□□

<table>
<tr><td>工程名称</td><td colspan="2">××工程</td><td colspan="2">分部(子分部)<br>工程名称</td><td colspan="2">桩基</td><td>验收部位</td><td>基础①~⑩<br>/Ⓐ~Ⓔ</td></tr>
<tr><td>施工单位</td><td colspan="4">××建筑集团公司</td><td>专业工长</td><td>×××</td><td>项目经理</td><td>×××</td></tr>
<tr><td>施工执行标准<br>名称及编号</td><td colspan="8">建筑地基基础工程施工质量验收规范(GB 50202—2002)</td></tr>
<tr><td>分包单位</td><td colspan="2">××建筑公司</td><td colspan="2">分包项目经理</td><td colspan="2">×××</td><td>施工班组长</td><td>×××</td></tr>
<tr><td colspan="7">施工质量验收规范的规定</td><td>施工单位检查<br>评定记录</td><td>监理(建设)单位<br>验收记录</td></tr>
<tr><td rowspan="2">主控项目</td><td>1</td><td colspan="2">主筋间距(mm)</td><td colspan="3">±10</td><td>✓</td><td rowspan="2">符合设计及施工质量验收规范要求,同意验收</td></tr>
<tr><td>2</td><td colspan="2">长度(mm)</td><td colspan="3">±100</td><td>✓</td></tr>
<tr><td rowspan="3">一般项目</td><td>1</td><td colspan="2">钢筋材质检验</td><td colspan="3">设计要求</td><td>✓</td><td rowspan="3">符合设计及施工质量验收规范要求,同意验收</td></tr>
<tr><td>2</td><td colspan="2">箍筋间距(mm)</td><td colspan="3">±20</td><td>✓</td></tr>
<tr><td>3</td><td colspan="2">直径(mm)</td><td colspan="3">±10</td><td>✓</td></tr>
<tr><td>施工单位检查评定结果</td><td colspan="8">经检查,主控项目全部合格,一般项目满足规范规定要求,检查评定结果为合格。<br><br>项目专业质量检查员:××× ××年×月×日</td></tr>
<tr><td>监理(建设)单位验收结论</td><td colspan="8">同意施工单位评定结果,验收合格。<br><br>监理工程师:×××<br>(建设单位项目专业技术负责人) ××年×月×日</td></tr>
</table>

**《混凝土灌注桩(钢筋笼)工程检验批质量验收记录表》填表说明:**

(1)资料流程:本表由施工单位在完成本工序后填写,并报送监理单位;监理单位审批后返还施工单位,各相关单位存档。

(2)相关规定与要求:

1)主控项目:

①主筋间距:±10mm;尺量检查。

②长度:±10mm;尺量检查。

2)一般项目:

①钢筋材质检验:符合设计要求;检查合格证及检验报告。

②箍筋间距:±20mm;尺量检查。

③直径:±10mm;尺量检查。

(3)注意事项:检查后形成“检查记录”。检查“检查记录”和“钢筋合格证”及“检验报告”。

## 混凝土灌注桩工程检验批质量验收记录表
## GB 50202—2002
## (Ⅱ)

010405□□

<table>
<tr><td colspan="2">工程名称</td><td colspan="2">××工程</td><td>分部(子分部)工程名称</td><td colspan="2">桩基</td><td>验收部位</td><td>基础①～⑩/Ⓐ～Ⓔ</td></tr>
<tr><td colspan="2">施工单位</td><td colspan="4">××建筑集团公司</td><td>专业工长</td><td>×××</td><td>项目经理</td><td>×××</td></tr>
<tr><td colspan="2">施工执行标准名称及编号</td><td colspan="8">建筑地基基础工程施工质量验收规范(GB 50202—2002)</td></tr>
<tr><td colspan="2">分包单位</td><td colspan="2">××建筑公司</td><td>分包项目经理</td><td colspan="2">×××</td><td>施工班组长</td><td colspan="2">×××</td></tr>
<tr><td colspan="5">施工质量验收规范的规定</td><td colspan="3">施工单位检查评定记录</td><td colspan="2">监理(建设)单位验收记录</td></tr>
<tr><td rowspan="5">主控项目</td><td>1</td><td colspan="2">桩位</td><td>第 5.1.4 条</td><td colspan="3">✓</td><td colspan="2" rowspan="5">符合设计及施工质量验收规范要求,同意验收</td></tr>
<tr><td>2</td><td colspan="2">孔深(mm)</td><td>+300</td><td colspan="3">✓</td></tr>
<tr><td>3</td><td colspan="2">桩体质量检验</td><td>设计要求</td><td colspan="3">✓</td></tr>
<tr><td>4</td><td colspan="2">混凝土强度</td><td>设计要求</td><td colspan="3">✓</td></tr>
<tr><td>5</td><td colspan="2">承载力</td><td>设计要求</td><td colspan="3">✓</td></tr>
<tr><td rowspan="9">一般项目</td><td>1</td><td colspan="2">垂直度</td><td>第 5.1.4 条</td><td colspan="3">✓</td><td colspan="2" rowspan="9">符合设计及施工质量验收规范要求,同意验收</td></tr>
<tr><td>2</td><td colspan="2">桩径</td><td>第 5.1.4 条</td><td colspan="3">✓</td></tr>
<tr><td>3</td><td colspan="2">泥浆比重(黏土或砂性土中)</td><td>1.15～1.20</td><td colspan="3">✓</td></tr>
<tr><td>4</td><td colspan="2">泥浆面标高(高于地下水位)(m)</td><td>0.5～1.0</td><td colspan="3">✓</td></tr>
<tr><td>5</td><td colspan="2">沉渣厚度:端承桩(mm)<br>摩擦桩(mm)</td><td>≤50<br>≤150</td><td colspan="3">✓</td></tr>
<tr><td>6</td><td colspan="2">混凝土坍落度:水下灌注(mm)<br>干施工(mm)</td><td>160～220<br>70～100</td><td colspan="3">✓</td></tr>
<tr><td>7</td><td colspan="2">钢筋笼安装深度(mm)</td><td>±100</td><td colspan="3">✓</td></tr>
<tr><td>8</td><td colspan="2">混凝土充盈系数</td><td>>1</td><td colspan="3">✓</td></tr>
<tr><td>9</td><td colspan="2">桩顶标高(mm)</td><td>+30,−50</td><td colspan="3">✓</td></tr>
<tr><td colspan="2">施工单位检查评定结果</td><td colspan="8">经检查,主控项目全部合格,一般项目满足规范规定要求,检查评定结果为合格。<br><br>项目专业质量检查员:×××　　　　××年×月×日</td></tr>
<tr><td colspan="2">监理(建设)单位验收结论</td><td colspan="8">同意施工单位评定结果,验收合格。<br><br>监理工程师:×××<br>(建设单位项目专业技术负责人)　　　　××年×月×日</td></tr>
</table>

**《混凝土灌注桩工程检验批质量验收记录表》填表说明：**

(1)资料流程：本表由施工单位在完成本工序后填写，并报送监理单位；监理单位审批后返还施工单位，各相关单位存档。

(2)相关规定与要求：

1)主控项目：

①桩位。桩位允许偏差和桩的位置及成孔方法不同而不同，如下表；尺量检查。

②孔深。+300mm。只能深不能浅，测钻杆、套管长度或重锤测。嵌岩桩应确保进入设计要求的嵌岩深度。

| 桩位 | 泥浆护壁灌注桩，套管成孔灌注桩 | | | | 干成孔桩 | 人工挖扎桩 | |
|---|---|---|---|---|---|---|---|
| | $D\leqslant$ 1000mm | $D>$ 1000mm | $D\leqslant$ 500mm | $D>$ 500mm | | 混凝土护壁 | 钢套管护壁 |
| 1～3 根，单排桩基垂直于中心线方向和群桩基础的边桩 | $D/6$，且不大于 100mm | $100+0.1H$ | 70mm | 100mm | 70mm | 50mm | 100mm |
| 条形基础沿中心线方向和群桩基础的中间桩 | $D/4$，且不大于 150mm | $150+0.01H$ | 150mm | 150mm | 150mm | 150mm | 200mm |

③桩体质量检查。应用动力法检测，或钻芯取样至桩尖下 50cm。符合设计要求，按设计要求方法检测。设计为甲级地基或地质条件复杂，成桩质量可靠性低的灌注桩，抽检数量为总数的 30%，且不少于 20 根；其他桩不少于总数的 20%，且不少于 10 根；对混凝土预制桩及地下水位以上且终孔后经过核查的灌注桩，检查不少于总数 10%，且不少于 10 根，每个柱子承台下不少于 1 根。

④混凝土强度。每 $50m^3$ 取(不足 $50m^3$)取一组试块，每根柱必须有一组试块；强度符合设计要求。

⑤承载力。设计等级为甲级或地质条件复杂，成桩质量可靠性低的灌注桩，应采用静载荷试验，数量不少于总桩数 1%，且不少于 3 根。总桩数少于 50 根时，为 2 根。其他桩应用高应变动力检测。对地质条件、桩型，成桩机具和工艺相同、同一单位施工的桩基，检验桩数不少于总桩数的 2%，且不少于 5 根。静载荷试验，高应变动力检测方法；检查“检测报告”。

2)一般项目：

①垂直度。除人工挖孔混凝土护壁桩为<0.5%；其他桩为<1%；检查套筒、钻杆的垂直度或吊垂球检查。

② 桩径。套管成孔、干成孔的桩径为－20mm；泥浆护壁钻孔为±50mm；人工挖孔为+50mm。用井径仪、尺量检查。

③泥浆比重(黏土、砂性土中)：1.15～1.20；用比重计测量。

④泥浆面标高(高于地下水位)：0.5～1.0m；观察检查。

⑤沉渣厚度：端承桩≤50mm，用沉渣仪或吊锤测量；摩擦桩≤150mm，用沉渣仪或吊锤测量。

⑥混凝土坍落度：水下灌注 16～220mm，灌注前坍落度仪测量；干施工 70～100mm，灌注前坍落度仪测量。

⑦钢筋笼安装深度：±100mm；尺量检查。

⑧混凝土充盈系数：>1；计量检查每根桩的实际灌注量与桩体积相比。

⑨桩顶标高：+30mm，－50mm；水准仪测量，扣除桩顶浮浆层及劣质桩体。

(3)注意事项：施工前检查水泥、砂、石子(现场搅拌时)，按表格验收钢筋笼。施工中检查成孔、清渣、放置钢筋笼、灌注混凝土。人工挖孔桩孔底持力层土(岩)性；检查嵌岩桩桩端持力层的岩性。施工结束后观察混凝土强度、桩体质量及承载力。检查后形成“施工记录”或“检验报告”，检查“施工记录”和“检验报告”。

## 二、分项工程质量验收记录

### 1. 静力压桩分项工程质量验收记录

表 D-2　　静力压桩分项工程质量验收记录表

| 单位(子单位)工程名称 | ××工程 | 结构类型 | 框支 |
|---|---|---|---|
| 分部(子分部)工程名称 | 桩基工程 | 检验批数 | 2 |
| 施工单位 | ××建筑公司 | 项目经理 | ××× |
| 分包单位 | / | 分包项目经理 | / |

| 序号 | 检验批名称及部位、区段 | 施工单位检查评定结果 | 监理(建设)单位验收结论 |
|---|---|---|---|
| 1 | 基础①～⑩/Ⓐ～Ⓔ轴 | ✓ | 符合要求 |
| 2 | 基础⑩～⑳/Ⓐ～Ⓔ轴 | ✓ | |
| | | | |
| | | | |
| | | | |
| | | | |
| | | | |
| | | | |
| | | | |
| | | | |
| | | | |

说明：

| 检查结论 | 基础①～⑳/Ⓐ～Ⓔ轴静力压桩施工质量符合《建筑地基基础工程施工质量验收规范》(GB 50202—2002)的规定。<br><br>项目专业技术负责人：×××<br>××年×月×日 | 验收结论 | 合格，同意验收。<br><br>监理工程师：×××<br>(建设单位项目专业技术负责人)<br>××年×月×日 |
|---|---|---|---|

注：地基基础、主体结构工程的分项工程质量验收不填写“分包单位”、“分包项目经理”。

2. 先张法预应力管桩分项工程质量验收记录表

表 D-2　　先张法预应力管桩分项工程质量验收记录表

| 单位(子单位)工程名称 | ××工程 | 结构类型 | 框剪 |
|---|---|---|---|
| 分部(子分部)工程名称 | 桩基工程 | 检验批数 | 4 |
| 施工单位 | ××建筑公司 | 项目经理 | ××× |
| 分包单位 | / | 分包项目经理 | / |

| 序号 | 检验批名称及部位、区段 | 施工单位检查评定结果 | 监理(建设)单位验收结论 |
|---|---|---|---|
| 1 | 基础①～⑧/Ⓐ～Ⓕ轴 | √ | 符合要求 |
| 2 | 基础⑧～⑯/Ⓐ～Ⓕ轴 | √ | |
| 3 | 基础⑯～㉔/Ⓐ～Ⓕ轴 | √ | |
| 4 | 基础㉔～㉜/Ⓐ～Ⓕ轴 | √ | |
| | | | |
| | | | |
| | | | |
| | | | |
| | | | |
| | | | |
| | | | |
| | | | |
| | | | |
| 说明： | | | |
| 检查结论 | 基础①～㉜/Ⓐ～Ⓕ轴先张法预应力管桩施工质量符合《建筑地基基础工程施工质量验收规范》(GB 50202—2002)的规定。<br>项目专业技术负责人：×××<br>××年×月×日 | 验收结论 | 合格，同意验收。<br>监理工程师：×××<br>(建设单位项目专业技术负责人)<br>××年×月×日 |

注：地基基础、主体结构工程的分项工程质量验收不填写“分包单位”、“分包项目经理”。

3. 混凝土预制桩分项工程质量验收记录表

表 D-2　　**钢筋混凝土预制桩分项工程质量验收记录表**

<table>
<tr><td colspan="2">单位(子单位)工程名称</td><td>××工程</td><td>结构类型</td><td>框架中</td></tr>
<tr><td colspan="2">分部(子分部)工程名称</td><td>桩基工程</td><td>检验批数</td><td>6</td></tr>
<tr><td colspan="2">施工单位</td><td>××建筑公司</td><td>项目经理</td><td>×××</td></tr>
<tr><td colspan="2">分包单位</td><td>/</td><td>分包项目经理</td><td>/</td></tr>
<tr><td>序号</td><td>检验批名称及部位、区段</td><td>施工单位检查评定结果</td><td colspan="2">监理(建设)单位验收结论</td></tr>
<tr><td>1</td><td>基础①～⑤/Ⓐ～Ⓗ轴</td><td>√</td><td colspan="2" rowspan="11">符合要求</td></tr>
<tr><td>2</td><td>基础⑤～⑩/Ⓐ～Ⓗ轴</td><td>√</td></tr>
<tr><td>3</td><td>基础⑩～⑮/Ⓐ～Ⓗ轴</td><td>√</td></tr>
<tr><td>4</td><td>基础⑮～⑳/Ⓐ～Ⓗ轴</td><td>√</td></tr>
<tr><td>5</td><td>基础⑳～㉕/Ⓐ～Ⓗ轴</td><td>√</td></tr>
<tr><td>6</td><td>基础㉕～㉚/Ⓐ～Ⓗ轴</td><td>√</td></tr>
<tr><td></td><td></td><td></td></tr>
<tr><td></td><td></td><td></td></tr>
<tr><td></td><td></td><td></td></tr>
<tr><td></td><td></td><td></td></tr>
<tr><td></td><td></td><td></td></tr>
<tr><td colspan="5">说明：</td></tr>
<tr><td>检查结论</td><td colspan="2">基础①～㉚/Ⓐ～Ⓗ轴钢筋混凝土预制桩施工质量符合《建筑地基基础工程施工质量验收规范》(GB 50202—2002)的规定。<br>项目专业技术负责人：×××<br>××年×月×日</td><td>验收结论</td><td>合格，同意验收。<br>监理工程师：×××<br>(建设单位项目专业技术负责人)<br>××年×月×日</td></tr>
</table>

注：地基基础、主体结构工程的分项工程质量验收不填写“分包单位”、“分包项目经理”。

4. 混凝土灌注桩分项工程质量验收记录表

**表 D-2　　　　混凝土灌注桩分项工程质量验收记录表**

<table>
<tr><td colspan="2">单位(子单位)工程名称</td><td>××工程</td><td>结构类型</td><td>框架</td></tr>
<tr><td colspan="2">分部(子分部)工程名称</td><td>桩基工程</td><td>检验批数</td><td>4</td></tr>
<tr><td colspan="2">施工单位</td><td>××建筑公司</td><td>项目经理</td><td>×××</td></tr>
<tr><td colspan="2">分包单位</td><td>/</td><td>分包项目经理</td><td>/</td></tr>
<tr><td>序号</td><td>检验批名称及部位、区段</td><td>施工单位检查评定结果</td><td colspan="2">监理(建设)单位验收结论</td></tr>
<tr><td>1</td><td>基础①~⑩/Ⓐ~Ⓔ轴</td><td>√</td><td colspan="2" rowspan="11">符合要求</td></tr>
<tr><td>2</td><td>基础⑩~⑳/Ⓐ~Ⓔ轴</td><td>√</td></tr>
<tr><td>3</td><td>基础⑳~㉕/Ⓐ~Ⓔ轴</td><td>√</td></tr>
<tr><td>4</td><td>基础㉕~㉜/Ⓐ~Ⓔ轴</td><td>√</td></tr>
<tr><td></td><td></td><td></td></tr>
<tr><td></td><td></td><td></td></tr>
<tr><td></td><td></td><td></td></tr>
<tr><td></td><td></td><td></td></tr>
<tr><td></td><td></td><td></td></tr>
<tr><td></td><td></td><td></td></tr>
<tr><td></td><td></td><td></td></tr>
<tr><td colspan="5">说明：</td></tr>
<tr><td>检查结论</td><td colspan="2">基础①~㉜/Ⓐ~Ⓔ轴静力压桩施工质量符合《建筑地基基础工程施工质量验收规范》(GB 50202—2002)的规定。<br><br>项目专业技术负责人:×××<br>××年×月×日</td><td>验收结论</td><td>合格,同意验收。<br><br>监理工程师:×××<br>(建设单位项目专业技术负责人)<br>××年×月×日</td></tr>
</table>

注:地基基础、主体结构工程的分项工程质量验收不填写“分包单位”、“分包项目经理”。

5. 钢桩分项工程质量验收记录

表 D-2　　钢桩分项工程质量验收记录表

| 单位(子单位)工程名称 | ××工程 | 结构类型 | 框支 |
|---|---|---|---|
| 分部(子分部)工程名称 | 桩基工程 | 检验批数 | 2 |
| 施工单位 | ××建筑公司 | 项目经理 | ××× |
| 分包单位 | / | 分包项目经理 | / |

| 序号 | 检验批名称及部位、区段 | 施工单位检查评定结果 | 监理(建设)单位验收结论 |
|---|---|---|---|
| 1 | 基础①～⑩/Ⓐ～Ⓖ轴 | ✓ | 符合要求 |
| 2 | 基础⑩～⑳/Ⓐ～Ⓖ轴 | ✓ | |
| | | | |
| | | | |
| | | | |
| | | | |
| | | | |
| | | | |
| | | | |
| | | | |
| | | | |

| 说明： | | | |
|---|---|---|---|
| 检查结论 | 基础①～⑳/Ⓐ～Ⓖ轴静力压桩施工质量符合《建筑地基基础工程施工质量验收规范》(GB 50202—2002)的规定。<br>项目专业技术负责人：×××<br>××年×月×日 | 验收结论 | 合格，同意验收。<br>监理工程师：×××<br>(建设单位项目专业技术负责人)<br>××年×月×日 |

注：地基基础、主体结构工程的分项工程质量验收不填写“分包单位”、“分包项目经理”。

## 三、桩基子分部工程质量验收记录表

表 D-3　　桩基分部(子分部)工程质量验收记录表

<table>
<tr><td>工程名称</td><td>××工程</td><td>结构类型</td><td>框架剪力墙</td><td>层数</td><td>地下2层<br>地下30层</td></tr>
<tr><td>施工单位</td><td>××建筑公司</td><td>技术部门负责人</td><td>×××</td><td>质量部门负责人</td><td>×××</td></tr>
<tr><td>分包单位</td><td>/</td><td>分包单位负责人</td><td>/</td><td>分包技术负责人</td><td>/</td></tr>
<tr><td>序号</td><td>子分部(分项)工程名称</td><td>分项工程<br>(检验批)数</td><td>施工单位检查评定</td><td colspan="2">验收意见</td></tr>
<tr><td>1</td><td>静力压桩</td><td>4</td><td>√</td><td colspan="2" rowspan="9">同意验收</td></tr>
<tr><td>2</td><td>混凝土灌注桩</td><td>6</td><td>√</td></tr>
<tr><td>3</td><td>钢桩</td><td>2</td><td>√</td></tr>
<tr><td></td><td></td><td></td><td></td></tr>
<tr><td></td><td></td><td></td><td></td></tr>
<tr><td></td><td></td><td></td><td></td></tr>
<tr><td></td><td></td><td></td><td></td></tr>
<tr><td></td><td></td><td></td><td></td></tr>
<tr><td></td><td></td><td></td><td></td></tr>
<tr><td colspan="2">质量控制资料</td><td colspan="2">完整,符合要求</td><td colspan="2">同意施工单位评定</td></tr>
<tr><td colspan="2">安全和功能检验(检测)报告</td><td colspan="2">符合要求,合格</td><td colspan="2">同意施工单位评定</td></tr>
<tr><td colspan="2">观感质量验收</td><td colspan="2">好</td><td colspan="2">同意施工单位评定</td></tr>
<tr><td rowspan="5">验收单位</td><td>分包单位</td><td colspan="4">项目经理:　　　　年　月　日</td></tr>
<tr><td>施工单位</td><td colspan="4">项目经理:×××　　　　××年×月×日</td></tr>
<tr><td>勘察单位</td><td colspan="4">项目负责人:×××　　　　××年×月×日</td></tr>
<tr><td>设计单位</td><td colspan="4">项目负责人:×××　　　　××年×月×日</td></tr>
<tr><td>监理(建设)单位</td><td colspan="4">总监理工程师:×××<br>(建设单位项目专业负责人)　　　　××年×月×日</td></tr>
</table>

# 第七章　地下防水工程资料

## 第一节　地下防水工程资料分类

地下防水工程施工资料分类见表 7-1。

**表 7-1　　地下防水工程施工资料分类**

| 类别及编号 | 表格编号（或资料来源） | 资料名称 | | 备　注 |
|---|---|---|---|---|
| 施工技术资料（C2） | 施工单位提供 | 施工组织设计或施工方案 | | |
| | C2-1 | 技术交底记录 | 防水混凝土工程技术交底记录 | |
| | | | 水泥砂浆防水层工程技术交底记录 | |
| | | | 卷材防水层工程技术交底记录 | |
| | | | 涂料防水层工程技术交底记录 | |
| | | | 塑料板防水层工程技术交底记录 | |
| | | | 金属板防水层工程技术交底记录 | |
| | | | 细部构造工程技术交底记录 | |
| | | | 锚喷支护工程技术交底记录 | |
| | | | 地下连续墙工程技术交底记录 | |
| | | | 复合式衬砌工程技术交底记录 | |
| | | | 盾构法隧道工程技术交底记录 | |
| | | | 渗排水、盲沟排水工程技术交底记录 | |
| | | | 隧道、坑道排水工程技术交底记录 | |
| | | | 预注浆、后注浆工程技术交底记录 | |
| | | | 衬砌裂缝注浆工程技术交底记录 | |
| | C2-2 | 图纸会审记录 | | 见本书第二章 |
| | C2-3 | 设计变更记录 | | 见本书第二章 |
| | C2-4 | 工程洽商记录 | | 见本书第二章 |
| 施工物资资料（C4） | C4-1 | 材料、构配件进场检验记录 | | |
| | 供应单位提供 | 各种物资出厂合格证、质量保证书和商检证等 | | |
| | 供应单位提供 | 防水材料性能检测报告 | | |
| | C4-15 | 防水涂料试验报告 | | |
| | C4-16 | 防水卷材试验报告 | | |

续表

| 类别及编号 | 表格编号（或资料来源） | 资料名称 | | 备注 |
|---|---|---|---|---|
| 施工记录（C5） | C5-1 | 隐蔽工程检查记录 | | |
| | C5-2 | 预检记录 | | 见本书第四章 |
| | C5-3 | 施工检查记录 | | 见本书第四章 |
| | C5-4 | 交接检查记录 | | 见本书第四章 |
| | C5-8 | 混凝土浇灌申请书 | | 见本书第八章 |
| | C5-9 | 预拌混凝土运输单 | | 见本书第八章 |
| | C5-10 | 混凝土开盘鉴定 | | 见本书第八章 |
| | C5-11 | 混凝土拆模申请书 | | 见本书第八章 |
| | C5-17 | 地下工程防水效果检查记录 | | |
| | C5-18 | 防水工程试水检查记录 | | |
| 施工试验记录（C6） | C6-6 | 钢筋连接试验报告 | | |
| | C6-7 | 砂浆配合比申请单、通知单 | | 见本书第四章 |
| | C6-8 | 砂浆抗压试验报告 | | 见本书第四章 |
| | C6-9 | 砌筑砂浆试块强度统计、评定记录 | | 见本书第四章 |
| | C6-10 | 混凝土配合比申请单、通知单 | | 见本书第四章 |
| | C6-11 | 混凝土抗压强度试验报告 | | 见本书第四章 |
| | C6-12 | 混凝土试块强度统计、评定记录 | | 见本书第四章 |
| | C6-13 | 混凝土抗渗试验报告 | | 见本书第八章 |
| | C6-14 | 混凝土碱总量计算书 | | 见本书第八章 |
| 施工质量验收记录（C7） | 施工单位提供 | 检验批质量验收记录 | 防水混凝土工程检验批质量验收记录表 | |
| | | | 水泥砂浆防水层工程检验批质量验收记录表 | |
| | | | 卷材防水层工程检验批质量验收记录表 | |
| | | | 涂料防水层工程检验批质量验收记录表 | |
| | | | 塑料板防水层工程检验批质量验收记录表 | |
| | | | 金属板防水层工程检验批质量验收记录表 | |
| | | | 细部构造工程检验批质量验收记录表 | |
| | | | 锚喷支护工程检验批质量验收记录表 | |
| | | | 地下连续墙工程检验批质量验收记录表 | |
| | | | 复合式衬砌工程检验批质量验收记录表 | |
| | | | 盾构法隧道工程检验批质量验收记录表 | |
| | | | 渗排水、盲沟排水工程检验批质量验收记录表 | |
| | | | 隧道、坑道排水工程检验批质量验收记录表 | |
| | | | 预注浆、后注浆工程检验批质量验收记录表 | |
| | | | 衬砌裂缝注浆工程检验批质量验收记录表 | |

续表

| 类别及编号 | 表格编号（或资料来源） | 资料名称 | | 备　注 |
|---|---|---|---|---|
| 施工质量验收记录（C7） | 施工单位提供 | 分项工程质量验收记录 | 防水混凝土分项工程质量验收记录表 | |
| | | | 水泥砂浆防水层分项工程质量验收记录表 | |
| | | | 卷材防水层分项工程质量验收记录表 | |
| | | | 涂料防水层分项工程质量验收记录表 | |
| | | | 塑料板防水层分项工程质量验收记录表 | |
| | | | 金属板防水层分项工程质量验收记录表 | |
| | | | 细部构造分项工程质量验收记录表 | |
| | | | 锚喷支护分项工程质量验收记录表 | |
| | | | 地下连续墙分项工程质量验收记录表 | |
| | | | 复合式衬砌分项工程质量验收记录表 | |
| | | | 盾构法隧道分项工程质量验收记录表 | |
| | | | 渗排水、盲沟排水分项工程质量验收记录表 | |
| | | | 隧道、坑道排水分项工程质量验收记录表 | |
| | | | 预注浆、后注浆分项工程质量验收记录表 | |
| | | | 衬砌裂缝注浆分项工程质量验收记录表 | |
| | | 子分部工程质量验收记录 | 地下防水分部工程质量验收记录表 | |

# 第二节　地下防水工程施工物资资料

## 一、材料、构配件进场检验记录

**表 C4-1**　　**材料、构配件进场检验记录**

编号：×××

<table>
<tr><td colspan="2">工程名称</td><td colspan="3">×××工程</td><td colspan="2">检验日期</td><td colspan="2">××年×月×日</td></tr>
<tr><td>序号</td><td>名称</td><td>规格型号</td><td>进场数量</td><td colspan="2">生产厂家<br>合格证号</td><td>检验项目</td><td>检验结果</td><td>备　注</td></tr>
<tr><td>1</td><td>聚氨酯防水涂膜</td><td>GS 环保型</td><td>××t</td><td colspan="2">××防水材料公司<br>×××</td><td>外观、质量证明文件</td><td>合格</td><td></td></tr>
<tr><td>2</td><td>BW-96 遇水膨胀止水条</td><td>5000mm×30mm×20mm</td><td>××m</td><td colspan="2">××防水材料公司<br></td><td>外观、质量证明文件</td><td>合格</td><td></td></tr>
<tr><td>3</td><td>SBS 改性沥青卷材聚酯胎</td><td>3mm/L</td><td>××$m^2$</td><td colspan="2">××建材有限公司<br>×××</td><td>外观、质量证明文件</td><td>合格</td><td></td></tr>
<tr><td colspan="9">检验结论：<br>以上材料经外观检查合格，材质、规格型号及数量经复检均符合设计、规范要求，产品质量证明文件齐全</td></tr>
<tr><td rowspan="3">签字栏</td><td colspan="2" rowspan="2">建设（监理）单位</td><td colspan="2">施工单位</td><td colspan="4">××建筑工程公司</td></tr>
<tr><td colspan="2">专业质检员</td><td colspan="2">专业工长</td><td colspan="2">检验员</td></tr>
<tr><td colspan="2">×××</td><td colspan="2">×××</td><td colspan="2">×××</td><td colspan="2">×××</td></tr>
</table>

**《材料、构配件进场检验记录表》填表说明：**

(1)资料流程：由直接使用所检查的材料及配件的施工单位填写，作为工程物资进场报验表填表进入资料流程。

(2)相关规定与要求：工程物资进场后，施工单位应及时组织相关人员检查外观、数量及供货单位提供的质量证明文件等，合格后填写本表。

(3)注意事项：

1)工程名称填写应准确、统一，日期应准确。

2)物资名称、规格、数量、检验项目和结果等填写应规范、准确。

3)检验结论及相关人员签字应清晰可辨认，严禁其他人代签。

4)按规定应进场复试的工程物资，必须在进场检查验收合格后取样复试。

(4)本表由施工单位填写并保存。

## 二、材料试验报告

**表 C4-15**　　　　**防水涂料试验报告**

编号：×××

试验编号：××－0144

委托编号：××－01756

| 工程名称及部位 | | ××工程地下室积水坑 | | | 试件编号 | 001 |
|---|---|---|---|---|---|---|
| 委托单位 | | ××建筑工程公司 | | | 试验委托人 | ××× |
| 种类、型号 | | 聚氨酯防水涂料 1∶1.5 | | | 生产厂 | ××防水材料厂 |
| 代表数量 | 300kg | 来样日期 | ××年×月×日 | 试验日期 | ××年×月×日 | |
| 试验结果 | 一、延伸性 | / | | | | mm |
| | 二、拉伸强度 | 3.83 | | | | MPa |
| | 三、断裂伸长率 | 556 | | | | % |
| | 四、粘结性 | 0.7 | | | | MPa |
| | 五、耐热度 | 温度(℃) | 110 | 评定 | 合格 | |
| | 六、不透水性 | 1. 压力 0.3MPa；2. 恒压时间 30min，不透水，合格 | | | | |
| | 七、柔韧性(低温) | 温度(℃) | －30 | 评定 | 2h 无裂纹，合格 | |
| | 八、固体含量 | 95.5 | | | | % |
| | 九、其他 | 有见证试验 | | | | |
| 结论：<br>依据《聚氨酯防水涂料》(JC/T 500—1996)标准，符合聚氨酯防水涂料合格品要求 | | | | | | |
| 批准 | ××× | 审核 | ××× | 试验 | ××× | |
| 试验单位 | ××建筑工程公司试验室 | | | | | |
| 报告日期 | ××年×月×日 | | | | | |

注：本表由试验单位提供，建设单位、施工单位各保存一份。

表 C4-16　　　　防水卷材试验报告

编号：×××

试验编号：××－0096

委托编号：××－10476

<table>
<tr><td colspan="2">工程名称及部位</td><td colspan="4">××工程地下室底板</td><td colspan="2">试件编号</td><td colspan="2">004</td></tr>
<tr><td colspan="2">委托单位</td><td colspan="4">××建筑工程公司</td><td colspan="2">试验委托人</td><td colspan="2">×××</td></tr>
<tr><td colspan="2">种类、等级、牌号</td><td colspan="4">弹性体沥青防水卷材Ⅰ类复合胎</td><td colspan="2">生产厂</td><td colspan="2">××防水材料有限公司</td></tr>
<tr><td colspan="2">代表数量</td><td>250卷</td><td>来样日期</td><td colspan="2">××年×月×日</td><td colspan="2">试验日期</td><td colspan="2">××年×月×日</td></tr>
<tr><td rowspan="8">试验结果</td><td rowspan="2">一、拉力试验</td><td colspan="2">1. 拉力</td><td>纵</td><td>536.0N</td><td>横</td><td colspan="3">510.0N</td></tr>
<tr><td colspan="2">2. 拉伸强度</td><td>纵</td><td>7MPa</td><td>横</td><td colspan="3">7MPa</td></tr>
<tr><td colspan="3">二、断裂伸长率（延伸率）</td><td>纵</td><td>9.6%</td><td>横</td><td colspan="3">9.4%</td></tr>
<tr><td>三、耐热度</td><td colspan="2">温度（℃）</td><td>—</td><td colspan="2">评定</td><td colspan="3">—</td></tr>
<tr><td>四、不透水性</td><td colspan="8">1. 压力 0.2MPa；2. 恒压时间 30min；3. 评定：合格</td></tr>
<tr><td>五、柔韧性（低温柔性、低温弯折性）</td><td colspan="2">温度（℃）</td><td>－15</td><td colspan="2">评定</td><td colspan="3">合格</td></tr>
<tr><td>六、其他</td><td colspan="8">有见证试验</td></tr>
</table>

结论：

依据《弹性体改性沥青防水卷材》（GB 18242—2000）标准，符合Ⅰ类复合胎弹性体沥青防水卷材质量标准

| 批准 | ××× | 审核 | ××× | 试验 | ××× |
|---|---|---|---|---|---|
| 试验单位 | ××建筑工程公司试验室 | | | | |
| 报告日期 | ××年×月×日 | | | | |

注：本表由试验单位提供，建设单位、施工单位各保存一份。

**《材料试验报告相关表格》填表说明：**

(1)资料流程：材料试验报告由具备相应资质等级的检测单位出具，作为各种相关材料的附件进入资料流程。

(2)相关规定与要求：

1)对于不需要进场复试的物资，由供货单位直接提供。

2)对于需要进场复试的物资，由施工单位及时取样后送至规定的检测单位，检测单位根据相关标准进行试验后填写材料试验报告并返还施工单位。

(3)注意事项：

1)工程名称、使用部位及代表数量应准确并符合规范要求(应对检测单位告之准确内容)。

2)返还的试验报告应重点保存。

# 第三节　地下防水工程施工记录

## 一、隐蔽工程检查记录

表 C5-1　　　　　　　　　　　　隐蔽工程检查记录

编号：×××

<table>
<tr><td>工程名称</td><td colspan="5">××工程</td></tr>
<tr><td>隐检项目</td><td colspan="2">防水混凝土</td><td>隐检日期</td><td colspan="2">××年×月×日</td></tr>
<tr><td>隐检部位</td><td colspan="5">地下一层外墙层　①～⑩/Ⓐ～Ⓖ　轴线　－6.80m　标高</td></tr>
<tr><td colspan="6">隐检依据：施工图图号　结施 1、结施 3　，设计变更/洽商（编号　/　）及有关国家现行标准等。<br>主要材料名称及规格/型号：　防水混凝土　C40 P8</td></tr>
<tr><td colspan="6">隐检内容：<br>(1)该部位防水混凝土结构厚度为 350mm，共测×点，最小值为－6mm，最大值为 10mm，均在规范允许偏差范围内。<br>(2)该部位迎水面钢筋保护层厚度为 50mm，共测×点，最小值为－5mm，最大值为 7mm，均在规范允许偏差范围内。<br>隐检内容已做完，请予以检查。<br>申报人：×××</td></tr>
<tr><td colspan="6">检查意见：<br>经检查，现场情况与隐检内容相符，满足设计要求，符合规范规定，同意进行下道工序施工。<br>检查结论：　☑同意隐蔽　　　　□不同意，修改后进行复查</td></tr>
<tr><td colspan="6">复查结论：<br><br>复查人：　　　　　　　复查日期：</td></tr>
<tr><td rowspan="3">签字栏</td><td rowspan="2">建设(监理)单位</td><td>施工单位</td><td colspan="3">××建筑工程公司</td></tr>
<tr><td>专业技术负责人</td><td>专业质检员</td><td colspan="2">专业工长</td></tr>
<tr><td>×××</td><td>×××</td><td>×××</td><td colspan="2">×××</td></tr>
</table>

**《隐蔽工程检查记录表》填表说明：**

(1)资料流程：由施工单位填写后随各相应检验批进入资料流程，无对应检验批的直接报送监理单位审批后各相关单位存档。

(2)相关规定与要求：

1)工程名称、隐检项目、隐检部位及日期必须填写准确。

2)隐检依据、主要材料名称及规格型号应准确，尤其对设计变更、洽商等容易遗漏的资料应填写完全。

3)隐检内容应填写规范，必须符合各种规程规范的要求。

4)签字应完整，严禁他人代签。

(3)注意事项：

1)审核意见应明确，将隐检内容是否符合要求表述清楚。

2)复查结论主要是针对上一次隐检出现的问题进行复查，因此要对质量问题整改的结果描述清楚。

(4)本表由施工单位填报，建设单位、施工单位、城建档案馆各保存一份。

(5)规范规定的地下防水工程隐检内容主要包括：混凝土变形缝、施工缝、后浇带、穿墙套管、埋设件等设置的形式和构造；人防出口止水做法；防水层基层、防水材料规格、厚度、铺设方式、阴阳角处理、搭接密封处理等。

## 二、施工检查记录

### 1. 地下工程防水效果检查记录

**表 C5-17** **地下工程防水效果检查记录**

编号：×××

<table>
<tr><td>工程名称</td><td colspan="5">×××工程</td></tr>
<tr><td>检查部位</td><td colspan="2">地下室底板、外墙</td><td>检查日期</td><td colspan="2">××年×月×日</td></tr>
<tr><td colspan="6">检查方法及内容：<br>依据《地下防水工程施工质量验收规范》(GB 50208—2002)及施工方案，渗漏水水量调查与量测方法执行《地下防水工程施工质量验收规范》(GB 50208—2002)中第 8.0.8 条及附录 C，内容包括裂缝、渗漏部位、大小、渗漏情况、处理意见等</td></tr>
<tr><td colspan="6">检查结果：<br>经检查：地下室底板、外墙不存在渗漏水现象，施工工艺及观感质量合格，符合设计要求和《地下防水工程施工质量验收规范》(GB 50208—2002)有关规定。</td></tr>
<tr><td colspan="6">复查意见：<br><br>复查人：　　　　　　　　　　复查日期：</td></tr>
<tr><td rowspan="3">签字栏</td><td rowspan="2">建设(监理)单位</td><td>施工单位</td><td colspan="3">××建筑工程公司</td></tr>
<tr><td>专业技术负责人</td><td>专业质检员</td><td colspan="2">专业工长</td></tr>
<tr><td>××监理公司</td><td>×××</td><td>×××</td><td colspan="2">×××</td></tr>
</table>

**《地下工程防水效果检查记录》填表说明：**

(1)资料流程：由施工单位填写，报送建设单位和监理单位，各相关单位保存。

(2)相关规定与要求：地下工程验收时，应对地下工程有无渗漏现象进行检查，并填写《地下工程防水效果检查记录》(表 C5-17)，主要检查内容应包括裂缝、渗漏水部位和处理意见等。发现渗漏水现象应制作、标示好《背水内表面结构工程展开图》。

(3)注意事项："检查方法及内容"栏内按《地下防水工程质量验收规范》相关内容及技术方案填写。

2. 防水工程试水检查记录

表 C5-18　　防水工程试水检查记录

编号：×××

<table>
<tr><td>工程名称</td><td colspan="4">××工程</td></tr>
<tr><td>检查部位</td><td>地下室厕浴间</td><td>检查日期</td><td colspan="2">××年×月×日</td></tr>
<tr><td rowspan="2">检查方式</td><td>☑第一次蓄水　□第二次蓄水</td><td>蓄水日期</td><td colspan="2">从 ××年×月×日　8时<br>至 ××年×月×日　8时</td></tr>
<tr><td colspan="4">□淋水　　□雨期观察</td></tr>
<tr><td colspan="5">检查方法及内容：<br>厕浴间一次蓄水试验，在门口处用水泥砂浆做挡水墙，地漏周围挡高 5cm，用球塞（或棉丝）把地漏堵严密且不影响试水，蓄水最浅水位为 20mm，蓄水时间为 24 小时</td></tr>
<tr><td colspan="5">检查结果：<br>经检查，厕浴间一次蓄水试验，蓄水最前水位高出地面最高点 20mm，经 24 小时无渗漏现象，检查合格，符合标准。</td></tr>
<tr><td colspan="5">复查意见：<br><br>复查人：　　　　复查日期：</td></tr>
<tr><td rowspan="3">签字栏</td><td rowspan="2">建设（监理）单位</td><td>施工单位</td><td colspan="2">××建筑工程公司</td></tr>
<tr><td>专业技术负责人</td><td>专业质检员</td><td>专业工长</td></tr>
<tr><td>××监理公司</td><td>×××</td><td>×××</td><td>×××</td></tr>
</table>

**《防水工程试水检查记录》填表说明：**

(1)资料流程：由施工单位填写后报送建设单位及监理单位存档。

(2)相关规定与要求：

1)凡有防水要求的房间应有防水层及装修后的蓄水检查记录。检查内容包括蓄水方式、蓄水时间、蓄水深度、水落口及边缘封堵情况和有无渗漏现象等。

2)地下工程完毕后，应对细部构造、接缝处和保护层进行雨期观察或淋水、蓄水检查。淋水试验持续时间不得少于2小时；做蓄水检查的屋面、蓄水时间不得少于24小时。

# 第四节　地下防水工程施工质量验收记录

## 一、检验批质量验收记录

1. 防水混凝土检验批质量验收记录表

**防水混凝土检验批质量验收记录表**
**GB 50208—2002**

010501□□

<table>
<tr><td colspan="2">工程名称</td><td>××工程</td><td>分部(子分部)<br>工程名称</td><td colspan="4">地下防水</td><td colspan="4">验收部位</td><td colspan="3">基础①～⑩／Ⓐ～Ⓔ</td></tr>
<tr><td colspan="2">施工单位</td><td colspan="2">××建筑集团公司</td><td colspan="2">专业工长</td><td colspan="2">×××</td><td colspan="4">项目经理</td><td colspan="3">×××</td></tr>
<tr><td colspan="2">施工执行标准<br>名称及编号</td><td colspan="13">《地下防水工程施工质量验收规范》(GB 50208—2002)</td></tr>
<tr><td colspan="2">分包单位</td><td>××建筑公司</td><td colspan="3">分包项目经理</td><td colspan="2">×××</td><td colspan="4">施工班组长</td><td colspan="3">×××</td></tr>
<tr><td colspan="4">施工质量验收规范的规定</td><td colspan="10">施工单位检查评定记录</td><td>监理(建设)单位验收记录</td></tr>
<tr><td rowspan="3">主控项目</td><td>1</td><td>原材料、配合比及坍落度</td><td>第4.1.7条</td><td colspan="10">√</td><td rowspan="3">符合设计及施工质量验收规范要求，同意验收</td></tr>
<tr><td>2</td><td>抗压强度、抗渗压力</td><td>第4.1.8条</td><td colspan="10">√</td></tr>
<tr><td>3</td><td>细部做法</td><td>第4.1.9条</td><td colspan="10">√</td></tr>
<tr><td rowspan="4">一般项目</td><td>1</td><td>表面质量</td><td>第4.1.10条</td><td colspan="10">√</td><td rowspan="4">符合设计及施工质量验收规范要求，同意验收</td></tr>
<tr><td>2</td><td>裂缝宽度</td><td>≤0.2mm，<br>并不得贯通</td><td colspan="10">√</td></tr>
<tr><td rowspan="2">3</td><td rowspan="2">防水混凝土<br>结构厚度≥250mm<br>迎水面保护层50mm</td><td rowspan="2">＋15mm，<br>－10mm<br>±10mm</td><td>240</td><td>250</td><td>260</td><td>240</td><td>250</td><td>245</td><td>250</td><td>240</td><td>245</td><td>240</td></tr>
<tr><td>40</td><td>45</td><td>50</td><td>60</td><td>55</td><td>50</td><td>65</td><td>40</td><td>45</td><td>50</td></tr>
<tr><td colspan="4">施工单位检查评定结果</td><td colspan="11">经检查，主控项目全部合格，一般项目满足规范规定要求，检查评定结果为合格。<br><br>项目专业质量检查员：×××　　　　××年×月×日</td></tr>
<tr><td colspan="4">监理(建设)单位验收结论</td><td colspan="11">同意施工单位评定结果，验收合格。<br><br>监理工程师：×××<br>(建设单位项目专业技术负责人)　　　　××年×月×日</td></tr>
</table>

**《防水混凝土检验批质量验收记录表》填表说明：**

(1)资料流程：本表由施工单位在完成本工序后填写，并报送监理单位；监理单位审批后返还施工单位，各相关单位存档。

(2)相关规定与要求：

1)主控项目：

①防水混凝土的原材料、配合比及坍落度必须符合设计要求。同时原材料按《地下防水工程施工质量验收规范》(GB 50208—2002)第 4.1.2 条检查，配合比按第 4.1.3 条检查，坍落度按第 4.1.4 条检查；检查出厂合格证、质量检验报告、计量措施和现场抽样试验报告。

②防水混凝土的抗压强度和抗渗压力必须符合设计要求；检查混凝土抗压、抗渗试验报告。

③防水混凝土的变形缝、施工缝、后浇带、穿墙管道、埋设件等设置和构造，均须符合设计要求，严禁有渗漏；观察检查和检查隐蔽工程验收记录。

2)一般项目：

①防水混凝土结构表面应坚实、平整，不得有露筋、蜂窝等缺陷；埋设件位置应正确；观察和尺量检查。

②防水混凝土结构表面的裂缝宽度不应大于 0.2mm，并不得贯通；用刻度放大镜检查。

③防水混凝土结构厚度不应小于 250mm，其允许偏差为＋15mm、－10mm；迎水面钢筋保护层不应小于 50mm，其允许偏差为±10mm；尺量检查和检查隐蔽工程验收记录。

(3)注意事项：按混凝土外露面积每 $100m^2$ 作为一处抽查，每处 $10m^2$，且不少于 3 处。

2. 水泥砂浆防水层检验批质量验收记录表

**水泥砂浆防水层检验批质量验收记录表**

**GB 50208—2002**

010502□□

<table>
<tr><td colspan="2">工程名称</td><td colspan="2">××工程</td><td>分部(子分部)工程名称</td><td colspan="4">地下防水</td><td colspan="3">验收部位</td><td colspan="4">基础①～⑩/Ⓐ～Ⓔ</td></tr>
<tr><td colspan="2">施工单位</td><td colspan="3">××建筑集团公司</td><td colspan="2">专业工长</td><td colspan="2">×××</td><td colspan="3">项目经理</td><td colspan="4">×××</td></tr>
<tr><td colspan="2">施工执行标准名称及编号</td><td colspan="14">《地下防水工程施工质量验收规范》(GB 50208—2002)</td></tr>
<tr><td colspan="2">分包单位</td><td>××建筑公司</td><td colspan="2">分包项目经理</td><td colspan="4">×××</td><td colspan="3">施工班组长</td><td colspan="4">×××</td></tr>
<tr><td colspan="5">施工质量验收规范的规定</td><td colspan="10">施工单位检查评定记录</td><td>监理(建设)单位验收记录</td></tr>
<tr><td rowspan="2">主控项目</td><td>1</td><td>原材料及配合比</td><td colspan="2">第 4.2.7 条</td><td colspan="10">✓</td><td rowspan="2">符合设计及施工质量验收规范要求，同意验收</td></tr>
<tr><td>2</td><td>结合牢固</td><td colspan="2">第 4.2.8 条</td><td colspan="10">✓</td></tr>
<tr><td rowspan="3">一般项目</td><td>1</td><td>表面质量</td><td colspan="2">第 4.2.9 条</td><td colspan="10">✓</td><td rowspan="3">符合设计及施工质量验收规范要求，同意验收</td></tr>
<tr><td>2</td><td>留槎、接槎</td><td colspan="2">第 4.2.10 条</td><td colspan="10">✓</td></tr>
<tr><td>3</td><td>防水层厚度(设计值)</td><td colspan="2">≥85%</td><td>25</td><td>22</td><td>30</td><td>26</td><td>28</td><td>25</td><td>30</td><td>25</td><td>28</td><td>25</td></tr>
<tr><td colspan="2">施工单位检查评定结果</td><td colspan="14">经检查，主控项目全部合格，一般项目满足规范规定要求，检查评定结果为合格。<br><br>项目专业质量检查员：×××　　××年×月×日</td></tr>
<tr><td colspan="2">监理(建设)单位验收结论</td><td colspan="14">同意施工单位评定结果，验收合格。<br><br>监理工程师：×××<br>(建设单位项目专业技术负责人)　　××年×月×日</td></tr>
</table>

**《水泥砂浆防水层检验批质量验收记录表》填表说明：**

(1)资料流程：本表由施工单位在完成本工序后填写，并报送监理单位；监理单位审批后返还施工单位，各相关单位存档。

(2)相关规定与要求：

1)主控项目：

①水泥砂浆防水层的原材料及配合比必须符合设计要求。原材料按《地下防水工程施工质量验收规范》(GB 50208—2002)第 4.2.2 条、配合比按第 4.2.3 条检查；检查出厂合格证、质量检验报告、计量措施和现场抽样试验报告。

②水泥砂浆防水层各层之间必须结合牢固，无空鼓现象；观察和用小锤轻击检查。

2)一般项目：

①水泥砂浆防水层表面应密实、平整，不得有裂纹、起砂、麻面等缺陷；阴阳角处应做成圆弧形；观察检查。

②水泥砂浆防水层施工缝留槎位置应正确，接槎应按层次顺序操作，层层搭接紧密；观察检查和检查隐蔽工程验收记录。

③水泥砂浆防水层的平均厚度应符合设计要求，最小厚度不得小于设计值的 85%；观察和尺量检查。

(3)注意事项：按施工面积每 $100m^2$ 作为一处抽查每处 $10m^2$，且不少于 3 处。

3. 卷材防水层检验批质量验收记录表

**卷材防水层检验批质量验收记录表**

**GB 50208—2002**

010503□□

<table>
<tr><td colspan="2">工程名称</td><td>××工程</td><td colspan="4">分部(子分部)工程名称</td><td colspan="4">地下防水</td><td colspan="3">验收部位</td><td>基础①~⑩/Ⓐ~Ⓔ</td></tr>
<tr><td colspan="2">施工单位</td><td>××建筑集团公司</td><td colspan="4">专业工长</td><td colspan="4">×××</td><td colspan="3">项目经理</td><td>×××</td></tr>
<tr><td colspan="2">施工执行标准名称及编号</td><td colspan="12">《地下防水工程施工质量验收规范》(GB 50208—2002)</td></tr>
<tr><td colspan="2">分包单位</td><td>××建筑公司</td><td colspan="4">分包项目经理</td><td colspan="4">×××</td><td colspan="3">施工班组长</td><td>×××</td></tr>
<tr><td colspan="4">施工质量验收规范的规定</td><td colspan="10">施工单位检查评定记录</td><td>监理(建设)单位验收记录</td></tr>
<tr><td rowspan="2">主控项目</td><td>1</td><td>卷材及配套材料质量</td><td>第4.3.10条</td><td colspan="10">✓</td><td rowspan="2">符合设计及施工质量验收规范要求,同意验收</td></tr>
<tr><td>2</td><td>细部做法</td><td>第4.3.11条</td><td colspan="10">✓</td></tr>
<tr><td rowspan="4">一般项目</td><td>1</td><td>基层质量</td><td>第4.1.12条</td><td colspan="10">✓</td><td rowspan="4">符合设计及施工质量验收规范要求,同意验收</td></tr>
<tr><td>2</td><td>卷材搭接缝</td><td>第4.1.13条</td><td colspan="10">✓</td></tr>
<tr><td>3</td><td>保护层</td><td>第4.1.14条</td><td colspan="10">✓</td></tr>
<tr><td>4</td><td>卷材搭接宽度允许偏差(mm)</td><td>−10</td><td>−8</td><td>−6</td><td>−9</td><td>−10</td><td>−6</td><td>−5</td><td>−5</td><td>−7</td><td>−8</td><td>−9</td></tr>
<tr><td colspan="2">施工单位检查评定结果</td><td colspan="13">经检查,主控项目全部合格,一般项目满足规范规定要求,检查评定结果为合格。<br><br>项目专业质量检查员:××× ××年×月×日</td></tr>
<tr><td colspan="2">监理(建设)单位验收结论</td><td colspan="13">同意施工单位评定结果,验收合格。<br><br>监理工程师:×××<br>(建设单位项目专业技术负责人) ××年×月×日</td></tr>
</table>

**《卷材防水层检验批质量验收记录表》填表说明：**

(1)资料流程：本表由施工单位在完成本工序后填写，并报送监理单位；监理单位审批后返还施工单位，各相关单位存档。

(2)相关规定与要求：

1)主控项目：

①卷材防水层所用卷材及主要配套材料必须符合设计要求。卷材按《地下防水工程施工质量验收规范(GB 50208—2002)》第 4.3.2 条检查，卷材厚度按第 4.3.4 条检查；检查出厂合格证、质量检验报告和现场抽样试验报告。

②卷材防水层及其转角处、变形缝、穿墙管道等细部做法均须符合设计要求；观察检查和检查隐藏工程验收记录。

2)一般项目：

①卷材防水层的基层应牢固，基面应洁净、平整，不得有空鼓、松动、起砂和脱皮现象；基层阴阳角处应做成圆弧形，同时符合《地下防水工程施工质量验收规范》(GB 50208—2002)第 4.3.3 条规定；观察检查和检查隐藏工程验收记录。

②卷材防水层的搭接缝应粘(焊)结牢固，密封严密，不得有皱折、翘边和鼓泡等缺陷；观察检查。

③侧墙卷材防水层的保护层与防水层应粘结牢固，结合紧密，厚度均匀一致；观察检查。

④卷材搭接宽度的允许偏差为－10mm；观察和尺量检查。

(3)注意事项：按铺贴面积每 $100m^2$ 作为一处抽查每处 $10m^2$，且不少于 3 处。

4. 涂料防水层检验批质量验收记录表

**涂料防水层检验批质量验收记录表**
**GB 50208—2002**

010504□□

<table>
<tr><td>工程名称</td><td colspan="2">××工程</td><td>分部(子分部)工程名称</td><td>地下防水</td><td>验收部位</td><td>基础①～⑩／Ⓐ～Ⓔ</td></tr>
<tr><td>施工单位</td><td colspan="2">××建筑集团公司</td><td>专业工长</td><td>×××</td><td>项目经理</td><td>×××</td></tr>
<tr><td>施工执行标准名称及编号</td><td colspan="6">《地下防水工程施工质量验收规范》(GB 50208—2002)</td></tr>
<tr><td>分包单位</td><td colspan="2">××建筑公司</td><td>分包项目经理</td><td>×××</td><td>施工班组长</td><td>×××</td></tr>
<tr><td colspan="4">施工质量验收规范的规定</td><td colspan="2">施工单位检查评定记录</td><td>监理(建设)单位验收记录</td></tr>
<tr><td rowspan="2">主控项目</td><td>1</td><td>涂料质量及配合比</td><td>第4.4.7条</td><td colspan="2">✓</td><td rowspan="2">符合设计及施工质量验收规范要求，同意验收</td></tr>
<tr><td>2</td><td>细部做法</td><td>第4.4.8条</td><td colspan="2">✓</td></tr>
<tr><td rowspan="4">一般项目</td><td>1</td><td>基层质量</td><td>第4.4.9条</td><td colspan="2">✓</td><td rowspan="4">符合设计及施工质量验收规范要求，同意验收</td></tr>
<tr><td>2</td><td>表面质量</td><td>第4.4.10条</td><td colspan="2">✓</td></tr>
<tr><td>3</td><td>涂料层厚度(设计厚度)</td><td>80%</td><td colspan="2">✓</td></tr>
<tr><td>4</td><td>保护层与防水层粘结</td><td>第4.4.12条</td><td colspan="2">✓</td></tr>
<tr><td>施工单位检查评定结果</td><td colspan="6">经检查，主控项目全部合格，一般项目满足规范规定要求，检查评定结果为合格。<br><br>项目专业质量检查员：××× ××年×月×日</td></tr>
<tr><td>监理(建设)单位验收结论</td><td colspan="6">同意施工单位评定结果，验收合格。<br><br>监理工程师：×××<br>(建设单位项目专业技术负责人) ××年×月×日</td></tr>
</table>

**《涂料防水层检验批质量验收记录表》填表说明：**

(1)资料流程：本表由施工单位在完成本工序后填写，并报送监理单位；监理单位审批后返还施工单位，各相关单位存档。

(2)相关规定与要求：

1)主控项目：

①涂料防水层所用材料及配合比必须符合设计要求。涂料按《地下防水工程施工质量验收规范》(GB 50208—2002)第 4.4.2 条检查，厚度按第 4.4.3 条检查；检查出厂合格证、质量检验报告、计量措施和现场抽样试验报告。

②涂料防水层及其转角处、变形缝、穿墙管道等细部做法均须符合设计要求；观察检查和检查隐蔽工程验收记录。

2)一般项目：

①涂料防水层的基层应牢固，基面应洁净、平整，不得有空鼓、松动、起砂和脱皮现象；基层阴阳角处应做成圆弧形；观察检查和检查隐蔽工程验收记录。

②涂料防水层应与基层粘结牢固，表面平整、涂刷均匀，不得有流淌、皱折、鼓泡、露胎体和翘边等缺陷；观察检查。

③涂料防水层的平均厚度应符合设计要求，最小厚度不得小于设计厚度的 80%；针测法或割取 20mm×20mm 实样用卡尺测量。

④侧墙涂料防水层的保护层与防水层粘结牢固，结合紧密，厚度均匀一致，同时应符合《地下防水工程施工质量验收规范》(GB 50208—2002)第 4.3.8 条规定；观察检查。

(3)注意事项：按涂层面积每 100m$^2$ 作为一处抽查每处 10m$^2$，且不少于 3 处。

5. 金属板防水层检验批质量验收记录表

**金属板防水层检验批质量验收记录表**
**GB 50208—2002**

010505□□

<table>
<tr><td colspan="2">工程名称</td><td>××工程</td><td>分部(子分部)工程名称</td><td colspan="2">地下防水</td><td>验收部位</td><td>基础①～⑩／Ⓐ～Ⓔ</td></tr>
<tr><td colspan="2">施工单位</td><td colspan="2">××建筑集团公司</td><td>专业工长</td><td>×××</td><td>项目经理</td><td>×××</td></tr>
<tr><td colspan="2">施工执行标准名称及编号</td><td colspan="6">《地下防水工程施工质量验收规范》(GB 50208—2002)</td></tr>
<tr><td colspan="2">分包单位</td><td colspan="2">××建筑公司</td><td>分包项目经理</td><td>×××</td><td>施工班组长</td><td>×××</td></tr>
<tr><td colspan="4">施工质量验收规范的规定</td><td colspan="2">施工单位检查评定记录</td><td colspan="2">监理(建设)单位验收记录</td></tr>
<tr><td rowspan="2">主控项目</td><td>1</td><td>金属板及焊条质量</td><td>第 4.6.6 条</td><td colspan="2">✓</td><td colspan="2" rowspan="2">符合设计及施工质量验收规范要求，同意验收</td></tr>
<tr><td>2</td><td>焊工合格证</td><td>第 4.6.7 条</td><td colspan="2">✓</td></tr>
<tr><td rowspan="3">一般项目</td><td>1</td><td>表面质量</td><td>第 4.6.8 条</td><td colspan="2">✓</td><td colspan="2" rowspan="3">符合设计及施工质量验收规范要求，同意验收</td></tr>
<tr><td>2</td><td>焊缝质量</td><td>第 4.6.9 条</td><td colspan="2">✓</td></tr>
<tr><td>3</td><td>焊缝外观及保护涂层</td><td>第 4.6.10 条</td><td colspan="2">✓</td></tr>
<tr><td colspan="2">施工单位检查评定结果</td><td colspan="6">经检查，主控项目全部合格，一般项目满足规范规定要求，检查评定结果为合格。<br><br>项目专业质量检查员：××× ××年×月×日</td></tr>
<tr><td colspan="2">监理(建设)单位验收结论</td><td colspan="6">同意施工单位评定结果，验收合格。<br><br>监理工程师：×××<br>(建设单位项目专业技术负责人) ××年×月×日</td></tr>
</table>

**《金属板防水层检验批质量验收记录表》填表说明：**

(1)资料流程：本表由施工单位在完成本工序后填写，并报送监理单位；监理单位审批后返还施工单位，各相关单位存档。

(2)相关规定与要求：

1)主控项目：

①金属防水层所采用的金属板材和焊条(剂)必须符合设计要求；检查出厂合格证、质量检验报告和现场抽样试验报告。

②焊工必须经考试合格并取得相应的上岗证书；检查焊工职业资格证书和考核日期。

2)一般项目：

①金属板表面不得有明显凹面和损伤；观察检查。

②焊缝不得有裂纹、未熔合、夹渣、焊瘤、咬边、烧穿、弧坑、针状气孔等缺陷；观察检查和无损检验。

③焊缝的焊波应均匀，焊渣和飞溅物应清除干净；保护涂层不得有漏涂、脱皮和反锈现象；观察检查。

(3)注意事项：按铺设面积每 $10m^2$ 作为一处抽查每处 $1m^2$，且不少于 3 处；焊缝检验按不同长度的焊缝各抽查 5%，但均不得少于一条。长度小于 500mm 的焊缝，每条检查一处；长度500～2000mm 的焊缝，每条检查 2 处；长度大于 2000mm 的焊缝，每条检查 3 处；每处各检查 2 点。

6. 塑料板防水层检验批质量验收记录表

**塑料板防水层检验批质量验收记录表**
**GB 50208—2002**

010506□□

<table>
<tr><td colspan="2">工程名称</td><td colspan="2">××工程</td><td colspan="2">分部(子分部)工程名称</td><td colspan="4">地下防水</td><td colspan="3">验收部位</td><td>基础①～⑩/Ⓐ～Ⓔ</td></tr>
<tr><td colspan="2">施工单位</td><td colspan="4">××建筑集团公司</td><td>专业工长</td><td colspan="3">×××</td><td colspan="3">项目经理</td><td>×××</td></tr>
<tr><td colspan="2">施工执行标准名称及编号</td><td colspan="12">《地下防水工程施工质量验收规范》(GB 50208—2002)</td></tr>
<tr><td colspan="2">分包单位</td><td>××建筑公司</td><td colspan="3">分包项目经理</td><td colspan="4">×××</td><td colspan="3">施工班组长</td><td>×××</td></tr>
<tr><td colspan="4">施工质量验收规范的规定</td><td colspan="10">施工单位检查评定记录</td><td>监理(建设)单位验收记录</td></tr>
<tr><td rowspan="2">主控项目</td><td>1</td><td>塑料板及配套材料质量</td><td>第4.5.4条</td><td colspan="10">√</td><td rowspan="2">符合设计及施工质量验收规范要求，同意验收</td></tr>
<tr><td>2</td><td>搭接缝焊接</td><td>第4.5.5条</td><td colspan="10">√</td></tr>
<tr><td rowspan="3">一般项目</td><td>1</td><td>基层质量</td><td>第4.5.6条</td><td colspan="10">√</td><td rowspan="3">符合设计及施工质量验收规范要求，同意验收</td></tr>
<tr><td>2</td><td>塑料板铺设</td><td>第4.5.7条</td><td colspan="10">√</td></tr>
<tr><td>3</td><td>搭接宽度允许偏差</td><td>−10mm</td><td>−5</td><td>10</td><td>15</td><td>8</td><td>12</td><td>9</td><td>10</td><td>15</td><td>12</td><td>10</td></tr>
<tr><td colspan="2">施工单位检查评定结果</td><td colspan="13">经检查，主控项目全部合格，一般项目满足规范规定要求，检查评定结果为合格。<br>项目专业质量检查员：×××　　××年×月×日</td></tr>
<tr><td colspan="2">监理(建设)单位验收结论</td><td colspan="13">同意施工单位评定结果，验收合格。<br>监理工程师：×××<br>(建设单位项目专业技术负责人)　　××年×月×日</td></tr>
</table>

**《塑料板防水层检验批质量验收记录表》填表说明：**

(1)资料流程：本表由施工单位在完成本工序后填写，并报送监理单位；监理单位审批后返还施工单位，各相关单位存档。

(2)相关规定与要求：

1)主控项目：

①防水层所用塑料板及配套材料必须符合设计要求；检查出厂合格证、质量检验报告和现场抽样试验报告。

②塑料板的搭接缝必须采用热风焊接，不得有渗漏；双焊缝间空腔内充气检查。

2)一般项目：

①塑料板防水层的基面应坚实、平整、圆顺，无漏水现象；阴阳角处应做成圆弧形；观察和量尺检查。

②塑料板的铺设应平顺并与基层固定牢固，不得有下垂、绷紧和破损现象；观察检查。

③塑料板搭接宽度的允许偏差为－10mm；尺量检查。

(3)注意事项：按铺设面积每 100m$^2$ 作为一处抽查每处 10m$^2$，且不少于 3 处；焊缝的检验按焊缝数量抽查 5%，每条焊缝为一处，且不得少于 3 处。

7. 细部构造工程检验批质量验收记录表

**细部构造检验批质量验收记录表**
**GB 50208—2002**

010507□□

<table>
<tr><td>工程名称</td><td>××工程</td><td colspan="2">分部(子分部)工程名称</td><td colspan="2">地下防水</td><td>验收部位</td><td>基础①～⑩/Ⓐ～Ⓔ</td></tr>
<tr><td>施工单位</td><td colspan="3">××建筑集团公司</td><td>专业工长</td><td>×××</td><td>项目经理</td><td>×××</td></tr>
<tr><td>施工执行标准名称及编号</td><td colspan="7">《地下防水工程施工质量验收规范》(GB 50208—2002)</td></tr>
<tr><td>分包单位</td><td>××建筑公司</td><td colspan="3">分包项目经理</td><td>×××</td><td>施工班组长</td><td>×××</td></tr>
<tr><td colspan="4">施工质量验收规范的规定</td><td colspan="3">施工单位检查评定记录</td><td>监理(建设)单位验收记录</td></tr>
<tr><td rowspan="2">主控项目</td><td>1</td><td>细部所用材料质量</td><td>第 4.7.10 条</td><td colspan="3">√</td><td rowspan="2">符合设计及施工质量验收规范要求,同意验收</td></tr>
<tr><td>2</td><td>细部构造做法</td><td>第 4.7.11 条</td><td colspan="3">√</td></tr>
<tr><td rowspan="3">一般项目</td><td>1</td><td>止水带埋设</td><td>第 4.7.12 条</td><td colspan="3">√</td><td rowspan="3">符合设计及施工质量验收规范要求,同意验收</td></tr>
<tr><td>2</td><td>穿墙管止水环加工</td><td>第 4.7.13 条</td><td colspan="3">√</td></tr>
<tr><td>3</td><td>接缝基层及嵌缝</td><td>第 4.7.14 条</td><td colspan="3">√</td></tr>
<tr><td>施工单位检查评定结果</td><td colspan="7">经检查,主控项目全部合格,一般项目满足规范规定要求,检查评定结果为合格。<br>项目专业质量检查员:××× ××年×月×日</td></tr>
<tr><td>监理(建设)单位验收结论</td><td colspan="7">同意施工单位评定结果,验收合格。<br>监理工程师:×××<br>(建设单位项目专业技术负责人) ××年×月×日</td></tr>
</table>

**《细部构造检验批质量验收记录表》填表说明：**

(1)资料流程：本表由施工单位在完成本工序后填写，并报送监理单位；监理单位审批后返还施工单位，各相关单位存档。

(2)相关规定与要求：

1)主控项目：

①细部构造所用止水带、遇水膨胀橡胶腻子止水条和接缝密封材料必须符合设计要求；检查出厂合格证、质量检验报告和进场抽样试验报告。

②变形缝、施工缝、后浇带、穿墙管道、埋设件等细部构造作法，均须符合设计要求，严禁有渗漏。同时变形缝应符合《地下防水工程施工质量验收规范》(GB 50208—2002)第 4.7.3 条、施工缝应符合第 4.7.4 条、后浇带应符合第 4.7.5 条、穿墙管道应符合第 4.7.6 条、埋设件应符合第 4.7.7 条规定；观察检查和检查隐蔽工程验收记录。

2)一般项目：

①中埋式止水带中心线应与变形缝中心线重合，止水带应固定牢靠、平直，不得有扭曲现象；观察检查和检查隐蔽工程验收记录。

②穿墙管止水环与主管或翼环与套管应连续满焊，并做防腐处理；观察检查和检查隐蔽工程验收记录。

③接缝处混凝土表面应密实、洁净、干燥；密封材料应嵌填严密、粘结牢固，不得有开裂、鼓泡和下塌现象；观察检查。

(3)注意事项：全数检查。

8. 锚喷支护检验批质量验收记录表

**锚喷支护检验批质量验收记录表**
**GB 50208—2002**

010508□□

<table>
<tr><td colspan="2">工程名称</td><td>××工程</td><td>分部(子分部)工程名称</td><td colspan="5">地下防水</td><td colspan="3">验收部位</td><td colspan="3">基础①~⑩／Ⓐ~Ⓔ</td></tr>
<tr><td colspan="2">施工单位</td><td colspan="2">××建筑集团公司</td><td colspan="3">专业工长</td><td colspan="2">×××</td><td colspan="3">项目经理</td><td colspan="3">×××</td></tr>
<tr><td colspan="2">施工执行标准名称及编号</td><td colspan="13">《地下防水工程施工质量验收规范》(GB 50208—2002)</td></tr>
<tr><td colspan="2">分包单位</td><td>××建筑公司</td><td>分包项目经理</td><td colspan="5">×××</td><td colspan="3">施工班组长</td><td colspan="3">×××</td></tr>
<tr><td colspan="4">施工质量验收规范的规定</td><td colspan="10">施工单位检查评定记录</td><td>监理(建设)单位验收记录</td></tr>
<tr><td rowspan="2">主控项目</td><td>1</td><td>混凝土、钢筋网、锚杆质量</td><td>设计要求</td><td colspan="10">√</td><td rowspan="2">符合设计及施工质量验收规范要求，同意验收</td></tr>
<tr><td>2</td><td>混凝土抗压、抗渗、抗拔</td><td>设计要求</td><td colspan="10">√</td></tr>
<tr><td rowspan="5">一般项目</td><td>1</td><td>喷层与围岩粘结</td><td>第 5.1.11 条</td><td colspan="10">√</td><td rowspan="5">符合设计及施工质量验收规范要求，同意验收</td></tr>
<tr><td>2</td><td>喷层厚度</td><td>第 5.1.12 条</td><td colspan="10">√</td></tr>
<tr><td>3</td><td>表面质量</td><td>第 5.1.13 条</td><td colspan="10">√</td></tr>
<tr><td rowspan="2">4</td><td rowspan="2">表面平整度允许偏差矢弦比</td><td rowspan="2">30mm ≤1/6</td><td>10</td><td>15</td><td>20</td><td>16</td><td>25</td><td>27</td><td>28</td><td>19</td><td>24</td><td>23</td></tr>
<tr><td>6</td><td>8</td><td>10</td><td>7</td><td>6</td><td>5</td><td>8</td><td>6</td><td>9</td><td>6</td></tr>
<tr><td colspan="2">施工单位检查评定结果</td><td colspan="13">经检查，主控项目全部合格，一般项目满足规范规定要求，检查评定结果为合格。<br>项目专业质量检查员：××× ××年×月×日</td></tr>
<tr><td colspan="2">监理(建设)单位验收结论</td><td colspan="13">同意施工单位评定结果，验收合格。<br>监理工程师：×××<br>(建设单位项目专业技术负责人) ××年×月×日</td></tr>
</table>

**《锚喷支护检验批质量验收记录表》填表说明：**

(1)资料流程：本表由施工单位在完成本工序后填写，并报送监理单位；监理单位审批后返还施工单位，各相关单位存档。

(2)相关规定与要求：

1)主控项目：

①喷射混凝土所用原材料及钢筋网、锚杆必须符合设计要求；检查出厂合格证、质量检验报告和现场抽样试验报告。

②喷射混凝土抗压强度、抗渗压力及锚杆抗拔力必须符合设计要求；检查混凝土抗压、抗渗试验报告和锚杆抗拔力试验报告。

2)一般项目：

①喷层与围岩及喷层之间应粘结紧密，不得有空鼓现象；用小锤轻击检查。

②喷层厚度有60%不小于设计厚度，平均厚度不得小于设计厚度，最小厚度不得小于设计厚度的50%；用针探或钻孔检查。

③喷射混凝土应密实、平整，无裂缝、脱落、漏喷、露筋、空鼓和渗漏水；观察检查。

④喷射混凝土表面平整度的允许偏差为30mm，且矢弦比不得大于1/6；尺量检查。

(3)注意事项：按区间或小于区间断面的结构，每20延米作为一处检查，车站每10延米作为一处检查每处$10m^2$，且不少于3处。

9. 复合式衬砌检验批质量验收记录表

**复合式衬砌检验批质量验收记录表**

**GB 50208—2002**

010509□□

<table>
<tr><td>工程名称</td><td colspan="2">××工程</td><td colspan="2">分部(子分部)工程名称</td><td colspan="2">地下防水</td><td>验收部位</td><td>基础①~⑩/Ⓐ~Ⓔ</td></tr>
<tr><td>施工单位</td><td colspan="4">××建筑集团公司</td><td>专业工长</td><td>×××</td><td>项目经理</td><td>×××</td></tr>
<tr><td>施工执行标准名称及编号</td><td colspan="8">《地下防水工程施工质量验收规范》(GB 50208—2002)</td></tr>
<tr><td>分包单位</td><td colspan="2">××建筑公司</td><td colspan="2">分包项目经理</td><td colspan="2">×××</td><td>施工班组长</td><td>×××</td></tr>
<tr><td colspan="4">施工质量验收规范的规定</td><td colspan="4">施工单位检查评定记录</td><td>监理(建设)单位验收记录</td></tr>
<tr><td rowspan="3">主控项目</td><td>1</td><td>材料质量</td><td>设计要求</td><td colspan="4">✓</td><td rowspan="3">符合设计及施工质量验收规范要求,同意验收</td></tr>
<tr><td>2</td><td>混凝土抗压、抗渗试件</td><td>设计要求</td><td colspan="4">✓</td></tr>
<tr><td>3</td><td>细部构造做法</td><td>第 5.3.8 条</td><td colspan="4">✓</td></tr>
<tr><td rowspan="2">一般项目</td><td>1</td><td>二次衬砌渗漏水量</td><td>第 5.3.9 条</td><td colspan="4">✓</td><td rowspan="2">符合设计及施工质量验收规范要求,同意验收</td></tr>
<tr><td>2</td><td>二次衬砌质量</td><td>第 5.3.10 条</td><td colspan="4">✓</td></tr>
<tr><td>施工单位检查评定结果</td><td colspan="8">经检查,主控项目全部合格,一般项目满足规范规定要求,检查评定结果为合格。<br>项目专业质量检查员:××× ××年×月×日</td></tr>
<tr><td>监理(建设)单位验收结论</td><td colspan="8">同意施工单位评定结果,验收合格。<br>监理工程师:×××<br>(建设单位项目专业技术负责人) ××年×月×日</td></tr>
</table>

**《复合式衬砌检验批质量验收记录表》填表说明：**

(1)资料流程：本表由施工单位在完成本工序后填写，并报送监理单位；监理单位审批后返还施工单位，各相关单位存档。

(2)相关规定与要求：

1)主控项目：

①塑料防水板、土工复合材料和内衬混凝土原材料必须符合设计要求；检查出厂合格证、质量检验报告和现场抽样试验报告。

②防水混凝土的抗压强度和抗渗压力必须符合设计要求；检查混凝土抗压、抗渗试验报告。

③施工缝、变形缝、穿墙管道、埋设件等细部构造作法，均须符合设计要求，严禁有渗漏；观察检查和检查隐蔽工程验收记录。

2)一般项目：

①二次衬砌混凝土渗漏水量应控制在设计防水等级要求范围内；观察检查和渗漏水量测。

②二次衬砌混凝土表面应坚实、平整，不得有露筋、蜂窝等缺陷；观察检查。

(3)注意事项：按区间或小于区间断面的结构，每 20 延米检查一处，车站每 10 延米检查一处，每处 $10m^2$，且不得少于 3 处。

10. 地下连续墙检验批质量验收记录表

**地下连续墙检验批质量验收记录表**

**GB 50208—2002**

010510□□

<table>
<tr><td colspan="2">工程名称</td><td colspan="2">××工程</td><td colspan="2">分部(子分部)工程名称</td><td colspan="5">地下防水</td><td colspan="3">验收部位</td><td>基础①～⑩／Ⓐ～Ⓔ</td></tr>
<tr><td colspan="2">施工单位</td><td colspan="4">××建筑集团公司</td><td colspan="2">专业工长</td><td colspan="3">×××</td><td colspan="3">项目经理</td><td>×××</td></tr>
<tr><td colspan="2">施工执行标准名称及编号</td><td colspan="13">《地下防水工程施工质量验收规范》(GB 50208—2002)</td></tr>
<tr><td colspan="2">分包单位</td><td colspan="2">××建筑公司</td><td colspan="2">分包项目经理</td><td colspan="5">×××</td><td colspan="3">施工班组长</td><td>×××</td></tr>
<tr><td colspan="6">施工质量验收规范的规定</td><td colspan="8">施工单位检查评定记录</td><td>监理(建设)单位验收记录</td></tr>
<tr><td rowspan="2">主控项目</td><td>1</td><td colspan="3">混凝土配合比、防水材料质量</td><td>第5.2.8条</td><td colspan="8">✓</td><td rowspan="2">符合设计及施工质量验收规范要求,同意验收</td></tr>
<tr><td>2</td><td colspan="3">混凝土抗压、抗渗试件</td><td>第5.2.9条</td><td colspan="8">✓</td></tr>
<tr><td rowspan="4">一般项目</td><td>1</td><td colspan="3">接缝处理</td><td>第5.2.10条</td><td colspan="8">✓</td><td rowspan="4">符合设计及施工质量验收规范要求,同意验收</td></tr>
<tr><td>2</td><td colspan="3">墙面露筋</td><td>第5.2.11条</td><td colspan="8">✓</td></tr>
<tr><td rowspan="2">3</td><td rowspan="2">表面平整度允许偏差</td><td colspan="2">临时支护墙体</td><td>50mm</td><td>35</td><td>40</td><td>20</td><td>15</td><td>26</td><td>35</td><td>20</td><td>10</td><td>30</td><td>24</td></tr>
<tr><td colspan="2">单一或复合墙体</td><td>30mm</td><td>20</td><td>16</td><td>18</td><td>17</td><td>25</td><td>26</td><td>20</td><td>29</td><td>27</td><td>18</td></tr>
<tr><td colspan="2">施工单位检查评定结果</td><td colspan="14">经检查,主控项目全部合格,一般项目满足规范规定要求,检查评定结果为合格。<br><br>项目专业质量检查员:××× ××年×月×日</td></tr>
<tr><td colspan="2">监理(建设)单位验收结论</td><td colspan="14">同意施工单位评定结果,验收合格。<br><br>监理工程师:×××<br>(建设单位项目专业技术负责人) ××年×月×日</td></tr>
</table>

**《地下连续墙检验批质量验收记录表》填表说明：**

(1)资料流程：本表由施工单位在完成本工序后填写，并报送监理单位；监理单位审批后返还施工单位，各相关单位存档。

(2)相关规定与要求：

1)主控项目：

①防水混凝土所用原材料、配合比以及其他防水材料必须符合设计要求；检查出厂合格证、质量检验报告、计量措施和现场抽样试验报告。

②地下连续墙混凝土抗压强度和抗渗压力必须符合设计要求；检查混凝土抗压、抗渗试验报告。

2)一般项目：

①地下连续墙的槽段接缝以及墙体与内衬结构接缝应符合设计要求；观察检查和检查隐蔽工程验收记录。

②地下连续墙墙面的露筋部位应小于1%墙面面积，且不得有露石和夹泥现象；观察检查。

③地下连续墙墙体表面平整度的允许偏差：临时支护墙体为50mm，单一或复合墙体为30mm；尺量检查。

(3)注意事项：按连续墙每10个槽段抽查一处，每处为一个槽段，且不得少于3处。

11. 盾构法隧道检验批质量验收记录表

**盾构法隧道检验批质量验收记录表**
**GB 50208—2002**

010511□□

<table>
<tr><td>工程名称</td><td>××工程</td><td colspan="2">分部(子分部)<br>工程名称</td><td colspan="2">地下防水</td><td>验收部位</td><td>基础①~⑩/Ⓐ~Ⓔ</td></tr>
<tr><td>施工单位</td><td colspan="3">××建筑集团公司</td><td>专业工长</td><td>×××</td><td>项目经理</td><td>×××</td></tr>
<tr><td>施工执行标准名称及编号</td><td colspan="7">《地下防水工程施工质量验收规范》(GB 50208—2002)</td></tr>
<tr><td>分包单位</td><td>××建筑公司</td><td colspan="2">分包项目经理</td><td colspan="2">×××</td><td>施工班组长</td><td>×××</td></tr>
<tr><td colspan="4">施工质量验收规范的规定</td><td colspan="3">施工单位检查评定记录</td><td>监理(建设)单位验收记录</td></tr>
<tr><td rowspan="2">主控项目</td><td>1</td><td>防水材料质量</td><td>设计要求</td><td colspan="3">√</td><td rowspan="2">符合设计及施工质量验收规范要求,同意验收</td></tr>
<tr><td>2</td><td>管片抗压、抗渗</td><td>设计要求</td><td colspan="3">√</td></tr>
<tr><td rowspan="3">一般项目</td><td>1</td><td>隧道渗漏水量</td><td>第5.4.10条</td><td colspan="3">√</td><td rowspan="3">符合设计及施工质量验收规范要求,同意验收</td></tr>
<tr><td>2</td><td>管片拼装接缝</td><td>设计要求</td><td colspan="3">√</td></tr>
<tr><td>3</td><td>螺栓安装及防腐</td><td>第5.4.12条</td><td colspan="3">√</td></tr>
<tr><td>施工单位检查评定结果</td><td colspan="7">经检查,主控项目全部合格,一般项目满足规范规定要求,检查评定结果为合格。<br><br>项目专业质量检查员:×××　　××年×月×日</td></tr>
<tr><td>监理(建设)单位验收结论</td><td colspan="7">同意施工单位评定结果,验收合格。<br><br>监理工程师:×××<br>(建设单位项目专业技术负责人)　　××年×月×日</td></tr>
</table>

**《盾构法隧道检验批质量验收记录表》填表说明：**

(1)资料流程：本表由施工单位在完成本工序后填写，并报送监理单位；监理单位审批后返还施工单位，各相关单位存档。

(2)相关规定与要求：

1)主控项目：

①盾构法隧道采用防水材料的品种、规格、性能必须符合设计要求；检查出厂合格证、质量检验报告和现场抽样试验报告。

②钢筋混凝土管片的抗压强度和抗渗压力必须符合设计要求；检查混凝土抗压、抗渗试验报告和单块管片检漏测试报告。

2)一般项目：

①隧道的渗漏水量应控制在设计的防水等级要求范围内；衬砌接缝不得有线流和漏泥砂现象；观察检查和渗漏水量测。

②管片拼装接缝防水应符合设计要求；检查隐蔽工程验收记录。

③环向及纵向螺栓应全部穿进并拧紧，衬砌内表面的外露铁件防腐处理应符合设计要求；观察检查。

(3)注意事项：按每连续20环抽查一处，每处为一环，且不得少于3处。

12. 渗排水、盲沟排水检验批质量验收记录表

**渗排水、盲沟排水检验批质量验收记录表**
**GB 50208—2002**

010512□□

<table>
<tr><td>工程名称</td><td>××工程</td><td>分部(子分部)工程名称</td><td>地下防水</td><td>验收部位</td><td colspan="2">基础①～⑩／Ⓐ～Ⓔ</td></tr>
<tr><td>施工单位</td><td colspan="2">××建筑集团公司</td><td>专业工长</td><td>×××</td><td>项目经理</td><td>×××</td></tr>
<tr><td>施工执行标准名称及编号</td><td colspan="6">《地下防水工程施工质量验收规范》(GB 50208—2002)</td></tr>
<tr><td>分包单位</td><td>××建筑公司</td><td>分包项目经理</td><td colspan="2">×××</td><td>施工班组长</td><td>×××</td></tr>
<tr><td colspan="4">施工质量验收规范的规定</td><td colspan="2">施工单位检查评定记录</td><td>监理(建设)单位验收记录</td></tr>
<tr><td rowspan="2">主控项目</td><td>1</td><td>反滤层质量</td><td>设计要求</td><td colspan="2">✓</td><td rowspan="2">符合设计及施工质量验收规范要求,同意验收</td></tr>
<tr><td>2</td><td>集水管埋深及坡度</td><td>设计要求</td><td colspan="2">/</td></tr>
<tr><td rowspan="3">一般项目</td><td>1</td><td>渗排水层构造</td><td>第6.1.10条</td><td colspan="2">✓</td><td rowspan="3">符合设计及施工质量验收规范要求,同意验收</td></tr>
<tr><td>2</td><td>渗排水层铺设</td><td>第6.1.11条</td><td colspan="2">✓</td></tr>
<tr><td>3</td><td>盲沟构造</td><td>第6.1.12条</td><td colspan="2">✓</td></tr>
<tr><td>施工单位检查评定结果</td><td colspan="6">经检查,主控项目全部合格,一般项目满足规范规定要求,检查评定结果为合格。<br><br>项目专业质量检查员:×××　　××年×月×日</td></tr>
<tr><td>监理(建设)单位验收结论</td><td colspan="6">同意施工单位评定结果,验收合格。<br><br>监理工程师:×××<br>(建设单位项目专业技术负责人)　　××年×月×日</td></tr>
</table>

**《渗排水、盲沟排水检验批质量验收记录表》填表说明：**

(1)资料流程：本表由施工单位在完成本工序后填写，并报送监理单位；监理单位审批后返还施工单位，各相关单位存档。

(2)相关规定与要求：

1)主控项目：

①反滤层的砂、石粒径和含泥量必须符合设计要求；检查砂、石试验报告。

②集水管的埋设深度及坡度必须符合设计要求；观察和尺量检查。

2)一般项目：

①渗排水层的构造应符合设计要求；检查隐蔽工程验收记录。

②渗排水层的铺设质分层、铺平、拍实；检查隐蔽工程验收记录。

③盲沟的构造应符合设计要求；检查隐蔽工程验收记录。

(3)注意事项：按10%抽查，其中每两轴线间或每10延米为一处，且不得少于3处。

13. 隧道、坑道排水检验批质量验收记录表

**隧道、坑道排水检验批质量验收记录表**
**GB 50208—2002**

010513□□

<table>
<tr><td>工程名称</td><td>××工程</td><td>分部(子分部)工程名称</td><td colspan="2">地下防水</td><td>验收部位</td><td>基础①~⑩/Ⓐ~Ⓔ</td></tr>
<tr><td>施工单位</td><td colspan="2">××建筑集团公司</td><td>专业工长</td><td>×××</td><td>项目经理</td><td>×××</td></tr>
<tr><td>施工执行标准名称及编号</td><td colspan="6">《地下防水工程施工质量验收规范》(GB 50208—2002)</td></tr>
<tr><td>分包单位</td><td>××建筑公司</td><td>分包项目经理</td><td colspan="2">×××</td><td>施工班组长</td><td>×××</td></tr>
<tr><td colspan="4">施工质量验收规范的规定</td><td colspan="2">施工单位检查评定记录</td><td>监理(建设)单位验收记录</td></tr>
<tr><td rowspan="3">主控项目</td><td>1</td><td>排水系统</td><td>设计要求</td><td colspan="2">√</td><td rowspan="3">符合设计及施工质量验收规范要求,同意验收</td></tr>
<tr><td>2</td><td>反滤层材料质量</td><td>设计要求</td><td colspan="2">√</td></tr>
<tr><td>3</td><td>土工复合材料</td><td>设计要求</td><td colspan="2">√</td></tr>
<tr><td rowspan="4">一般项目</td><td>1</td><td>集水盲管、明沟坡度</td><td>第 6.2.10 条</td><td colspan="2">√</td><td rowspan="4">符合设计及施工质量验收规范要求,同意验收</td></tr>
<tr><td>2</td><td>导水盲管、排水管间距</td><td>第 6.2.11 条</td><td colspan="2">√</td></tr>
<tr><td>3</td><td>盲沟断面、铺设集水管、检查井</td><td>第 6.2.12 条</td><td colspan="2">√</td></tr>
<tr><td>4</td><td>缓冲排水层</td><td>第 6.2.13 条</td><td colspan="2">√</td></tr>
<tr><td>施工单位检查评定结果</td><td colspan="6">经检查,主控项目全部合格,一般项目满足规范规定要求,检查评定结果为合格。<br><br>项目专业质量检查员:××× ××年×月×日</td></tr>
<tr><td>监理(建设)单位验收结论</td><td colspan="6">同意施工单位评定结果,验收合格。<br><br>监理工程师:×××<br>(建设单位项目专业技术负责人) ××年×月×日</td></tr>
</table>

**《隧道、坑道排水检验批质量验收记录表》填表说明：**

(1)资料流程：本表由施工单位在完成本工序后填写，并报送监理单位；监理单位审批后返还施工单位，各相关单位存档。

(2)相关规定与要求：

1)主控项目：

①隧道、坑道排水系统必须畅通；观察检查。

②反滤层的砂、石粒径和含泥量必须符合设计要求；检查砂、石试验报告。

③土工复合材料必须符合设计要求；检查出厂合格证和检验报告。

2)一般项目：

①隧道纵向集水盲管和排水明沟的坡度应符合设计要求；尺量检查。

②隧道导水盲管和横向排水管的设置间距应符合设计要求；尺量检查。

③中心排水盲沟的断面尺寸、集水管埋设及检查井设置应符合设计要求；观察和尺量检查。

④复合式衬砌的缓冲排水层应铺设平整、均匀、连续，不得有扭曲、折皱和重叠现象；观察检查和检查隐蔽工程验收记录。

(3)注意事项：按10%抽查，其中每两轴线间或10延米为一处，且不得少于3处。

14. 预注浆、后注浆检验批质量验收记录表

**预注浆、后注浆检验批质量验收记录表**

**GB 50208—2002**

010514□□

<table>
<tr><td colspan="2">工程名称</td><td>××工程</td><td colspan="2">分部(子分部)工程名称</td><td>地下防水</td><td>验收部位</td><td>基础①～⑩／Ⓐ～Ⓔ</td></tr>
<tr><td colspan="2">施工单位</td><td colspan="3">××建筑集团公司</td><td>专业工长 ×××</td><td>项目经理</td><td>×××</td></tr>
<tr><td colspan="2">施工执行标准名称及编号</td><td colspan="6">《地下防水工程施工质量验收规范》(GB 50208—2002)</td></tr>
<tr><td colspan="2">分包单位</td><td>××建筑公司</td><td colspan="2">分包项目经理</td><td>×××</td><td>施工班组长</td><td>×××</td></tr>
<tr><td colspan="5">施工质量验收规范的规定</td><td colspan="2">施工单位检查评定记录</td><td>监理(建设)单位验收记录</td></tr>
<tr><td rowspan="2">主控项目</td><td>1</td><td colspan="2">原材料及配合比</td><td>设计要求</td><td colspan="2">✓</td><td rowspan="2">符合设计及施工质量验收规范要求,同意验收</td></tr>
<tr><td>2</td><td colspan="2">注浆效果</td><td>设计要求</td><td colspan="2">✓</td></tr>
<tr><td rowspan="4">一般项目</td><td>1</td><td colspan="2">注浆孔数量、间距、孔深、角度</td><td>第7.1.9条</td><td colspan="2">✓</td><td rowspan="4">符合设计及施工质量验收规范要求,同意验收</td></tr>
<tr><td>2</td><td colspan="2">压力和进浆量控制</td><td>第7.1.10条</td><td colspan="2">✓</td></tr>
<tr><td>3</td><td colspan="2">注浆范围</td><td>第7.1.11条</td><td colspan="2">✓</td></tr>
<tr><td>4</td><td colspan="2">注浆沉降不得超过30mm</td><td>第7.1.12条</td><td colspan="2">✓</td></tr>
<tr><td colspan="2">施工单位检查评定结果</td><td colspan="6">经检查,主控项目全部合格,一般项目满足规范规定要求,检查评定结果为合格。<br>项目专业质量检查员:××× ××年×月×日</td></tr>
<tr><td colspan="2">监理(建设)单位验收结论</td><td colspan="6">同意施工单位评定结果,验收合格。<br>监理工程师:×××<br>(建设单位项目专业技术负责人) ××年×月×日</td></tr>
</table>

**《预注浆、后注浆检验批质量验收记录表》填表说明：**

(1)资料流程：本表由施工单位在完成本工序后填写，并报送监理单位；监理单位审批后返还施工单位，各相关单位存档。

(2)相关规定与要求：

1)主控项目：

①配制浆液的原材料及配合比必须符合设计要求。同时应符合《地下防水工程施工质量验收规范》(GB 50208—2002)第 7.1.2 条规定；检查出厂合格证、质量检验报告、计量措施和试验报告。

②注浆效果必须符合设计要求；采用钻孔取芯、压水(或空气)等方法检查。

2)一般项目：

①注浆孔的数量、布置间距、钻孔深度及角度应符合设计要求；检查隐蔽工程验收记录。

②注浆各阶段的控制压力和进浆量应符合设计要求；检查隐蔽工程验收记录。

③注浆时浆液不得溢出地面和超出有效注浆范围；观察检查。

④浆对地面产生的沉降量不得超过 30mm，地面的隆起不得超过 20mm；用水准仪测量。

(3)注意事项：按注浆加固或堵漏面积每 $100m^2$ 抽查一处，每处 $10m^2$，且不得少于 3 处。

15. 衬砌裂缝注浆检验批质量验收记录表

**衬砌裂缝注浆检验批质量验收记录表**
**GB 50208—2002**

010515□□

<table>
<tr><td colspan="2">工程名称</td><td>××工程</td><td>分部(子分部)工程名称</td><td colspan="2">地下防水</td><td>验收部位</td><td>基础①~⑩/Ⓐ~Ⓔ</td></tr>
<tr><td colspan="2">施工单位</td><td colspan="2">××建筑集团公司</td><td>专业工长</td><td>×××</td><td>项目经理</td><td>×××</td></tr>
<tr><td colspan="2">施工执行标准名称及编号</td><td colspan="6">《地下防水工程施工质量验收规范》(GB 50208—2002)</td></tr>
<tr><td colspan="2">分包单位</td><td>××建筑公司</td><td>分包项目经理</td><td colspan="2">×××</td><td>施工班组长</td><td>×××</td></tr>
<tr><td colspan="4">施工质量验收规范的规定</td><td colspan="3">施工单位检查评定记录</td><td>监理(建设)单位验收记录</td></tr>
<tr><td rowspan="2">主控项目</td><td>1</td><td>材料及配合比</td><td>设计要求</td><td colspan="3">✓</td><td rowspan="2">符合设计及施工质量验收规范要求,同意验收</td></tr>
<tr><td>2</td><td>注浆效果</td><td>设计要求</td><td colspan="3">✓</td></tr>
<tr><td rowspan="2">一般项目</td><td>1</td><td>钻孔埋管孔径和孔距</td><td>第7.2.8条</td><td colspan="3">✓</td><td rowspan="2">符合设计及施工质量验收规范要求,同意验收</td></tr>
<tr><td>2</td><td>注浆压力和进浆量</td><td>第7.2.9条</td><td colspan="3">✓</td></tr>
<tr><td colspan="2">施工单位检查评定结果</td><td colspan="6">经检查,主控项目全部合格,一般项目满足规范规定要求,检查评定结果为合格。<br><br>项目专业质量检查员:××× ××年×月×日</td></tr>
<tr><td colspan="2">监理(建设)单位验收结论</td><td colspan="6">同意施工单位评定结果,验收合格。<br><br>监理工程师:×××<br>(建设单位项目专业技术负责人) ××年×月×日</td></tr>
</table>

**《衬砌裂缝注浆检验批质量验收记录表》填表说明：**

(1)资料流程：本表由施工单位在完成本工序后填写，并报送监理单位；监理单位审批后返还施工单位，各相关单位存档。

(2)相关规定与要求：

1)主控项目：

①注浆材料及其配合比必须符合设计要求。同时应符合《地下防水工程施工质量验收规范》(GB 50208—2002)第 7.2.2 条和第 7.2.3 条规定；检查出厂合格证、质量检验报告、计量措施和试验报告。

②注浆效果必须符合设计要求；渗漏水量测，必要时采用钻孔取芯、压水(或空气)等方法检查。

2)一般项目：

①钻孔埋管的孔径和孔距应符合设计要求；检查隐蔽工程验收记录。

②注浆的控制压力和进浆量应符合设计要求；检查隐蔽工程验收记录。

(3)注意事项：按裂缝条数的 10%抽查，每条裂缝为一处，且不得少于 3 处。

## 二、分项工程质量验收记录

表 D-2　　防水混凝土　分项工程质量验收记录表

| 单位(子单位)工程名称 | ××工程 | 结构类型 | 框架剪力墙 |
|---|---|---|---|
| 分部(子分部)工程名称 | 地下防水 | 检验批数 | 2 |
| 施工单位 | ××建筑工程公司 | 项目经理 | ××× |
| 分包单位 | / | 分包项目经理 | / |

| 序号 | 检验批名称及部位、区段 | 施工单位检查评定结果 | 监理(建设)单位验收结论 |
|---|---|---|---|
| 1 | 基础底板①～⑮/Ⓐ～Ⓕ轴 | √ | 符合要求 |
| 2 | 基础底板⑮～㉕/Ⓐ～Ⓕ轴 | √ | |
| | | | |
| | | | |
| | | | |
| | | | |
| | | | |
| | | | |
| | | | |
| | | | |

说明：

| 检查结论 | 地下室结构防水混凝土施工质量符合《地下防水工程质量验收规范》(GB 50208—2002)及《混凝土结构工程施工质量验收规范》(GB 50204—2002)的规定。<br>项目专业技术负责人：×××<br>××年×月×日 | 验收结论 | 合格，同意验收。<br>监理工程师：×××<br>(建设单位项目专业技术负责人)<br>××年×月×日 |
|---|---|---|---|

注：地基基础、主体结构工程的分项工程质量验收不填写"分包单位"、"分包项目经理"。

## 三、子分部工程质量验收记录

**表 D-3**　　地下防水　分部(子分部)工程质量验收记录表

<table>
<tr><td>工程名称</td><td>××工程</td><td>结构类型</td><td>框架剪力墙</td><td>层数</td><td>地下 2 层<br>地上 30 层</td></tr>
<tr><td>施工单位</td><td>××建筑工程公司</td><td>技术部门负责人</td><td>×××</td><td>质量部门负责人</td><td>×××</td></tr>
<tr><td>分包单位</td><td>/</td><td>分包单位负责人</td><td>/</td><td>分包技术负责人</td><td>/</td></tr>
<tr><td>序号</td><td>子分部(分项)工程名称</td><td>分项工程<br>(检验批)数</td><td colspan="2">施工单位检查评定</td><td>验收意见</td></tr>
<tr><td>1</td><td>防水混凝土</td><td>4</td><td colspan="2">✓</td><td rowspan="10">同意验收</td></tr>
<tr><td>2</td><td>水泥砂浆防水层</td><td>6</td><td colspan="2">✓</td></tr>
<tr><td>3</td><td>卷材防水层</td><td>4</td><td colspan="2">✓</td></tr>
<tr><td>4</td><td>涂料防水层</td><td>2</td><td colspan="2">✓</td></tr>
<tr><td></td><td></td><td></td><td colspan="2"></td></tr>
<tr><td></td><td></td><td></td><td colspan="2"></td></tr>
<tr><td></td><td></td><td></td><td colspan="2"></td></tr>
<tr><td></td><td></td><td></td><td colspan="2"></td></tr>
<tr><td></td><td></td><td></td><td colspan="2"></td></tr>
<tr><td></td><td></td><td></td><td colspan="2"></td></tr>
<tr><td colspan="2">质量控制资料</td><td colspan="3">完整,符合要求</td><td>同意施工单位评定</td></tr>
<tr><td colspan="2">安全和功能检验(检测)报告</td><td colspan="3">地下防水渗漏检查记录合格</td><td>同意施工单位评定</td></tr>
<tr><td colspan="2">观感质量验收</td><td colspan="3">好</td><td>同意施工单位评定</td></tr>
<tr><td rowspan="5">验收单位</td><td>分包单位:</td><td colspan="4">项目经理:　　　　年　月　日</td></tr>
<tr><td>施工单位</td><td colspan="4">项目经理:×××　　　　××年×月×日</td></tr>
<tr><td>勘察单位</td><td colspan="4">项目负责人:×××　　　　××年×月×日</td></tr>
<tr><td>设计单位</td><td colspan="4">项目负责人:×××　　　　××年×月×日</td></tr>
<tr><td>监理(建设)单位</td><td colspan="4">总监理工程师:×××<br>(建设单位项目专业负责人)<br>××年×月×日</td></tr>
</table>

# 第八章　混凝土基础工程资料

## 第一节　混凝土基础工程资料分类

混凝土基础工程施工资料分类见表 8-1。

**表 8-1**　　　　　　**混凝土基础工程施工资料分类**

<table>
<tr><th>类别及编号</th><th>表格编号<br>（或资料来源）</th><th colspan="2">资料名称</th><th>备注</th></tr>
<tr><td rowspan="10">施工技术<br>资料(C2)</td><td>施工单位提供</td><td colspan="2">施工组织设计或施工方案</td><td></td></tr>
<tr><td rowspan="6">C2-1</td><td rowspan="6">技术交底<br>记录</td><td>模板安装工程技术交底记录</td><td></td></tr>
<tr><td>模板拆除工程技术交底记录</td><td></td></tr>
<tr><td>钢筋工程技术交底记录</td><td></td></tr>
<tr><td>混凝土工程技术交底记录</td><td></td></tr>
<tr><td>后浇带混凝土工程技术交底记录</td><td></td></tr>
<tr><td>混凝土结构缝处理工程技术交底记录</td><td></td></tr>
<tr><td>C2-2</td><td colspan="2">图纸会审记录</td><td>见本书第二章</td></tr>
<tr><td>C2-3</td><td colspan="2">设计变更记录</td><td>见本书第二章</td></tr>
<tr><td>C2-4</td><td colspan="2">工程洽商记录</td><td>见本书第二章</td></tr>
<tr><td rowspan="7">施工物资<br>资料(C4)</td><td>C4-1</td><td colspan="2">材料、构配件进场检验记录</td><td></td></tr>
<tr><td>供应单位提供</td><td colspan="2">各种物资出厂合格证，质量保证书和商检证等</td><td></td></tr>
<tr><td>C4-5</td><td colspan="2">半成品钢筋出厂合格证</td><td></td></tr>
<tr><td>C4-6</td><td colspan="2">预制混凝土构件出厂合格证</td><td></td></tr>
<tr><td>C4-8</td><td colspan="2">预拌混凝土出厂合格证</td><td></td></tr>
<tr><td>C4-13</td><td colspan="2">混凝土外加剂试验报告</td><td></td></tr>
<tr><td>C4-14</td><td colspan="2">混凝土掺合剂试验报告</td><td></td></tr>
<tr><td rowspan="9">施工记录<br>(C5)</td><td>C5-1</td><td colspan="2">隐蔽工程检查记录</td><td></td></tr>
<tr><td>C5-2</td><td colspan="2">预检记录</td><td></td></tr>
<tr><td>C5-3</td><td colspan="2">施工检查记录</td><td></td></tr>
<tr><td>C5-4</td><td colspan="2">交接检查记录</td><td></td></tr>
<tr><td>C5-8</td><td colspan="2">混凝土浇灌申请单</td><td></td></tr>
<tr><td>C5-9</td><td colspan="2">预拌混凝土运输单</td><td></td></tr>
<tr><td>C5-10</td><td colspan="2">混凝土开盘鉴定</td><td></td></tr>
<tr><td>C5-11</td><td colspan="2">混凝土拆模申请单</td><td></td></tr>
<tr><td>C5-12</td><td colspan="2">混凝土搅拌测温记录表</td><td></td></tr>
</table>

续表

<table>
<tr><th>类别及编号</th><th>表格编号<br>（或资料来源）</th><th colspan="2">资料名称</th><th>备注</th></tr>
<tr><td rowspan="7">施工记录<br>（C5）</td><td>C5-13</td><td colspan="2">混凝土养护测量记录表</td><td></td></tr>
<tr><td>C5-14</td><td colspan="2">大体积混凝土养护测温记录</td><td></td></tr>
<tr><td>C5-15</td><td colspan="2">构件吊装记录</td><td></td></tr>
<tr><td>C5-16</td><td colspan="2">焊接材料烘培记录</td><td></td></tr>
<tr><td>C5-20</td><td colspan="2">预应力筋张拉记录(一)</td><td></td></tr>
<tr><td>C5-21</td><td colspan="2">预应力筋张拉记录(二)</td><td></td></tr>
<tr><td>C5-22</td><td colspan="2">有粘结预应力结构灌浆记录</td><td></td></tr>
<tr><td rowspan="7">施工试验<br>记录(C6)</td><td>技术提供单位提交</td><td colspan="2">钢筋机械连接型式检验报告</td><td></td></tr>
<tr><td>C6-6</td><td colspan="2">钢筋连接试验报告</td><td></td></tr>
<tr><td>C6-10</td><td colspan="2">混凝土配合比申请单、通知单</td><td></td></tr>
<tr><td>C6-11</td><td colspan="2">混凝土抗压强度试验报告</td><td></td></tr>
<tr><td>C6-12</td><td colspan="2">混凝土试块强度统计、评定记录</td><td></td></tr>
<tr><td>C6-13</td><td colspan="2">混凝土抗渗试验报告</td><td></td></tr>
<tr><td>C6-14</td><td colspan="2">混凝土碱总量计算书</td><td></td></tr>
<tr><td rowspan="11">施工质量验收<br>记录(C7)</td><td rowspan="11">施工单位提供</td><td rowspan="7">检验批质<br>量验收记录</td><td>模板安装工程检验批质量验收记录表</td><td rowspan="11"></td></tr>
<tr><td>模板拆除工程检验批质量验收记录表</td></tr>
<tr><td>钢筋加工程检验批质量验收记录表</td></tr>
<tr><td>钢筋安装工程检验批质量验收记录表</td></tr>
<tr><td>混凝土原材料及配合比设计检验批质量验收记录表</td></tr>
<tr><td>混凝土施工工程检验批质量验收记录表</td></tr>
<tr><td>混凝土设备基础外观尺寸偏差检验批质量验收记录表</td></tr>
<tr><td rowspan="3">分项工程质<br>量验收记录</td><td>模板分项工程质量验收记录表</td></tr>
<tr><td>钢筋分项工程质量验收记录表</td></tr>
<tr><td>混凝土分项工程验收记录表</td></tr>
<tr><td>子分部工程<br>质量验收记录</td><td>混凝土基础子分部工程质量验收记录表</td></tr>
</table>

# 第二节 混凝土基础工程施工物资资料

## 一、材料、构配件进场检验记录

**表 C4-1** 材料、构配件进场检验记录

编号：×××

<table>
<tr><td colspan="2">工程名称</td><td colspan="3">×××工程</td><td>检验日期</td><td colspan="2">××年×月×日</td></tr>
<tr><td rowspan="2">序号</td><td rowspan="2">名称</td><td rowspan="2">规格型号</td><td rowspan="2">进场数量</td><td>生产厂家</td><td rowspan="2">检验项目</td><td rowspan="2">检验结果</td><td rowspan="2">备注</td></tr>
<tr><td>合格证号</td></tr>
<tr><td rowspan="2">1</td><td rowspan="2">螺纹钢筋</td><td rowspan="2">HRB335Φ22</td><td rowspan="2">××t</td><td>××钢铁公司</td><td rowspan="2">外观、质量证明文件</td><td rowspan="2">合格</td><td rowspan="2"></td></tr>
<tr><td>×××</td></tr>
<tr><td rowspan="2">2</td><td rowspan="2">盘圆</td><td rowspan="2">JQ235AΦ8</td><td rowspan="2">××t</td><td>××钢铁公司</td><td rowspan="2">外观、质量证明文件</td><td rowspan="2">合格</td><td rowspan="2"></td></tr>
<tr><td>×××</td></tr>
<tr><td rowspan="2">3</td><td rowspan="2">低松弛钢绞线</td><td rowspan="2">1×7—Φ15.24</td><td rowspan="2">××t</td><td>××预应力钢绞线公司</td><td rowspan="2">外观、质量证明文件</td><td rowspan="2">合格</td><td rowspan="2"></td></tr>
<tr><td>×××</td></tr>
<tr><td></td><td></td><td></td><td></td><td></td><td></td><td></td><td></td></tr>
<tr><td></td><td></td><td></td><td></td><td></td><td></td><td></td><td></td></tr>
<tr><td></td><td></td><td></td><td></td><td></td><td></td><td></td><td></td></tr>
<tr><td></td><td></td><td></td><td></td><td></td><td></td><td></td><td></td></tr>
<tr><td></td><td></td><td></td><td></td><td></td><td></td><td></td><td></td></tr>
<tr><td colspan="8">检验结论：<br><br>以上材料、构配件经外观检查合格，管径壁厚均匀，材质、规格型号及数量经复检均符合设计、规范要求，产品质量证明文件齐全。</td></tr>
<tr><td rowspan="3">签字栏</td><td rowspan="2">建设（监理）单位</td><td>施工单位</td><td colspan="5">××建筑工程公司</td></tr>
<tr><td>专业质检员</td><td colspan="3">专业工长</td><td colspan="2">检验员</td></tr>
<tr><td>×××</td><td>×××</td><td colspan="3">×××</td><td colspan="2">×××</td></tr>
</table>

**《材料、构配件进场检验记录表》填表说明：**

(1)资料流程：由直接使用所检查的材料及配件的施工单位填写，作为工程物资进场报验表填表进入资料流程。

(2)相关规定与要求：工程物资进场后，施工单位应及时组织相关人员检查外观、数量及供货单位提供的质量证明文件等，合格后填写本表。

(3)注意事项：

1)工程名称填写应准确、统一，日期应准确。

2)物资名称、规格、数量、检验项目和结果等填写应规范、准确。

3)检验结论及相关人员签字应清晰可辨认，严禁其他人代签。

4)按规定应进场复试的工程物资，必须在进场检查验收合格后取样复试。

(4)本表由施工单位填写并保存。

## 二、半成品钢筋出厂合格证

**表 C4-5** 半成品钢筋出厂合格证

编号：×××

| 工程名称 | | ××工程 | | | 合格证编号 | ××× | |
|---|---|---|---|---|---|---|---|
| 委托单位 | | ××建筑工程公司第×项目部 | | | 钢筋种类 | 热轧带肋钢筋 HRB335 | |
| 供应总量（t） | | 78 | | 加工日期 | ×××年×月×日 | 供货日期 | ×××年×月×日 |
| 序号 | 级别规格 | 供应数量（t） | 进货日期 | 生产厂家 | 原材报告编号 | 复试报告编号 | 使用部位 |
| 1 | HRB335 ⌀16 | 45 | 2007年6月20日 | ××加工厂 | ××× | 2007-×× | 地下一层柱 |
| 2 | HRB335 ⌀22 | 30 | 2007年6月20日 | ××加工厂 | ××× | 2007-×× | 地下一 层柱 |
| 3 | HRB335 ⌀18 | 25 | 2007年6月20日 | ××加工厂 | ××× | 2007-×× | 地下一 层柱 |
| | | | | | | | |
| | | | | | | | |
| | | | | | | | |
| | | | | | | | |
| | | | | | | | |
| | | | | | | | |

备注：

| 供应单位技术负责人 | 填表人 | 供应单位名称（盖章） |
|---|---|---|
| ××× | ××× |  |
| 填表日期 | ××年×月×日 | |

注：本表由半成品钢筋供应单位提供，建设单位、施工单位各保存一份。

## 三、预制混凝土构件出厂合格证

**表 C4-6**　　预制混凝土构件出厂合格证

编号：×××

<table>
<tr><td>工程名称及使用部位</td><td colspan="3">××工程　地下二层①～⑩/Ⓐ～Ⓗ轴</td><td colspan="2">合格证编号</td><td colspan="2">×××</td></tr>
<tr><td>构件名称</td><td colspan="2">预应力圆孔板</td><td>型号规格</td><td colspan="2">YKB—3</td><td>供应数量</td><td>100</td></tr>
<tr><td>制造厂家</td><td colspan="3">××预制构件厂</td><td colspan="2">企业等级证</td><td colspan="2">一级</td></tr>
<tr><td>标准图号或设计图纸号</td><td colspan="3">设计图纸　结施 4</td><td colspan="2">混凝土设计强度等级</td><td colspan="2">C30</td></tr>
<tr><td>混凝土浇筑日期</td><td colspan="3">××年×月×日至××年×月×日</td><td colspan="2">构件出厂日期</td><td colspan="2">××年×月×日</td></tr>
<tr><td rowspan="11">性能检验评定结果</td><td colspan="2">混凝土抗压强度</td><td colspan="5">主　筋</td></tr>
<tr><td colspan="2">达到设计强度(%)</td><td colspan="2">试验编号</td><td colspan="2">力学性能</td><td>工艺性能</td></tr>
<tr><td colspan="2">125</td><td colspan="2">×××</td><td colspan="2">钢筋屈服点、抗拉强度、伸长率均符合要求</td><td>见钢筋原材试验报告(××—0045)</td></tr>
<tr><td colspan="7">外　观</td></tr>
<tr><td colspan="3">质量状况</td><td colspan="4">规格尺寸</td></tr>
<tr><td colspan="3">合格</td><td colspan="4">3580mm×1180mm×120mm</td></tr>
<tr><td colspan="7">结构性能</td></tr>
<tr><td colspan="2">承载力(kPa)</td><td colspan="2">挠　度(mm)</td><td colspan="2">抗裂检验(kPa)</td><td>裂缝宽度(mm)</td></tr>
<tr><td colspan="2">2.00</td><td colspan="2">1.50</td><td colspan="2">1.40</td><td>0.12≤0.15($w_{max}$)</td></tr>
<tr><td colspan="7"></td></tr>
<tr><td colspan="7"></td></tr>
<tr><td colspan="6">备注：</td><td colspan="2">结论：<br>试件结构各项性能指标经检验均达到规范规定，质量合格，同意出厂</td></tr>
<tr><td colspan="2">供应单位技术负责人</td><td colspan="2">填表人</td><td colspan="4" rowspan="3">××预制构件厂<br>供应单位名称<br>(盖章)</td></tr>
<tr><td colspan="2">×××</td><td colspan="2">×××</td></tr>
<tr><td>填表日期</td><td colspan="3">××年×月×日</td></tr>
</table>

注：本表由预制混凝土构件供应单位提供，建设单位、施工单位各保存一份。

## 四、预拌混凝土出厂合格证

表 C4-8　　　　预拌混凝土出厂合格证

编号：×××

| 使用单位 | ××建筑工程 | | | 合格证编号 | ××× | |
|---|---|---|---|---|---|---|
| 工程名称与浇筑部分 | ××工程　基础底板①～⑩/Ⓐ～Ⓗ轴 | | | | | |
| 强度等级 | C35 | 抗渗等级 | P8 | 供应数量（$m^3$） | 868 | |
| 供应日期 | ××年×月×日 | 至 | ××年×月×日 | | | |
| 配合比编号 | ××× | | | | | |
| 原材料名称 | 水泥 | 砂 | 石 | 掺合抖 | | 外加剂 |
| 品种及规格 | P·O42.5R | 中砂 | 碎石 | Ⅱ级粉煤灰 | HNB—1 | |
| 试验编号 | ××－048 | ××－052 | ××－046 | ××－032 | ××－024 | |

| | 试验编号 | 强度值 | 试验编号 | 强度值 | 备注： |
|---|---|---|---|---|---|
| 每组抗压强度值 MPa | ××－0521 | 53.2 | 2007-0522 | 51.2 | |
| | ××－0523 | 51.8 | 2007-0524 | 51.3 | |
| | ××－0525 | 53.5 | 2007-0526 | 53.7 | |
| | ××－0527 | 50.9 | 2007-0528 | 48.0 | |
| | ××－0529 | 49.7 | 2007-0530 | 44.9 | |
| | | | | | |
| 抗渗试验 | 试验编号 | 指标 | 试验编号 | 指标 | |
| | ××－0056 | P＞8 | ××－0058 | P＞8 | |
| | | | | | |

| 抗压强度统计结果 | | | 结论： |
|---|---|---|---|
| 组数 $n$ | 平均值 | 最小值 | 合　格 |
| 10 | 50.8 | 44.9 | |

| 供应单位技术负责人 | 填表人 | |
|---|---|---|
| ××× | ××× | 供应单位名称（盖章） |
| 填表日期： | ××年×月×日 | |

注：本表由预拌混凝土供应单位提供，城建档案馆、建设单位、施工单位各保存一份。

## 五、材料试验报告

表 C4-13　　混凝土外加剂试验报告

编号：×××
试验编号：××－0036
委托编号：××－01460

| 工程名称 | ××工程 | | 试样编号 | 009 | |
|---|---|---|---|---|---|
| 委托单位 | ××× | | 试验委托人 | ××× | |
| 产品名称 | 缓凝减水剂 | 生产厂 | ××厂 | 生产日期 | ××年×月×日 |
| 代表数量 | 30kg | 来样日期 | ××年×月×日 | 试验日期 | ××年×月×日 |
| 试验项目 | 必试项目 | | | | |
| 试验结果 | 试验项目 | | 试验结果 | | |
| | (1)钢筋锈蚀 | | 无锈蚀作用 | | |
| | (2)凝结时间差 | | 初凝 165min，终凝 205min | | |
| | (3)28 天抗压强度比 | | 116% | | |
| | (4)减水率 | | 21.3% | | |
| | | | | | |
| | | | | | |
| | | | | | |

结论：

依据《混凝土外加剂》(GB 8076—1997)标准，所检项目达到合格品指标要求，对钢筋无锈蚀。

| 批准 | ××× | 审核 | ××× | 试验 | ××× |
|---|---|---|---|---|---|
| 试验单位 | ××建筑工程公司试验室 | | | | |
| 报告日期 | ××年×月×日 | | | | |

注：本表由试验单位提供，建设单位、施工单位、城建档案馆各保存一份。

表 C4-14

## 混凝土掺合料试验报告

编号：×××

试验编号：××－0015

委托编号：××－01480

| 工程名称 | ××工程 | | | 试样编号 | 002 |
|---|---|---|---|---|---|
| 委托单位 | ××× | | | 试验委托人 | ××× |
| 掺合料种类 | 粉煤灰 | 等级 | Ⅱ级 | 产地 | ××－热电厂 |
| 代表数量 | 200t | 来样日期 | ××年×月×日 | 试验日期 | ××年×月×日 |

| 试验结果 | | | | |
|---|---|---|---|---|
| | 一、细度 | (1)0.045mm 方孔筛筛余 | 17.4 | % |
| | | (2)80μm 方孔筛筛余 | / | % |
| | 二、需水量比 | | 99 | % |
| | 三、吸铵值 | | / | % |
| | 四、28 天水泥胶砂抗压强度比 | | 128 | % |
| | 五、烧失量 | | 7.5 | % |
| | 六、其他 | | | |
| | | | | |
| | | | | |

结论：

依据《用于水泥和混凝土中的粉煤灰》(GB/T 1596—2005)标准，符合Ⅱ级粉煤灰要求。

| 批准 | ××× | 审核 | ××× | 试验 | ××× |
|---|---|---|---|---|---|
| 试验单位 | ××建筑工程公司试验室 | | | | |
| 报告日期 | ××年×月×日 | | | | |

注：本表由试验单位提供，建设单位、施工单位保存一份。

**《材料试验报告》填表说明：**

(1)资料流程：材料试验报告由具备相应资质等级的检测单位出具，作为各种相关材料的附件进入资料流程。

(2)相关规定与要求：

1)对于不需要进场复试的物资，由供货单位直接提供。

2)对于需要进场复试的物资，由施工单位及时取样后送至规定的检测单位，检测单位根据相关标准进行试验后填写材料试验报告并返还施工单位。

(3)注意事项：

1)工程名称、使用部位及代表数量应准确并符合规范要求(应对检测单位告之准确内容)。

2)返还的试验报告应重点保存。

# 第三节 混凝土基础工程施工记录

## 一、隐蔽工程检查记录

**表 C5-1** 隐蔽工程检查记录

编号：×××

| 工程名称 | ××工程 | | |
|---|---|---|---|
| 隐检项目 | 钢筋绑扎 | 隐检日期 | ××年×月×日 |
| 隐检部位 | 地下二层 ①～⑫/Ⓐ～Ⓗ轴线－2.95～0.10 标高 | | |

隐检依据：施工图图号 结施－3，结施－4，结施－11，结施－12，设计变更/洽商（编号 ×××）及有关国家现行标准等。

主要材料名称：钢筋，绑扎丝

规格/型号：$\phi$12，$\phi$14

隐检内容：

(1)墙厚 300mm，钢筋双向双层，水平筋 $\phi$12@200，在内侧，竖向筋 $\phi$14@150，在外侧。

(2)墙体的钢筋搭接绑扎，搭接长度 42d($\phi$12:405mm/$\phi$14:588mm)，接头纵横错开 50%，接头净距 50mm。

(3)墙体筋定位筋采用 $\phi$12 竖向梯子筋，每跨 3 道，上口设水平梯子筋与主筋绑牢。

(4)竖向筋起步距柱 50mm，水平筋起步距梁 50mm，间距排距均匀。

(5)绑扎丝为双铅丝，每个相交点八字扣绑扎，丝头朝向混凝土内部。

(6)墙外侧保护层 35mm，内侧 20mm，采用塑料垫块间距 600mm 梅花型布置。

(7)钢筋均无锈污染已清理干净，如钢筋原材做复试，另附钢筋原材复试报告。试验编号(××)。

隐检内容已做完，请予以检查。

申报人：×××

检查意见：

经检查：

(1)地下二层，①～⑫/Ⓐ～Ⓗ轴墙钢筋品种、级别、规格、配筋数量、位置、间距符合设计要求。

(2)钢筋绑扎安装质量牢固，无漏扣现象，观感符合要求，搭结长度 42$d$。

(3)墙体定位梯子筋各部位尺寸间距准确与主筋绑扎。

(4)保护层厚度符合要求，采用塑料垫块绑扎牢固，间距 600mm，梅花型布置。

(5)钢筋无锈蚀无污染，近场复试合格，符合《混凝土结构工程施工质量验收规范》(GB 50204—2002)规定。

检查结论：☑同意隐蔽 □不同意，修改后进行复查

复查结论：

复查人： 复查日期：

| 签字栏 | 建设(监理)单位 | 施工单位 | ××建筑工程公司 | |
|---|---|---|---|---|
| | | 专业技术负责人 | 专业质检员 | 专业工长 |
| | ××× | ××× | ××× | ××× |

**《隐蔽工程检查记录表》填表说明：**

(1)资料流程：由施工单位填写后随各相应检验批进入资料流程，无对应检验批的直接报送监理单位审批后各相关单位存档。

(2)相关规定与要求：

1)工程名称、隐检项目、隐检部位及日期必须填写准确。

2)隐检依据、主要材料名称及规格型号应准确，尤其对设计变更、洽商等容易遗漏的资料应填写完全。

3)隐检内容应填写规范，必须符合各种规程规范的要求。

4)签字应完整，严禁他人代签。

(3)注意事项：

1)审核意见应明确，将隐检内容是否符合要求表述清楚。

2)复查结论主要是针对上一次隐检出现的问题进行复查，因此要对质量问题整改的结果描述清楚。

(4)本表由施工单位填报，建设单位、施工单位、城建档案馆各保存一份。

(5)规范规定的混凝土基础工程隐检项目及内容主要包括。

1)用于绑扎的钢筋的品种、规格、数量、位置、锚固和接头搁置、搭接长度、保护层厚度和除锈、除污情况、钢筋代用变更及胡子筋处理等；钢筋焊(连)接型式、焊(连)接种类、接头位置、数量及焊条、焊剂、焊口形式、焊缝长度、厚度及表面清渣和连接质量等。

2)检查预留孔道的规格、数量、位置、形状、端部的预埋垫板；预应力筋的下料长度、切断方法、竖向位置偏差、固定、护套的完整性；锚具、夹具、连接点的组装等。

## 二、预检记录

表 C5-2　　　　　　　　　　　　预检记录

编号：×××

| 工程名称 | ××工程 | 预检项目 | 模板 |
|---|---|---|---|
| 预检部位 | 地下一层墙体①～⑩/Ⓐ～Ⓗ轴 | 检查日期 | ××年×月×日 |

依据：施工图纸（施工图纸号　结施-6　）、
设计变更/洽商（编号　×××　）和有关规范、规程。
主要材料或设备：钢模板，木模板，架管等
规格/型号：

预检内容：

(1)模板清理干净，隔离剂涂刷均匀，擦拭光亮。
(2)清扫口留设、模内清理。
(3)模板方案支模，支撑系统的承载能力、刚度和稳定性。
(4)模板几何尺寸、轴线位置、垂直度、平整度、板间接缝。
(5)模板下口海绵条粘贴严密。
(6)模板采用12厚覆膜竹胶板，模板支撑木方间距25mm。水平支撑间距600mm。
(7)板厚：30mm。
(8)模板标高：－4.15m。
预检内容均已做完，请予检查

检查意见：

经检查：模板几何尺寸、轴线位置、预埋件、预留洞位置尺寸符合设计要求，标高传递准确，模板清理干净。脱模剂涂刷均匀。无遗漏。模内清理到位。板间接缝采用1cm成品海绵条，防止漏浆。按模板方案支撑，支撑系统的承载能力，刚度和稳定性。模板的垂直度，平整度均符合《混凝土结构工程施工质量验收规范》(GB 50204—2002)规定，可进行下道工序施工。

复查意见：

复查人：　　　　　　　　　　　　　　复查日期：

| 施工单位 | ××建筑工程公司 | |
|---|---|---|
| 专业技术负责人 | 专业质检员 | 专业工长 |
| ××× | ××× | ××× |

**《预检记录表》填表说明：**

(1)资料流程：由施工单位填写，随相应检验批进入资料流程。

(2)相关规定与要求：依据现行施工规范，对于其他涉及工程结构安全，实体质量实体质量及、建筑观感，及人身安全须做质量预控的重要工序，应做质量预控，做填写预检记录。

(3)注意事项：

1)检查意见应明确，一次验收未通过的要注明质量问题，并提出复查要求。

2)复查意见主要是针对上一次验收的问题进行的，因此应把质量问题改正的情况表述清楚。

(4)本表由施工单位保存。

## 三、施工检查记录

**表 C5-3**　　**施工检查记录(通用)**

编号:×××

<table>
<tr><td>工程名称</td><td>××工程</td><td>检查项目</td><td>钢筋焊接连接接头</td></tr>
<tr><td>检查部位</td><td>地下一层柱</td><td>检查日期</td><td>××年×月×日</td></tr>
<tr><td colspan="4">检查依据:<br>(1)施工图纸建-1,建-5。<br>(2)《建筑地基基础工程施工质量验收规范》(GB 50203—2002)</td></tr>
<tr><td colspan="4">检查内容:<br>(1)接头的种类、形式:钢筋电渣压力焊接头<br>(2)接头钢材的品种用规格:热轧带肋钢筋　HRB335⏀18<br>(3)接头位置及同一连接区段接头百分率<br>(4)连接材料情况:焊剂　HJ431 型<br>(5)接头长度<br>(6)接头外观质量:焊包较均匀,突出部分最少高出钢筋表面 4mm,无气孔、无烧边、无焊包下流现象。焊渣清理干净。钢筋与电极接触处,表面无明显的烧伤等缺陷。接头处钢筋轴线的偏移不超过钢筋直径的 0.1 倍,同时不大于 2mm。接头处的弯折角不大于 3°。<br>(7)连接区段箍筋设置:⏀10@100<br>(8)其他:　/<br>(9)接头试验单编号及试验结果:接头试验单编号:2006-××,试验结果合格</td></tr>
<tr><td colspan="4">检查结论:<br>合格</td></tr>
<tr><td colspan="4">复查意见:<br><br>复查人:　　　　复查日期:</td></tr>
</table>

| 施工单位 | ××建筑工程公司 | |
|---|---|---|
| 专业技术负责人 | 专业质检员 | 专业工长 |
| ××× | ××× | ××× |

**《施工检查记录》填表说明：**

(1)资料流程：由施工单位填写并保存。

(2)相关规定与要求：按照现行规范要求应进行施工检查的重要工序，且无与其相适应的施工记录表格的，施工检查记录（通用）适用于各专业。

(3)注意事项：对隐蔽检查记录和预检记录不适用的其他重要工序，应按照现行规范要求进行施工质量检查，填写《施工检查记录（通用）》。施工检查记录（通用）适用于各专业。

## 四、混凝土检查记录

### 1. 混凝土浇灌申请书

表 C5-8　　**混凝土浇灌申请书**

编号：×××

| 工程名称 | ××工程 | 申请浇灌日期 | ××年×月×日×时 |
|---|---|---|---|
| 申请浇灌部位 | 地下一层①～⑩/Ⓐ～Ⓙ轴柱 | 申请方量($m^3$) | |
| 技术要求 | 坍落度 170cm,初凝时间 2.3h | 强度等级 | C35 |
| 搅拌方式(搅拌站名称) | ××混凝土公司 | 申请人 | ××× |

依据：施工图纸(施工图纸号　结施一3　)、设计变更/洽商(编号　/　)和有关规范、规程。

| 施工准备检查 | 专业工长(质量员)签字 | 备注 |
|---|---|---|
| 1. 隐检情况：☑已　□未完成隐检。 | ××× | |
| 2. 预检情况：☑已　□未完成预检。 | ××× | |
| 3. 水电预埋情况：☑已　□未完成并未经检查。 | ××× | |
| 4. 施工组织情况：☑已　□未完备。 | ××× | |
| 5. 机械设备准备情况：☑已　□未准备。 | ××× | |
| 6. 保温及有关准备：☑已　□未准备。 | ××× | |
| | | |
| | | |

审批意见：

原材料、机械设备及施工人员已就位。
施工方案及技术交底工作已落实。
计量设备已准备完毕。
各种隐预检、水电预埋工作已完成。

审批结论：☑同意浇筑　□整改后自行浇筑　□不同意，整改后重新申请

| 审批人： | ××× | 审批日期： | ××年×月×日 |
|---|---|---|---|
| 施工单位名称 | ××工程公司 | | |

**《混凝土浇灌申请书》填表说明：**

(1)资料流程：由施工单位填写并保存，在浇筑混凝土之前报送监理单位备案。

(2)相关规定与要求：正式浇筑混凝土前，施工单位应检查各项准备工作(如钢筋、模板工程检查；水电预埋检查；材料、设备及其他准备等)，自检合格填写《混凝土浇灌申请书》报监理单位后方可浇筑混凝土。

(3)其他："技术要求"栏应依据混凝土合同的具体要求填写。

2. 预拌混凝土运输单

表 C5-9　　　　预拌混凝土运输单(正本)

编号：×××

<table>
<tr><td>合同编号</td><td colspan="3">×××</td><td colspan="3">任务单号</td><td colspan="2">×××</td></tr>
<tr><td>供应单位</td><td colspan="3">××混凝土公司</td><td colspan="3">生产日期</td><td colspan="2">××年×月×日</td></tr>
<tr><td>工程名称及施工部位</td><td colspan="8">××工程　地下一层　⑥～⑫/Ⓑ～Ⓖ轴墙体</td></tr>
<tr><td>委托单位</td><td colspan="2">×××</td><td>混凝土强度等级</td><td colspan="2">C30</td><td colspan="2">抗渗等级</td><td>/</td></tr>
<tr><td>混凝土输送方式</td><td colspan="2">泵送</td><td>其他技术要求</td><td colspan="5">/</td></tr>
<tr><td>本车供应方量(m³)</td><td colspan="2">30</td><td>要求坍落度(mm)</td><td colspan="2">140～160</td><td colspan="2">实测坍落度(mm)</td><td>150</td></tr>
<tr><td>配合比编号</td><td colspan="2">××—0012</td><td>配合比比例</td><td colspan="5">C∶W∶S∶G=1.0∶0.49∶2.42∶3.17</td></tr>
<tr><td>运距(km)</td><td>20</td><td>车号</td><td>×××</td><td>车次</td><td>16</td><td colspan="2">司机</td><td>×××</td></tr>
<tr><td>出站时间</td><td>13∶38</td><td>到场时间</td><td colspan="2">14∶28</td><td colspan="3">现场出罐温度(℃)</td><td>20</td></tr>
<tr><td>开始浇筑时间</td><td>14∶36</td><td>完成浇筑时间</td><td colspan="2"></td><td colspan="3">现场坍落度(mm)</td><td>150</td></tr>
<tr><td rowspan="2">签字栏</td><td colspan="2">现场验收人</td><td colspan="3">混凝土供应单位质量员</td><td colspan="3">混凝土供应单位签发人</td></tr>
<tr><td colspan="2">×××</td><td colspan="3">×××</td><td colspan="3">×××</td></tr>
</table>

表 C5-9　　　　预拌混凝土运输单(副本)

编号：×××

<table>
<tr><td>合同编号</td><td colspan="3">×××</td><td colspan="3">任务单号</td><td colspan="2">×××</td></tr>
<tr><td>供应单位</td><td colspan="3">××混凝土公司</td><td colspan="3">生产日期</td><td colspan="2">××年×月×日</td></tr>
<tr><td>工程名称及施工部位</td><td colspan="8">××工程　地下一层　⑥～⑫/Ⓑ～Ⓖ轴墙体</td></tr>
<tr><td>委托单位</td><td colspan="2">×××</td><td>混凝土强度等级</td><td colspan="2">C30</td><td colspan="2">抗渗等级</td><td>/</td></tr>
<tr><td>混凝土输送方式</td><td colspan="2">泵送</td><td>其他技术要求</td><td colspan="5">/</td></tr>
<tr><td>本车供应方量(m³)</td><td colspan="2">30</td><td>要求坍落度(mm)</td><td colspan="2">140～160</td><td colspan="2">实测坍落度(mm)</td><td>150</td></tr>
<tr><td>配合比编号</td><td colspan="2">××—0012</td><td>配合比比例</td><td colspan="5">C∶W∶S∶G=1.0∶0.49∶2.42∶3.17</td></tr>
<tr><td>运距(km)</td><td>20</td><td>车号</td><td>×××</td><td>车次</td><td>16</td><td colspan="2">司机</td><td>×××</td></tr>
<tr><td>出站时间</td><td>13∶38</td><td>到场时间</td><td colspan="2">14∶28</td><td colspan="3">现场出罐温度(℃)</td><td>20</td></tr>
<tr><td>开始浇筑时间</td><td>14∶36</td><td>完成浇筑时间</td><td colspan="2"></td><td colspan="3">现场坍落度(mm)</td><td>150</td></tr>
<tr><td rowspan="2">签字栏</td><td colspan="2">现场验收人</td><td colspan="3">混凝土供应单位质量员</td><td colspan="3">混凝土供应单位签发人</td></tr>
<tr><td colspan="2">×××</td><td colspan="3">×××</td><td colspan="3">×××</td></tr>
</table>

3. 混凝土开盘鉴定

**表 C5-10**　　　　**混凝土开盘鉴定**

编号：×××

| 工程名称及部位 | ××工程地下一层①～⑤/Ⓐ～Ⓟ轴框架柱 | | | | 鉴定编号 | ×××× | | |
|---|---|---|---|---|---|---|---|---|
| 施工单位 | ××建筑工程公司 | | | | 搅拌方式 | 强制式搅拌机 | | |
| 强度等级 | C35 | | | | 要求坍落度 | 160～180cm | | |
| 配合比编号 | ××—0682 | | | | 试配单位 | ××混凝土公司试验室 | | |
| 水灰比 | 0.46 | | | | 砂率(%) | 42 | | |
| 材料名称 | 水泥 | 砂 | 石 | 水 | 外加剂 | | 掺合料 | |
| 每 m³ 用料(kg) | 323 | 773 | 1053 | 180 | 8.7 | | 91 | |
| 调整后每盘用料(kg) | 砂含水率 | 5.4 | % | | | 石含水率 | 0.2 | % |
| | 646 | 1629 | 2110 | 272 | 17.4 | 182 | | |

| 鉴定结果 | 鉴定项目 | 混凝土拌合物性能 | | | 混凝土试块抗压强度(MPa) | 原材料与申请单是否相符 |
|---|---|---|---|---|---|---|
| | | 坍落度 | 保水性 | 粘聚性 | | |
| | 设计 | 160～180cm | | | 42.2 | 相符 |
| | 实测 | 170cm | 良好 | 良好 | | |

鉴定结论：

**同意 C35 混凝土开盘鉴定结果，鉴定合格**

| 建设(监理)单位 | 混凝土试配单位负责人 | 施工单位技术负责人 | 搅拌机组负责人 |
|---|---|---|---|
| ××× | ××× | ××× | ××× |
| 鉴定日期 | ××年×月×日 | | |

**《混凝土开盘鉴定》填表说明：**

(1)资料流程：由施工单位填写。

(2)相关规定与要求：采用预拌混凝土的，应对首次使用的混凝土配合比在混凝土出厂前，由混凝土供应单位自行组织相关人员进行开盘鉴定。采用现场搅拌混凝土的，应由施工单位组织监理单位、搅拌机组、混凝土试配单位进行开盘鉴定工作，共同认定试验室签发的混凝土配合比确定的组成材料是否与现场施工所用材料相符，以及混凝土拌合物性能是否满足设计要求和施工需要。

(3)注意事项：表中各项都应根据实际情况填写清楚、齐全，要有明确的鉴定结果和结论，签字齐全。

(4)采用现场搅拌混凝土的工程，本表由施工单位填写并保存。

4. 混凝土拆模申请单

**表 C5-11**　　　　**混凝土拆模申请单**

编号：×××

<table>
<tr><td>工程名称</td><td colspan="5">×××工程</td></tr>
<tr><td>申请<br>拆模部位</td><td colspan="5">地下二层①～⑨/Ⓐ～Ⓖ顶板梁</td></tr>
<tr><td>混凝土<br>强度等级</td><td>C25</td><td>混凝土浇筑完成<br>时间</td><td>××年×月×日</td><td>申请<br>拆模日期</td><td>××年×月×日</td></tr>
<tr><td colspan="6">构件类型<br>（注：在所选构件类型的□内划“√”）</td></tr>
<tr><td>□墙</td><td>□柱</td><td>板：<br>□跨度≤2m<br>☑2m<跨度≤8m<br>□跨度>8m</td><td>梁：<br>☑跨度≤8m<br>□跨度>8m</td><td>□悬臂构件</td><td>______<br>______<br>______</td></tr>
<tr><td colspan="2">拆模时混凝土强度要求</td><td>龄期<br>（天）</td><td>同条件混凝土抗<br>压强度（MPa）</td><td>达到设计强度<br>要求（%）</td><td>强度报告编号</td></tr>
<tr><td colspan="2">应达到设计强度的 75 %<br>（或____MPa）</td><td>18</td><td>20</td><td>80</td><td>××－018</td></tr>
<tr><td colspan="6">审批意见：<br><br>同意该部位混凝土拆模申请。<br><br>批准拆模日期：××年×月×日</td></tr>
<tr><td colspan="2">施工单位</td><td colspan="4">××建筑工程公司</td></tr>
<tr><td colspan="2">专业技术负责人</td><td colspan="2">专业质检员</td><td colspan="2">申请人</td></tr>
<tr><td colspan="2">×××</td><td colspan="2">×××</td><td colspan="2">×××</td></tr>
</table>

**《混凝土拆模申请单》填表说明：**

(1)资料流程：由施工单位填写、保存，在拆模前报送监理单位审核。

(2)相关规定与要求：在拆除现浇混凝土结构板、梁、悬臂构件等底模和柱墙侧模前，应填写混凝土拆模申请单并附同条件混凝土强度等级报告，报项目专业负责人审批后报监理单位审核，通过后方可拆模。

(3)其他：

1)拆模时混凝土强度规定：当设计有要求时，应按设计要求；当设计无要求时，应按现行规范要求。

2)如结构型式复杂(结构跨度变化较大)或平面不规则，应附拆模平面示意图。

5. 混凝土搅拌、养护测温记录

表 C5-12

**混凝土搅拌测温记录**

编号：×××

| 工程名称 | ×××工程 | | | | | | | | | | | | |
|---|---|---|---|---|---|---|---|---|---|---|---|---|---|
| 混凝土强度等级 | C25 | | | | | 坍落度 | | 80mm | | | | | |
| 水泥品种及强度等级 | P·O 42.5 | | | | | 搅拌方式 | | 机械 | | | | | |
| 测温时间 | | | | 大气温度（℃） | 原材料温度（℃） | | | | 出罐温度（℃） | 入模温度（℃） | 备注 | | |
| 年 | 月 | 日 | 时 | | 水泥 | 砂 | 石 | 水 | | | | | |
| ×× | × | × | 10 | +5 | +5 | +16 | +4 | +62 | +18 | +16 | 现场搅拌 | | |
| ×× | × | × | 12 | +6 | +5 | +15 | +4 | +61 | +18 | +16 | 现场搅拌 | | |
| ×× | × | × | 14 | +8 | +5 | +12 | +5 | +65 | +20 | +17 | 现场搅拌 | | |
| ×× | × | × | 16 | +6 | | | | | +18 | +15 | 现场搅拌 | | |
| ×× | × | × | 18 | +5 | | | | | +19 | +16 | 商品混凝土 | | |
| ×× | × | × | 20 | +2 | | | | | +17 | +15 | 商品混凝土 | | |
| ×× | × | × | 22 | 0 | | | | | +18 | +16 | 商品混凝土 | | |
| ×× | × | × | 24 | −2 | | | | | +19 | +16 | 商品混凝土 | | |
| | | | | | | | | | | | | | |
| | | | | | | | | | | | | | |
| | | | | | | | | | | | | | |
| | | | | | | | | | | | | | |
| | | | | | | | | | | | | | |
| | | | | | | | | | | | | | |
| | | | | | | | | | | | | | |
| | | | | | | | | | | | | | |
| 施工单位 | ××建筑工程公司 | | | | | | | | | | | | |
| 专业技术负责人 | 专业质检员 | | | | | | 记录人 | | | | | | |
| ××× | ××× | | | | | | ××× | | | | | | |

**《混凝土搅拌测温记录》填表说明：**

(1)资料流程：由施工单位填写并保存，需按时提供给监理单位。

(2)相关规定与要求：

1)冬季混凝土施工时，应进行搅拌和养护的测温记录。

2)混凝土冬期施工搅拌测温记录应包括大气温度、原材料温度、出罐温度、入模温度等。

3)混凝土冬施养护测温应先绘制测温点布置图，包括测温点的部位、深度等。测温记录应包括大气温度、各测温孔的实测温度、同一时间测得的各测温孔的平均温度和间隔时间等。

(3)注意事项："备注"栏内应填写"现场搅拌"或"预拌混凝土"。

6. 大体积混凝土养护测温记录表

**表 C5-14** **大体积混凝土养护测温记录表**

编号：×××

| 工程名称 | ××工程 | | 施工单位 | ××建筑工程公司 | |
|---|---|---|---|---|---|
| 测温部位 | 地下一层①～⑤/Ⓐ～Ⓙ轴 | 测温方式 | 隔离测温 | 养护方法 | 浇水覆盖 |

| 测温时间 | | | 大气温度（℃） | 入模温度（℃） | 孔号 | 各测温孔温度（℃） | | $t_中-t_上$（℃） | $t_中-t_下$（℃） | $t_气-t_上$（℃） | 内外最大温差记录（℃） | 裂缝宽度（mm） |
|---|---|---|---|---|---|---|---|---|---|---|---|---|
| 月 | 日 | 时 | | | | | | | | | | |
| × | × | 10 | 29 | | 1# | 上 | 32.5 | 6 | 4 | −3.5 | | |
| | | | | | | 中 | | | | | | |
| | | | | | | 下 | | | | | | |
| × | × | 12 | 30 | | 2# | 上 | | 13 | 9 | −2 | | |
| | | | | | | 中 | 45.0 | | | | | |
| | | | | | | 下 | 36.0 | | | | | |
| × | × | 14 | 32 | | 3# | 上 | 33.0 | 12 | 5 | −1 | | |
| | | | | | | 中 | 45.0 | | | | | |
| | | | | | | 下 | 40.0 | | | | | |
| × | × | 16 | 30 | | 4# | 上 | 30.0 | 13 | 7 | 0 | | |
| | | | | | | 中 | 43.0 | | | | | |
| | | | | | | 下 | 38.0 | | | | | |
| | | | | | | 上 | | | | | | |
| | | | | | | 中 | | | | | | |
| | | | | | | 下 | | | | | | |
| | | | | | | 上 | | | | | | |
| | | | | | | 中 | | | | | | |
| | | | | | | 下 | | | | | | |
| | | | | | | 上 | | | | | | |
| | | | | | | 中 | | | | | | |
| | | | | | | 下 | | | | | | |

审核意见：

**混凝土测温点布置及测温措施控制，各项数据符合设计、规范要求。**

××年×月×日

| 施工单位 | ××建筑工程公司 | |
|---|---|---|
| 专业技术负责人 | 专业工长 | 测温员 |
| ××× | ××× | ××× |

**《大体积混凝土养护测温记录表》填表说明：**

(1)资料流程：由施工单位填写并保存，需按时提供给监理单位。

(2)相关规定与要求：

1)大体积混凝土施工应有对混凝土入模时大气温度、养护温度记录、内外温差记录和裂缝进行检查并记录。

2)大体积混凝土养护测温应附测温点布置图，包括测温点的布置位置、深度等。

(3)注意事项：大体积混凝土养护测温记录应真实、及时，严禁弄虚作假。

(4)其他：附测温点布置图，$t_{气}$ 表示大气温度。

## 五、构件吊装记录表

表 C5-15　　　　构件吊装记录

编号：×××

<table>
<tr><td colspan="2">工程名称</td><td colspan="6">××工程</td></tr>
<tr><td colspan="2">使用部位</td><td colspan="2">地下一层</td><td>吊装日期</td><td colspan="3">××年×月×日</td></tr>
<tr><td rowspan="2">序号</td><td rowspan="2">构件名称<br>及编号</td><td rowspan="2">安装位置</td><td colspan="4">安装检查</td><td rowspan="2">备　注</td></tr>
<tr><td>搁置与搭接尺寸</td><td>接头(点)处理</td><td>固定方法</td><td>标高检查</td></tr>
<tr><td>1</td><td>预应力<br>板 1#</td><td>①～③/<br>Ⓐ～Ⓙ轴</td><td>70mm</td><td>焊接混凝土<br>灌缝</td><td>焊接</td><td>22.8</td><td></td></tr>
<tr><td></td><td></td><td></td><td></td><td></td><td></td><td></td><td></td></tr>
<tr><td></td><td></td><td></td><td></td><td></td><td></td><td></td><td></td></tr>
<tr><td></td><td></td><td></td><td></td><td></td><td></td><td></td><td></td></tr>
<tr><td></td><td></td><td></td><td></td><td></td><td></td><td></td><td></td></tr>
<tr><td></td><td></td><td></td><td></td><td></td><td></td><td></td><td></td></tr>
<tr><td></td><td></td><td></td><td></td><td></td><td></td><td></td><td></td></tr>
<tr><td></td><td></td><td></td><td></td><td></td><td></td><td></td><td></td></tr>
<tr><td></td><td></td><td></td><td></td><td></td><td></td><td></td><td></td></tr>
<tr><td></td><td></td><td></td><td></td><td></td><td></td><td></td><td></td></tr>
<tr><td></td><td></td><td></td><td></td><td></td><td></td><td></td><td></td></tr>
<tr><td></td><td></td><td></td><td></td><td></td><td></td><td></td><td></td></tr>
<tr><td></td><td></td><td></td><td></td><td></td><td></td><td></td><td></td></tr>
<tr><td colspan="8">结论：<br><br>预应力板有出厂合格证，外观、型号数量等各项技术指标符合设计要求及规范规定，构件合格</td></tr>
<tr><td colspan="3">施工单位</td><td colspan="5">××建筑工程公司</td></tr>
<tr><td colspan="3">专业技术负责人</td><td colspan="3">专业质检员</td><td colspan="2">记录人</td></tr>
<tr><td colspan="3">×××</td><td colspan="3">×××</td><td colspan="2">×××</td></tr>
</table>

**《构件吊装记录》填表说明：**

(1)资料流程：由施工单位填写并保存。

(2)相关规定与要求：预制混凝土结构构件、大型钢、木构件吊装应有《构件吊装记录》(表C5-15)，吊装记录内容包括构件型号名称、安装位置、外观检查、楼板堵孔、清理、锚固、构件支点的搁置与搭接长度、接头处理、固定方法、标高、垂直偏差等，应符合设计和现行标准、规范要求。

(3)注意事项："备注"栏内应填写吊装过程中出现的问题、处理措施及质量情况等。对于重要部位或大型构件的吊装工程，应有专项安全交底。

## 六、其他施工检查记录

### 1. 焊接材料烘焙记录

**表 C5-16**　　**焊接材料烘焙记录**

编号：×××

<table>
<tr><td>工程名称</td><td colspan="10">×××工程</td></tr>
<tr><td>焊材牌号</td><td>E 4311</td><td>规格(mm)</td><td colspan="3">3.2×350</td><td colspan="2">焊材厂家</td><td colspan="3">×××</td></tr>
<tr><td>钢材材质</td><td>热轧带肋</td><td>烘焙方法</td><td colspan="3"></td><td colspan="2">烘焙日期</td><td colspan="3">××年×月×日</td></tr>
<tr><td rowspan="3">序号</td><td rowspan="3">施焊部位</td><td rowspan="3">烘焙数量(kg)</td><td colspan="5">烘焙要求</td><td colspan="2">保温要求</td><td rowspan="3">备注</td></tr>
<tr><td rowspan="2">烘干温度(℃)</td><td rowspan="2">烘干时间(h)</td><td colspan="3">实际烘焙</td><td rowspan="2">降至恒温(℃)</td><td rowspan="2">保温时间(h)</td></tr>
<tr><td>烘焙日期</td><td>从时分</td><td>至时分</td></tr>
<tr><td>1</td><td>首层①～⑥/Ⓐ～Ⓔ框架柱</td><td>100</td><td>280</td><td>2</td><td>××年×月×日</td><td>8：30</td><td>10：30</td><td>30</td><td>4</td><td></td></tr>
<tr><td></td><td></td><td></td><td></td><td></td><td></td><td></td><td></td><td></td><td></td><td></td></tr>
<tr><td></td><td></td><td></td><td></td><td></td><td></td><td></td><td></td><td></td><td></td><td></td></tr>
<tr><td></td><td></td><td></td><td></td><td></td><td></td><td></td><td></td><td></td><td></td><td></td></tr>
<tr><td></td><td></td><td></td><td></td><td></td><td></td><td></td><td></td><td></td><td></td><td></td></tr>
<tr><td></td><td></td><td></td><td></td><td></td><td></td><td></td><td></td><td></td><td></td><td></td></tr>
<tr><td></td><td></td><td></td><td></td><td></td><td></td><td></td><td></td><td></td><td></td><td></td></tr>
<tr><td></td><td></td><td></td><td></td><td></td><td></td><td></td><td></td><td></td><td></td><td></td></tr>
<tr><td></td><td></td><td></td><td></td><td></td><td></td><td></td><td></td><td></td><td></td><td></td></tr>
<tr><td></td><td></td><td></td><td></td><td></td><td></td><td></td><td></td><td></td><td></td><td></td></tr>
<tr><td></td><td></td><td></td><td></td><td></td><td></td><td></td><td></td><td></td><td></td><td></td></tr>
<tr><td></td><td></td><td></td><td></td><td></td><td></td><td></td><td></td><td></td><td></td><td></td></tr>
<tr><td colspan="11">说明：<br>(1)焊条、焊剂等在使用前，应按产品说明书及有关工艺文件规定的技术要求进行烘干。<br>(2)焊接材料烘干后应存放在保温箱内，随用随取，焊条由保温箱(筒)取出到施焊的时间不得超过 2 小时，酸性焊条不宜超过 4 小时。烘干温度 250～300℃。</td></tr>
<tr><td colspan="3">施工单位</td><td colspan="8">××建筑工程公司</td></tr>
<tr><td colspan="3">专业技术负责人</td><td colspan="4">专业质检员</td><td colspan="4">记录人</td></tr>
<tr><td colspan="3">×××</td><td colspan="4">×××</td><td colspan="4">×××</td></tr>
</table>

**《焊接材料烘焙记录》填表说明：**

(1)资料流程：由施工单位填写并保存。

(2)相关规定与要求：按照规范、标准和工艺文件等规定应须进行烘焙的焊接材料应在使用前按要求进行烘焙，并填写《烘焙记录》。烘焙记录内容包括烘焙方法、烘干温度、要求烘干时间、实际烘焙时间和保温要求等。

2. 预应力工程施工记录

**表 C5-20　　预应力筋张拉记录(一)**

编号：×××

<table>
<tr><td>工程名称</td><td colspan="2">××工程</td><td>张拉日期</td><td colspan="2">××年×月×日</td></tr>
<tr><td>施工部位</td><td colspan="2">地下一层预应力板筋③～⑧轴</td><td>预应力筋规格<br>及抗拉强度</td><td colspan="2">$\phi$5　1570N(m³)</td></tr>
<tr><td colspan="6">预应力张拉程序及平面示意图：<br><br>预量预应力筋长度→安装锚具→装千斤顶开始张拉→预应力达到 1.03$\sigma_{con}$→顶紧锚具→退出千斤顶→量预应力筋长度→实测伸长值与计算伸长值比较<br><br>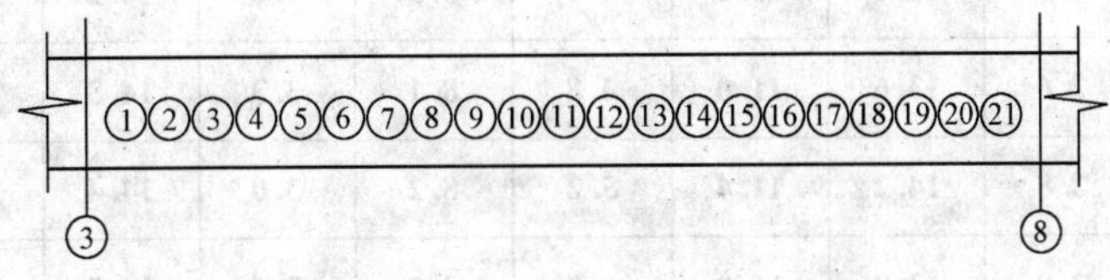<br><br><br>□有　☑无附页</td></tr>
<tr><td colspan="2">张拉端锚具类型</td><td></td><td>固定端锚具类型</td><td colspan="2"></td></tr>
<tr><td colspan="2">设计控制应力</td><td>305kN</td><td>实际张拉力</td><td colspan="2">308kN</td></tr>
<tr><td colspan="2" rowspan="2">千斤顶编号</td><td>1# (表号 498)</td><td rowspan="2">压力表编号</td><td colspan="2">20.1</td></tr>
<tr><td>2# (表号 457)</td><td colspan="2">20.3</td></tr>
<tr><td colspan="2">混凝土设计强度</td><td>C50</td><td>张拉时混凝土实际强度</td><td colspan="2">75MPa</td></tr>
<tr><td colspan="6">预应力筋计算伸长值：<br><br>$\Delta L=\frac{E_p \cdot L}{AP \cdot E_s}\qquad \frac{308\times27400}{15\times19.63\times200}=143\text{mm}$</td></tr>
<tr><td colspan="6">预应力筋伸长值范围：<br><br>136～157mm</td></tr>
<tr><td colspan="2">施工单位</td><td colspan="4">××建筑公司</td></tr>
<tr><td colspan="2">专业技术负责人</td><td colspan="2">专业质检员</td><td colspan="2">记录人</td></tr>
<tr><td colspan="2">×××</td><td colspan="2">×××</td><td colspan="2">×××</td></tr>
</table>

表 C5-21

## 预应力筋张拉记录(二)

编号：×××

| 工程名称 | ××工程 | | | | | 张拉日期 | ××年×月×日 | | |
|---|---|---|---|---|---|---|---|---|---|
| 施工部位 | 地下一层预应力板筋 | | | | | | | | |
| 张拉顺序编号 | 计算值 | 预应力筋张拉伸长实测值(cm) | | | | | | | 备注 |
| | | 一端张拉 | | | 另一端张拉 | | | 总伸长 | |
| | | 原长 $L_1$ | 实长 $L_2$ | 伸长 $\Delta L$ | 原长 $L_1'$ | 实长 $L_2'$ | 伸长 $\Delta L'$ | | |
| 7#1孔 | 14.2 | 2.3 | 13.2 | 10.9 | 5.1 | 8.5 | 3.4 | 14.3 | |
| 7#2孔 | 14.2 | 3.0 | 13.6 | 10.6 | 4.9 | 8.5 | 3.6 | 14.2 | |
| 7#3孔 | 14.2 | 2.6 | 13.6 | 11.0 | 4.8 | 8.1 | 3.3 | 14.3 | |
| 7#4孔 | 14.2 | 2.8 | 14.2 | 11.4 | 5.2 | 8.2 | 3.0 | 14.4 | |
| 8#1孔 | 14.3 | 2.9 | 13.9 | 11.0 | 6.0 | 9.5 | 3.5 | 14.5 | |
| 8#2孔 | 14.3 | 2.5 | 13.6 | 11.1 | 4.0 | 7.6 | 3.6 | 14.7 | |
| 8#3孔 | 14.3 | 3.3 | 14.1 | 10.8 | 3.9 | 7.6 | 3.6 | 14.4 | |
| 8#4孔 | 14.3 | 2.9 | 14.3 | 11.4 | 3.8 | 6.9 | 3.1 | 14.5 | |
| 9#1孔 | 14.4 | 3.2 | 14.3 | 11.1 | 4.0 | 7.6 | 3.6 | 14.7 | |
| 9#2孔 | 14.4 | 2.7 | 13.5 | 10.8 | 3.0 | 6.6 | 3.6 | 14.4 | |
| | | | | | | | | | |
| | | | | | | | | | |
| | | | | | | | | | |
| | | | | | | | | | |
| | | | | | | | | | |
| | | | | | | | | | |
| | | | | | | | | | |

| ☑有 □无见证 | 见证单位 | ×××公司 | 见证人 | ××× |
|---|---|---|---|---|
| 施工单位 | ××建筑工程公司 | | | |
| 专业技术负责人 | 专业质检员 | 记录人 | | |
| ××× | ××× | ××× | | |

**《预应力筋张拉记录》填表说明：**

(1)资料流程：由施工单位填写，建设单位、施工单位、城建档案馆各保存一份。

(2)相关规定与要求：

1)预应力筋张拉记录：应由专业施工人员负责填写。预应力筋张拉记录(一)包括预应力施工部位、预应力筋规格、平面示意图、张拉程序、应力记录、伸长量等。预应力筋张拉记录(二)对每根预应力筋的张拉实测值进行记录。后张法预应力张拉施工应执行实行见证管理，按规定要求做见证张拉记录。

2)有粘结预应力结构灌浆记录：后张法有粘结预应力筋张拉后应及时灌浆，并做灌浆记录，记录内容包括灌浆孔状况、水泥浆配比状况、灌浆压力、灌浆量，并有灌浆点简图和编号等。

3)预应力张拉原始施工记录应归档保存。

4)预应力工程施工记录有相应资质的专业施工单位负责提供。

# 第四节　混凝土基础工程施工试验记录

## 一、钢筋连接施工试验记录

表 C6-6　　钢筋连接试验报告

编号：×××

试验编号：××－0016

委托编号：××－01685

<table>
<tr><td colspan="2">工程名称及部位</td><td colspan="4">××工程地下室框架梁</td><td colspan="2">试件编号</td><td colspan="2">007</td></tr>
<tr><td colspan="2">委托单位</td><td colspan="4">××建筑工程公司</td><td colspan="2">试验委托人</td><td colspan="2">×××</td></tr>
<tr><td colspan="2">接头类型</td><td colspan="4">滚轧直螺纹连接</td><td colspan="2">检验形式</td><td colspan="2">/</td></tr>
<tr><td colspan="2">设计要求<br>接头性能等级</td><td colspan="4">A 级</td><td colspan="2">代表数量</td><td colspan="2">300 个</td></tr>
<tr><td colspan="2">连接钢筋种类<br>及牌号</td><td>HRB335</td><td>公称直径</td><td>20<br>(mm)</td><td colspan="2">原材试验编号</td><td colspan="3">××－006</td></tr>
<tr><td colspan="2">操作人</td><td>×××</td><td>来样日期</td><td>××年×月×日</td><td colspan="2">试验日期</td><td colspan="3">××年×月×日</td></tr>
<tr><td colspan="3">接头试件</td><td colspan="2">母材试件</td><td colspan="3">弯曲试件</td><td colspan="2" rowspan="2">备注</td></tr>
<tr><td>公称面积<br>(mm²)</td><td>抗拉强度<br>(MPa)</td><td>断裂特征<br>及位置</td><td>实测面积<br>(mm²)</td><td>抗拉强度<br>(MPa)</td><td>弯心直径</td><td>角度</td><td>结果</td></tr>
<tr><td>314.2</td><td>595</td><td>母材拉断</td><td>314.2</td><td>600</td><td></td><td></td><td></td><td colspan="2"></td></tr>
<tr><td>314.2</td><td>600</td><td>母材拉断</td><td>314.2</td><td>595</td><td></td><td></td><td></td><td colspan="2"></td></tr>
<tr><td>314.2</td><td>605</td><td>母材拉断</td><td>/</td><td>/</td><td></td><td></td><td></td><td colspan="2"></td></tr>
<tr><td colspan="10">结论：<br>根据《钢筋机械连接通用技术规程》(JGJ 107—2003)标准，符合滚轧直螺纹 A 级接头性能</td></tr>
<tr><td>批准</td><td>×××</td><td>审核</td><td>×××</td><td>试验</td><td>×××</td></tr>
<tr><td>试验单位</td><td colspan="5">××建筑工程公司试验室</td></tr>
<tr><td>报告日期</td><td colspan="5">××年×月×日</td></tr>
</table>

**《钢筋连接施工试验记录》填表说明：**

(1)填写单位：由具备相应资质等级的检测单位出具后随相关资料进入资料流程。

(2)相关规定与要求：

1)用于焊接、机械连接钢筋的力学性能和工艺性能应符合现行国家标准。

2)正式焊(连)接工程开始前及施工过程中，应对每批进场钢筋，在现场条件下进行工艺检验，工艺检验合格后方可进行焊接或机械连接的施工。

3)钢筋焊接接头或焊接制品、机械连接接头应按焊(连)接类型和验收批的划分进行质量验收并现场取样复试，钢筋连接验收批的划分及取样数量和必试项目见后表。

4)承重结构工程中的钢筋连接接头应按规定实行有见证取样和送检的管理。

5)采用机械连接接头型式施工时，技术提供单位应提交由有相应资质等级的检测机构出具的型式检验报告。

6)焊(连)接工人必须具有有效的岗位证书。

(3)注意事项：试验报告中应写明工程名称、钢筋级别、接头类型、规格、代表数量、检验形式、试验数据、试验日期以及试验结果。

(4)本表由建设单位、施工单位、城建档案馆各保存一份。

(5)钢筋连接试验项目、组批原则及规定见表 8-2。

**表 8-2　钢筋连接试验项目、组批原则及规定**

| 材料名称及相关标准、规范代号 | 必试试验项目 | 组批原则及取样规定 |
|---|---|---|
| 钢筋电阻点焊 | 抗拉强度；抗剪强度；弯曲试验 | 班前焊(工艺性能试验)在工程开工或每批钢筋正式焊接前，应进行现场条件下的焊接性能试验。试验合格后方可正式生产。试件数量及要求见以下：<br>(1)钢筋焊接骨架：<br>1)凡钢筋级别、直径及尺寸相同的焊接骨架应视为同一类制品，且每200 件为一验收批，一周内不足 200 件的也按一批计。<br>2)试件应从成品中切取，当所切取试件的尺寸小于规定的试件尺寸时，或受力钢筋大于 8mm 时，可在生产过程中焊接试验网片，从中切取试件。<br>3)由几种钢筋直径组合的焊接骨架，应对每种组合做力学性能检验；热轧钢筋焊点，应作抗剪试验，试件数量 3 件；冷拔低碳钢丝焊点，应作抗剪试验及对较小的钢筋作拉伸试验，试件数量 3 件。<br>(2)钢筋焊接网：<br>1)凡钢筋级别、直径及尺寸相同的焊接骨架应视为同一类制品，每批不应大于 30t，或每 200 件为一验收批，一周内不足 30t 或 200 件的也按一批计。<br>2)试件应从成品中切取；冷轧带肋钢筋或冷拔低碳钢丝焊点应作拉伸试验，试件数量 1 件，横向试件数量 1 件；冷轧带肋钢筋焊点应作弯曲试验，纵向试件数量 1 件，横向试件数量 1 件；热轧钢筋、冷轧带肋钢筋或冷拔低碳钢丝的焊点应作抗剪试验，试件数量 3 件 |

续表

| 材料名称及相关标准、规范代号 | 必试试验项目 | 组批原则及取样规定 |
| --- | --- | --- |
| 钢筋闪光对焊接头 | 抗拉强度；弯曲试验 | (1)同一台班内由同一焊工完成的300个同级别、同直径钢筋焊接接头应作为一批，当同一台班内，可在一周内累计计算；累计仍不足300个接头，也按一批计。<br>(2)力学性能试验时，试件应从成品中随机切取6个试件，其中3个做拉伸试验，3个做弯曲试验。<br>(3)焊接等长预应力钢筋(包括螺丝杆与钢筋)可按生产条件作模拟试件。<br>(4)螺丝端杆接头可只做拉伸试验。<br>(5)若初试结果不符合要求时，可随机再取双倍数量试件进行复试。<br>(6)当模拟试件试验结果不符合要求时，复试应从成品中切取，其数量和要求与初试时相同 |
| 钢筋电弧焊接头 | 抗拉强度 | (1)工厂焊接条件下：同钢筋级别300个接头为一验收批。<br>(2)在现场安装条件下：每一至二层楼同接头形式、同钢筋级别的接头300个为一验收批，不足300个接头也按一批计。<br>(3)试件应从成品中随机切取3个接头进行拉伸试验。<br>(4)装配式结构节点的焊接接头可按生产条件制造模拟试件。<br>(5)当初试结果不符合要求时，应再取6个试件进行复试 |
| 钢筋电渣压力焊接头 | 抗拉强度 | (1)一般构筑物中以300个同级别钢筋接头作为一验收批。<br>(2)在现浇钢筋混凝土多层结构中，应以每一楼层或施工区段中300个同级别钢筋接头作为一验收批，不足300个接头也按一批计。<br>(3)试件应从成品中随机切取3个接头进行拉伸试验。<br>(4)当初试结果不符合要求时，应再取6个试件进行复试 |
| 钢筋气压焊接头 | 抗拉强度；弯曲试验(梁、板的水平筋连接) | (1)一般构筑物中以300个接头作为一验收批。<br>(2)在现浇钢筋混凝土房屋结构中，同一楼层中应以300个头作为一验收批，不足300个接头也按一批计。<br>(3)试件应从成品中随机切取3个接头进行拉伸试验；在梁、板的水平钢筋连接中，应另切取3个试件做弯曲试验。<br>(4)当初试结果不符合要求时，应再取6个试件进行复试 |
| 预埋件钢筋T型接头 | 抗拉强度 | (1)预埋件钢筋埋弧压力焊，同类型预埋件一周内累计每300件时为一验收批，不足300个接头也按一批计，每批随机切取3个试件做拉伸试验。<br>(2)当初试结果不符合规定时，再取6个试件进行复试 |
| 机械连接包括：<br>(1)锥螺纹连接<br>(2)套筒挤压接头<br>(3)镦粗直螺纹钢筋接头<br>(GB 50204—2002)<br>(JGJ 107—1996)<br>(JGJ 108—1996)<br>(JGJ 109—1996)<br>(JGJ/T 3057—1999) | 抗拉强度 | (1)工艺检验：在正式施工前，按同批钢筋、同种机械连接形式的接头试件不少于3根，同时对应截取接头试件的母材，进行抗拉强度试验。<br>(2)现场检验：接头的现场检验按验收批进行，同一施工条件下采用同一批材料的同等级、同形式、同规格的接头每500个为一验收批，不足500个接头也按一批计，每一验收批必须在工程结构中随机截取3个试件做单向拉伸试验，在现场连续检验10个验收批，其全部单向拉伸试件一次抽样均合格时，验收批接头数量可扩大一倍 |

## 二、混凝土施工试验记录

### 1. 混凝土配合比申请单

表 C6-10　　　　混凝土配合比申请单

编号：×××

委托编号：××—01560

<table>
<tr><td>工程名称及部位</td><td colspan="5">××工程地下一层①-⑤/Ⓐ-Ⓟ轴外墙柱</td></tr>
<tr><td>委托单位</td><td>××建筑工程公司</td><td>试验委托人</td><td colspan="3">×××</td></tr>
<tr><td>设计强度等级</td><td>C35</td><td>要求坍落度、扩展度</td><td colspan="3">160～180mm</td></tr>
<tr><td>其他技术要求</td><td colspan="5">/</td></tr>
<tr><td>搅拌方法</td><td>机械</td><td>浇捣方法</td><td>机械</td><td>养护方法</td><td>标养</td></tr>
<tr><td>水泥品种及强度等级</td><td>P·O 42.5R</td><td>厂别牌号</td><td>×××<br>××</td><td>试验编号</td><td>××C-043</td></tr>
<tr><td>砂产地及种类</td><td colspan="3">×××　中砂</td><td>试验编号</td><td>××S-015</td></tr>
<tr><td>石子产地及种类</td><td>×××　碎石</td><td>最大粒径</td><td>25　mm</td><td>试验编号</td><td>××G-017</td></tr>
<tr><td>外加剂名称</td><td colspan="2">PHF-3 泵送剂</td><td colspan="2">试验编号</td><td>××D-024</td></tr>
<tr><td>掺合料名称</td><td colspan="2">Ⅱ级粉煤灰</td><td colspan="2">试验编号</td><td>××F-029</td></tr>
<tr><td>申请日期</td><td>××年×月×日</td><td>使用日期</td><td>××年×月×日</td><td>联系电话</td><td>××××××××</td></tr>
</table>

表 C6-7　　　　混凝土配合比通知单

配合比编号：××—0082

试配编号：×××

<table>
<tr><td>强度等级</td><td>C35</td><td>水胶比</td><td>0.43</td><td>水灰比</td><td>0.46</td><td>砂率</td><td>42%</td></tr>
<tr><td>材料名称<br>项目</td><td>水泥</td><td>水</td><td>砂</td><td>石</td><td>外加剂</td><td>掺合料</td><td>其他</td></tr>
<tr><td>每 m$^3$ 用量 (kg/m$^3$)</td><td>320</td><td>189</td><td>773</td><td>1053</td><td>8.7</td><td>91</td><td>/</td></tr>
<tr><td>每盘用量(kg)</td><td>1.00</td><td>0.56</td><td>2.39</td><td>3.26</td><td>0.03</td><td>0.28</td><td>/</td></tr>
<tr><td rowspan="2">混凝土碱含量 (kg/m$^3$)</td><td colspan="7"></td></tr>
<tr><td colspan="7">注：此栏只有在有关规定及要求需要填写时才填写。</td></tr>
<tr><td colspan="8">说明：本配合比所使用材料均为干材料，使用单位应根据材料含水情况随时调整</td></tr>
<tr><td colspan="2">批准</td><td colspan="3">审核</td><td colspan="3">试验</td></tr>
<tr><td colspan="2">×××</td><td colspan="3">×××</td><td colspan="3">×××</td></tr>
<tr><td colspan="2">报告日期</td><td colspan="6">××年×月×日</td></tr>
</table>

注：本表由施工单位保存。

2. 混凝土抗压强度试验报告

**表 C6-11** **混凝土抗压强度试验报告**

编号：×××
试验编号：××－0017
委托编号：××－02450

<table>
<tr><td>工程名称<br>及部位</td><td colspan="5">××工程地下二层①～⑥/Ⓐ～Ⓗ轴外墙</td><td colspan="2">试件编号</td><td colspan="2">××－003</td></tr>
<tr><td>委托单位</td><td colspan="5">××建筑工程公司</td><td colspan="2">试验委托人</td><td colspan="2">×××</td></tr>
<tr><td>设计强度等级</td><td colspan="5">C30，P8</td><td colspan="2">实测坍落度、<br>扩展度</td><td colspan="2">160mm</td></tr>
<tr><td>水泥品种及<br>强度等级</td><td colspan="5">P·O 42.5</td><td colspan="2">试验编号</td><td colspan="2">××C-022</td></tr>
<tr><td>砂种类</td><td colspan="5">中砂</td><td colspan="2">试验编号</td><td colspan="2">××S-011</td></tr>
<tr><td>石种类、<br>公称直径</td><td colspan="5">碎石 5～10mm</td><td colspan="2">试验编号</td><td colspan="2">××G-013</td></tr>
<tr><td>外加剂名称</td><td colspan="5">UEA</td><td colspan="2">试验编号</td><td colspan="2">××D-017</td></tr>
<tr><td>掺合料名称</td><td colspan="5">Ⅱ级粉煤灰</td><td colspan="2">试验编号</td><td colspan="2">××F-009</td></tr>
<tr><td>配合比编号</td><td colspan="9">××－22</td></tr>
<tr><td>成型日期</td><td>××年<br>×月×日</td><td colspan="2">要求龄期</td><td colspan="2">26 天</td><td colspan="3">要求试验日期</td><td>××年<br>×月×日</td></tr>
<tr><td>养护方法</td><td>标养</td><td colspan="2">收到日期</td><td colspan="4">××年×月×日</td><td>试块制作人</td><td>×××</td></tr>
<tr><td rowspan="5">试<br>验<br>结<br>果</td><td rowspan="2">试验日期</td><td rowspan="2">实际<br>龄期<br>（天）</td><td rowspan="2">试件<br>边长<br>（mm）</td><td rowspan="2">受压<br>面积<br>（mm²）</td><td colspan="2">荷载（kN）</td><td rowspan="2">平均抗<br>压强度<br>（MPa）</td><td rowspan="2">折合 150mm<br>立方体抗压<br>强度（MPa）</td><td rowspan="2">达到设计<br>强度等级<br>（%）</td></tr>
<tr><td>单块值</td><td>平均值</td></tr>
<tr><td rowspan="3">××年<br>×月×日</td><td rowspan="3">26</td><td rowspan="3">100</td><td rowspan="3">10000</td><td>460</td><td rowspan="3">463</td><td rowspan="3">46.3</td><td rowspan="3">44</td><td rowspan="3">147</td></tr>
<tr><td>450</td></tr>
<tr><td>480</td></tr>
<tr><td colspan="10">结论：<br><br>**合格**</td></tr>
<tr><td colspan="2">批准</td><td colspan="2">×××</td><td colspan="2">审核</td><td>×××</td><td colspan="2">试验</td><td>×××</td></tr>
<tr><td>试验单位</td><td colspan="9">××工程公司试验室</td></tr>
<tr><td>报告日期</td><td colspan="9">××年×月×日</td></tr>
</table>

注：本表由建设单位、施工单位各保存一份。

3. 混凝土试块强度统计、评定记录

**表 C6-12**　　**混凝土试块强度统计、评定记录**

编号：×××

| 工程名称 | ××工程 | 强度等级 | C30 |
|---|---|---|---|
| 施工单位 | ××建筑工程公司 | 养护方法 | 标养 |
| 统计期 | ××年×月×日　至　××年×月×日 | 结构部位 | 地下一层墙柱 |

| 试块组数 $n$ | 强度标准值 $f_{cu,k}$(MPa) | 平均值 $m_{f_{cu}}$ (MPa) | 标准值 $S_{f_{cu}}$ (MPa) | 最小值 $f_{cu,min}$ (MPa) | 合格判定系数 | |
|---|---|---|---|---|---|---|
| | | | | | $\lambda_1$ | $\lambda_2$ |
| **13** | **30** | **46.52** | **8.84** | **36.1** | **1.7** | **0.9** |

| 每组强度值(MPa) | | | | | | | | | | |
|---|---|---|---|---|---|---|---|---|---|---|
| | **50.4** | **36.1** | **40.8** | **39.4** | **58** | **37.7** | **36.8** | **57.3** | **56.7** | **51.6** |
| | **57.5** | **42.5** | **39.9** | | | | | | | |
| | | | | | | | | | | |
| | | | | | | | | | | |
| | | | | | | | | | | |
| | | | | | | | | | | |

| 评定界限 | ☑ 统计方法(二) | | | □ 非统计方法 | |
|---|---|---|---|---|---|
| | $0.90f_{cu,k}$ | $m_{f_{cu}}-\lambda_1\times S_{f_{cu}}$ | $\lambda_2\times f_{cu,k}$ | $1.15f_{cu,k}$ | $0.95f_{cu,k}$ |
| | **27** | **31.49** | **27** | | |

| 判定式 | $m_{f_{cu}}-\lambda_1\times S_{f_{cu}}\geqslant 0.90f_{cu,k}$ | $f_{cu,min}\geqslant\lambda_2\times f_{cu,k}$ | $m_{f_{cu}}\geqslant 1.15f_{cu,k}$ | $f_{cu,min}\geqslant 0.95f_{cu,k}$ |
|---|---|---|---|---|
| 结果 | **31.49>27** | **36.1>27** | | |

结论：

**该批混凝土符合《混凝土强度检验评定标准》(GBJ 107—87)验评标准，评定为合格**

| 批准 | 审核 | 统计 |
|---|---|---|
| ××× | ××× | ××× |
| 报告日期 | ××年×月×日 | |

注：本表建设单位、施工单位、城建档案馆各保存一份。

4. 混凝土抗渗试验报告

表 C6-13　　　　混凝土抗渗试验报告

编号：×××

试验编号：××－008

委托编号：××－0245

| 工程名称及施工部位 | ××工程基础底板 | | | 试件编号 | ××－003 |
|---|---|---|---|---|---|
| 委托单位 | ××建筑工程公司 | | | 委托试验人 | ××× |
| 抗渗等级 | P8 | | | 配合比编号 | ××－22 |
| 强度等级 | C30 | 养护条件 | 标养 | 收样日期 | ××年×月×日 |
| 成型日期 | ××年×月×日 | 龄期 | 33 天 | 试验日期 | ××年×月×日 |
| 试验情况：<br>由 0.1MPa 顺序加压至 0.9MPa，保持 8 小时，试件表面无渗水，试验结果：＞P8 | | | | | |
| 结论：<br>根据《普通混凝土长期性能和耐久性能试验方法》(GBJ 82—1985)标准，符合 P8 设计要求。 | | | | | |
| 批准 | ××× | 审核 | ××× | 试验 | ××× |
| 试验单位 | ××工程公司试验室 | | | | |
| 报告日期 | ××年×月×日 | | | | |

5. 混凝土碱总量计算书

**表 C6-14**　　　　**混凝土碱总量计算书**

编号：×××
试验编号：××－0445
委托编号：　/

| 工程名称及部位 | ××工程　地下一层①～⑮/Ⓐ～Ⓓ轴梁板 | | | | | | |
|---|---|---|---|---|---|---|---|
| 委托单位 | ××建筑工程公司 | | | | | | |
| 混凝土强度等级 | C30 | | | 配合比编号 | ××－24 | | |
| 水泥品种及强度等级 | P·O42.5 | | | 碱含量(%) | 0.4900 | | |
| 外加剂名称 | UNF-5AS2# 减水剂 | | | 碱含量(%) | 2.57 | | |
| 掺合料种类 | 粉煤灰(Ⅱ级) | | | 碱含量(%) | 1.2200 | | |
| 外加剂名称 | | | | 碱含量(%) | | | |
| 每 1m³ 用量(kg) | 材料名称 | | | | | | |
| | 水泥 | 水 | 砂 | 石 | 掺合剂 | 外加剂 1 | 外加剂 2 |
| | 289 | 176 | 783 | 1083 | 95 | 7.30 | |

| 碱含量计算结果 | | | | | |
|---|---|---|---|---|---|
| | 水泥 | | 掺合料 | 外加剂 1 | 外加剂 2 |
| 每 1m³ 用量(kg) | 289 | | 95 | 7.30 | |
| 含碱量(%) | 0.4900 | | 1.2200 | 2.57 | |
| 每 1m³ 含碱量(kg) | 1.42 | | 0.17 | 0.19 | |
| 每 1m³ 混凝土总碱量(kg) | 1.78 | | | | |
| 工程种类 | Ⅱ | 砂种类 | 中砂 | 石种类 | 碎石 |

结论：

**符合相关规定和要求**

报告日期：××年×月×日

# 第五节 混凝土基础工程施工质量验收记录

## 一、检验批质量验收记录

### 1. 模板安装工程质量验收记录表

**模板安装工程检验批质量验收记录表**

**GB 50204—2002(Ⅰ)**

010601□□

020101□□

| 工程名称 | ××工程 | 分部(子分部)工程名称 | 混凝土基础 | 验收部位 | 基础①~⑫/Ⓐ~Ⓕ |
|---|---|---|---|---|---|
| 施工单位 | ××建筑集团公司 | 专业工长 | ××× | 项目经理 | ××× |
| 施工执行标准名称及编号 | 混凝土结构工程施工质量验收规范(GB 50204—2002) | | | | |
| 分包单位 | ××建筑公司 | 分包项目经理 | ××× | 施工班组长 | ××× |

| 施工质量验收规范的规定 | | | | | | 施工单位检查评定记录 | | | | | | | | 监理(建设)单位验收记录 |
|---|---|---|---|---|---|---|---|---|---|---|---|---|---|---|
| 主控项目 | 1 | 模板支撑、立柱位置和垫板 | | | 第4.2.1条 | ✓ | | | | | | | | 符合设计及施工质量验收规范要求，同意验收 |
| | 2 | 避免隔离剂沾污 | | | 第4.2.2条 | ✓ | | | | | | | | |
| 一般项目 | 1 | 模板安装的一般要求 | | | 第4.2.3条 | ✓ | | | | | | | | 符合设计及施工质量验收规范要求，同意验收 |
| | 2 | 用作模板的地坪、胎膜质量 | | | 第4.2.4条 | ✓ | | | | | | | | |
| | 3 | 模板起拱高度 | | | 第4.2.5条 | ✓ | | | | | | | | |
| | 4 | 预埋件、预留孔允许偏差 | 预埋钢板中心线位置(mm) | | 3 | 0 | 1 | 2 | 2 | 2 | 0 | 1 | 3 | |
| | | | 预埋管、预留孔中心线位置(mm) | | 3 | 1 | 1 | 1 | 0 | 2 | 0 | 3 | 1 | |
| | | | 插筋 | 中心线位置(mm) | 5 | 1 | 3 | 3 | 5 | 2 | 4 | 3 | 1 | |
| | | | | 外露长度(mm) | +10,0 | 5 | 2 | 5 | 3 | 3 | 10 | 3 | 2 | |
| | | | 预埋螺栓 | 中心线位置(mm) | 2 | 2 | 0 | 1 | 0 | 1 | 0 | 2 | 2 | |
| | | | | 外露长度(mm) | +10,0 | 5 | 4 | 2 | 2 | 3 | 1 | 5 | 3 | |
| | | | 预留洞 | 中心线位置(mm) | 10 | 8 | 5 | 2 | 1 | 3 | 4 | 5 | 2 | |
| | | | | 尺寸(mm) | +10,0 | 3 | 2 | 3 | 2 | 2 | 2 | 5 | 7 | |
| | 5 | 模板安装允许偏差 | 轴线位置(mm) | | 5 | 3 | 2 | 2 | 2 | 4 | 1 | 3 | 1 | |
| | | | 底模上表面标高(mm) | | ±5 | +2 | +3 | −1 | −3 | +4 | −1 | 0 | 0 | |
| | | | 截面内部尺寸(mm) | 基础(mm) | ±10 | | | | | | | | | |
| | | | | 柱、墙、梁层垂直度(mm) | +4,−5 | +2 | +2 | +1 | −3 | −2 | +1 | −2 | +1 | |
| | | | | 不大于5m | 6 | 3 | 3 | 1 | 4 | 2 | 5 | 3 | 2 | |
| | | | | 大于5m | 8 | | | | | | | | | |
| | | | 相邻两板表面高低差(mm) | | 2 | 0 | 1 | 1 | 1 | 2 | 0 | 1 | 0 | |
| | | | 表面平整度(mm) | | 5 | 3 | 2 | 4 | 2 | 2 | 4 | 3 | 2 | |

| 施工单位检查评定结果 | 经检查，主控项目全部合格，一般项目满足规范规定要求，检查评定结果为合格。<br>项目专业质量检查员：××× ××年×月×日 |
|---|---|
| 监理(建设)单位验收结论 | 同意施工单位评定结果，验收合格。<br>监理工程师：×××<br>(建设单位项目专业技术负责人) ××年×月×日 |

**《模板安装工程检验批质量验收记录表》填表说明：**

(1)资料流程：本表由施工单位在完成本工序后填写，并报送监理单位；监理单位审批后返还施工单位，各相关单位存档。

(2)相关规定与要求：

1)主控项目：

①安装现浇结构的上层模板及其支架时，下层楼板应具有承受上层荷载的承载能力，或加设支架；上、下层支架的立柱应对准，并铺设垫板；对照设计观察检查。

②涂刷模板隔离剂时，不得沾污钢筋和混凝土接槎处；观察检查。

2)一般项目：

①模板安装的一般要求；观察检查。

a. 模板的接缝不应漏浆；在浇筑混凝土前，木模板应浇水湿润，模板内无积水；

b. 模板与混凝土的接触面应清理干净并涂刷隔离剂，但不得采用影响结构性能或妨碍装饰工程施工的隔离剂；

c. 浇筑混凝土前，模板内的杂物应清理干净；

d. 对清水混凝土工程及装饰混凝土工程，应使用能达到设计效果的模板。

②用作模板的地坪、胎模等应平整光洁，不得产生影响构件质量的下沉、裂缝、起砂或起鼓；观察检查。

③对跨度不小于4m的现浇钢筋混凝上梁、板，其模板应按设计要求起拱；当设汁无具体要求时，起拱高度宜为跨度的1/1000～3/1000；水准仪、拉线和尺量检查。

④固定在模板上的预埋件、预留孔和预留洞均不得遗漏，且应安装牢固，其偏差符合规定；尺量检查。

⑤现浇结构模板安装的偏差符合规定；经纬仪、水准仪、2m靠尺和塞尺、拉线和尺量检查。

2. 模板拆除工程检验批质量验收记录表

**模板拆除工程检验批质量验收记录表**

**GB 50204—2002**

**(Ⅲ)**

010601□□

020101□□

<table>
<tr><td>工程名称</td><td colspan="2">××工程</td><td>分部(子分部)工程名称</td><td colspan="2">混凝土基础</td><td>验收部位</td><td>基础①~⑫/Ⓐ~Ⓕ</td></tr>
<tr><td>施工单位</td><td colspan="3">××建筑集团公司</td><td>专业工长</td><td>×××</td><td>项目经理</td><td>×××</td></tr>
<tr><td>施工执行标准名称及编号</td><td colspan="7">混凝土结构工程施工质量验收规范(GB 50204—2002)</td></tr>
<tr><td>分包单位</td><td colspan="2">××建筑公司</td><td>分包项目经理</td><td colspan="2">×××</td><td>施工班组长</td><td>×××</td></tr>
<tr><td colspan="4">施工质量验收规范的规定</td><td colspan="3">施工单位检查评定记录</td><td>监理(建设)单位验收记录</td></tr>
<tr><td rowspan="3">主控项目</td><td>1</td><td>底模及其支架拆除时的混凝土强度</td><td>第4.3.1条</td><td colspan="3">√</td><td rowspan="3">符合设计及施工质量验收规范要求,同意验收</td></tr>
<tr><td>2</td><td>后张法预应力构件侧模和底模的拆除时间</td><td>第4.3.2条</td><td colspan="3">√</td></tr>
<tr><td>3</td><td>后浇带拆模和支顶</td><td>第4.3.3条</td><td colspan="3">√</td></tr>
<tr><td rowspan="2">一般项目</td><td>1</td><td>避免拆模损伤</td><td>第4.3.4条</td><td colspan="3">√</td><td rowspan="2">符合设计及施工质量验收规范要求,同意验收</td></tr>
<tr><td>2</td><td>模板拆除、堆放和清运</td><td>第4.3.5条</td><td colspan="3">√</td></tr>
<tr><td colspan="2">施工单位检查评定结果</td><td colspan="6">经检查,主控项目全部合格,一般项目满足规范规定要求,检查评定结果为合格。<br>项目专业质量检查员:××× ××年×月×日</td></tr>
<tr><td colspan="2">监理(建设)单位验收结论</td><td colspan="6">同意施工单位评定结果,验收合格。<br>监理工程师:×××<br>(建设单位项目专业技术负责人) ××年×月×日</td></tr>
</table>

**《模板拆除工程检验批质量验收记录表》填表说明：**

(1)资料流程：本表由施工单位在完成本工序后填写，并报送监理单位；监理单位审批后返还施工单位，各相关单位存档。

(2)相关规定与要求：

1)主控项目：

①底模及其支架拆除时混凝土强度应符合设计要求，或下表规定；检查同条件试件试验报告。

|  | 构件类型 | 构件跨度(m) | 达到设计的混凝土立方体抗压强度标准值的百分率(%) |
|---|---|---|---|
| 底模拆除时的混凝土强度要求 | 板 | ≤2 | ≥50 |
|  |  | ＞2,≤8 | ≥75 |
|  |  | ＞8 | ≥100 |
|  | 梁、拱、壳 | ≤8 | ≥75 |
|  |  | ＞8 | ≥100 |
|  | 悬臂构件 | — | ≥100 |

②后张法预应力混凝土结构构件侧模在预应力张拉前拆除，底模拆除时间应符合设计方案，并不得在结构构件建立预应力前拆除。

③后浇带模板的拆除和支顶应按施工技术方案执行；对照技术方案观察检查。

2)一般项目：

①侧模拆除时的混凝土强度应能保证其表面及棱角不受损伤；观察检查。

②模板拆除时，不应对楼层形成冲击荷载，拆除的模板和支架宜分散堆放并及时清运；观察检查。

3. 钢筋加工检验批质量验收记录表

**钢筋加工检验批质量验收记录表**

**GB 50204—2002**

**（Ⅰ）**

010602□□

020102□□

<table>
<tr><td colspan="3">工程名称</td><td>××工程</td><td>分部(子分部)工程名称</td><td colspan="4">混凝土基础</td><td colspan="3">验收部位</td><td>地下一层①～⑤/Ⓐ～Ⓒ轴</td></tr>
<tr><td colspan="3">施工单位</td><td colspan="2">××建筑集团公司</td><td colspan="2">专业工长</td><td colspan="2">×××</td><td colspan="3">项目经理</td><td>×××</td></tr>
<tr><td colspan="3">施工执行标准名称及编号</td><td colspan="10">混凝土结构工程施工质量验收规范(GB 50204—2002)</td></tr>
<tr><td colspan="3">分包单位</td><td>××建筑公司</td><td>分包项目经理</td><td colspan="3">×××</td><td colspan="4">施工班组长</td><td>×××</td></tr>
<tr><td colspan="5">施工质量验收规范的规定</td><td colspan="7">施工单位检查评定记录</td><td>监理(建设)单位验收记录</td></tr>
<tr><td rowspan="5">主控项目</td><td>1</td><td colspan="2">力学性能检验</td><td>第5.2.1条</td><td colspan="7">✓</td><td rowspan="5">符合设计及施工质量验收规范要求，同意验收</td></tr>
<tr><td>2</td><td colspan="2">抗震用钢筋强度实测值</td><td>第5.2.2条</td><td colspan="7">✓</td></tr>
<tr><td>3</td><td colspan="2">化学成分等专项检验</td><td>第5.2.3条</td><td colspan="7">✓</td></tr>
<tr><td>4</td><td colspan="2">受力钢筋的弯钩和弯折</td><td>第5.3.1条</td><td colspan="7">/</td></tr>
<tr><td>5</td><td colspan="2">箍筋弯钩形式</td><td>第5.3.2条</td><td colspan="7">✓</td></tr>
<tr><td rowspan="5">一般项目</td><td>1</td><td colspan="2">外观质量</td><td>第5.2.4条</td><td colspan="7">✓</td><td rowspan="5">符合设计及施工质量验收规范要求，同意验收</td></tr>
<tr><td>2</td><td colspan="2">钢筋调直</td><td>第5.3.3条</td><td colspan="7">✓</td></tr>
<tr><td rowspan="3">3</td><td rowspan="3">钢筋加工的形状、尺寸</td><td>受力钢筋顺长度方向全长的净尺寸</td><td>±10</td><td>+5</td><td>+3</td><td>−6</td><td>+4</td><td>−5</td><td>−8</td><td>+4</td></tr>
<tr><td>弯起钢筋的弯折位置</td><td>±20</td><td>−15</td><td>+8</td><td>−6</td><td>−15</td><td>+4</td><td>+18</td><td>−12</td></tr>
<tr><td>箍筋内净尺寸</td><td>±5</td><td>−3</td><td>−2</td><td>−3</td><td>+4</td><td>+3</td><td>0</td><td>+1</td></tr>
<tr><td colspan="3">施工单位检查评定结果</td><td colspan="10">经检查，主控项目全部合格，一般项目满足规范规定要求，检查评定结果为合格。<br><br>项目专业质量检查员：×××　　××年×月×日</td></tr>
<tr><td colspan="3">监理(建设)单位验收结论</td><td colspan="10">同意施工单位评定结果，验收合格。<br><br>监理工程师：×××<br>(建设单位项目专业技术负责人)　　××年×月×日</td></tr>
</table>

**《钢筋加工检验批质量验收记录表》填表说明：**

(1)资料流程：本表由施工单位在完成本工序后填写，并报送监理单位；监理单位审批后返还施工单位，各相关单位存档。

(2)相关规定与要求：

1)主控项目：

①按现行国家标准《钢筋混凝土用钢第二部分：热轧带肋钢筋》(GB 1499.2—2007)等规定，抽取试件作力学性能检验；检查产品合格证和复验报告。

②有抗震要求的框架结构纵向受力钢筋的强度，当设计无要求时，对一、二级抗震等级应符合下列要求：

a. 钢筋抗拉强度实测值与屈服强度实测值的比值不小于1.25；

b. 钢筋屈服强度实测值与强度标准的比值不大于1.3；检查钢筋复试报告。

③当钢筋发生脆断，焊接性能不良或力学性能显著不正常时，应对该批钢筋进行化学成分检验或其他专项检验；检查化学成分等专项检验报告。

④受力钢筋弯钩和弯折应符合下列规定：

a. HPB235级钢筋末端应作180°弯钩，其弯钩弧内径不小于钢筋直径的2.5倍，弯后平直部分不小于钢筋直径的3倍。

b. 135°弯钩，HRB335级、HRB400级钢筋的弯钩内直径不小于钢筋直径的4倍，弯后平直长度符合设计要求。

c. 不大于90°的弯折时，弯弧内直径不小于钢筋直径的5倍。尺量检查。

⑤除焊接封闭环式箍筋外，箍筋末端均应弯钩，形式符合设计要求，设计无要求时，应符合下列规定：

a. 弯弧内直径应满足相关规范要求，尚应不小于受力钢筋直径；

b. 弯折角度：一般结构不小于90°，有抗震要求结构应为135°；

c. 弯后平直部分长度：一般结构不小于箍筋直径的5倍，有抗震要求的结构，不小于箍筋直径的10倍。

2)一般项目：

①钢筋应平直、无损伤、表面不得有裂纹、油污、颗粒状或片状老锈；观察检查。

②钢筋调直采用冷拉法时，HPB235级钢筋的冷拉率不大于4%；HRB335、HRB400级，RRB400级钢筋的冷拉率不大于1%；观察及尺量检查。

③钢筋加工的形状尺寸应符合设计要求，偏差率应符合下表要求；尺量检查。

| 项　目 | 允许偏差(删) |
|---|---|
| 受力钢筋顺长方向全长的净尺寸 | +10 |
| 弯起钢筋的弯折位置 | ±20 |
| 箍筋内净尺寸 | ±5 |

(3)注意事项：与钢筋材料试验报告相关内容应在“施工单位检查评定记录”栏内填写试验报告编号。

4. 钢筋安装工程检验批质量验收记录表

**钢筋安装工程检验批质量验收记录表**

**GB 50204—2002**

**(Ⅱ)**

010602□□

020102□□

<table>
<tr><td>工程名称</td><td>××工程</td><td>分部(子分部)工程名称</td><td colspan="2">混凝土基础</td><td>验收部位</td><td>平板筏基①～⑩/Ⓐ～Ⓕ轴</td></tr>
<tr><td>施工单位</td><td colspan="2">××建筑集团公司</td><td>专业工长</td><td>×××</td><td>项目经理</td><td>×××</td></tr>
<tr><td>施工执行标准名称及编号</td><td colspan="6">混凝土结构工程施工质量验收规范(GB 50204—2002)</td></tr>
<tr><td>分包单位</td><td>××建筑公司</td><td>分包项目经理</td><td colspan="2">×××</td><td>施工班组长</td><td>×××</td></tr>
</table>

<table>
<tr><td colspan="7">施工质量验收规范的规定</td><td colspan="8">施工单位检查评定记录</td><td>监理(建设)单位验收记录</td></tr>
<tr><td rowspan="3">主控项目</td><td>1</td><td colspan="4">纵向受力钢筋的连接方式</td><td>第5.4.1条</td><td colspan="8">✓</td><td rowspan="3">符合设计及施工质量验收规范要求,同意验收</td></tr>
<tr><td>2</td><td colspan="4">机械连接和焊接接头的力学性能</td><td>第5.4.2条</td><td colspan="8">✓</td></tr>
<tr><td>3</td><td colspan="4">受力钢筋的品种、级别、规格和数量</td><td>第5.5.1条</td><td colspan="8">✓</td></tr>
<tr><td rowspan="18">一般项目</td><td>1</td><td colspan="4">接头位置和数量</td><td>第5.4.3条</td><td colspan="8">✓</td><td rowspan="18">符合设计及施工质量验收规范要求,同意验收</td></tr>
<tr><td>2</td><td colspan="4">机械连接、焊接的外观质量</td><td>第5.4.4条</td><td colspan="8">✓</td></tr>
<tr><td>3</td><td colspan="4">机械连接、焊接的接头面积百分率</td><td>第5.4.5条</td><td colspan="8">✓</td></tr>
<tr><td>4</td><td colspan="4">绑扎搭接接头面积百分率和搭接长度</td><td>第5.4.6条</td><td colspan="8">✓</td></tr>
<tr><td>5</td><td colspan="4">搭接长度范围内的箍筋</td><td>第5.4.7条</td><td colspan="8">✓</td></tr>
<tr><td rowspan="13">6</td><td rowspan="13">钢筋安装允许偏差</td><td rowspan="2">绑扎钢筋网</td><td colspan="2">长、宽(mm)</td><td>±10</td><td>+8</td><td>+6</td><td>+6</td><td>−5</td><td>−8</td><td>+6</td><td>+5</td><td></td></tr>
<tr><td colspan="2">网眼尺寸(mm)</td><td>±20</td><td>+15</td><td>−10</td><td>−8</td><td>−12</td><td>+5</td><td>+6</td><td>−15</td><td></td></tr>
<tr><td rowspan="2">绑扎钢筋骨架</td><td colspan="2">长(mm)</td><td>±10</td><td></td><td></td><td></td><td></td><td></td><td></td><td></td><td></td></tr>
<tr><td colspan="2">宽、高(mm)</td><td>±5</td><td></td><td></td><td></td><td></td><td></td><td></td><td></td><td></td></tr>
<tr><td rowspan="5">受力钢筋</td><td colspan="2">间距(mm)</td><td>±10</td><td>+6</td><td>+6</td><td>−3</td><td>−4</td><td>−3</td><td>−3</td><td>+8</td><td></td></tr>
<tr><td colspan="2">排距(mm)</td><td>±5</td><td>+3</td><td>−4</td><td>+3</td><td>+2</td><td>−1</td><td>−3</td><td>+2</td><td></td></tr>
<tr><td rowspan="3">保护层厚度(mm)</td><td>基础</td><td>±10</td><td></td><td></td><td></td><td></td><td></td><td></td><td></td><td></td></tr>
<tr><td>柱、梁</td><td>±5</td><td>−1</td><td>+3</td><td>+3</td><td>−4</td><td>+3</td><td>+2</td><td>−4</td><td></td></tr>
<tr><td>板、墙、壳</td><td>±3</td><td></td><td></td><td></td><td></td><td></td><td></td><td></td><td></td></tr>
<tr><td colspan="3">绑扎箍筋、横向钢筋间距(mm)</td><td>±20</td><td>−15</td><td>−15</td><td>+10</td><td>+8</td><td>+6</td><td>−16</td><td>+9</td><td></td></tr>
<tr><td colspan="3">钢筋弯起点位置(mm)</td><td>20</td><td>16</td><td>4</td><td>9</td><td>10</td><td>10</td><td>9</td><td>12</td><td></td></tr>
<tr><td rowspan="2">预埋件</td><td colspan="2">中心线位置(mm)</td><td>5</td><td>3</td><td>4</td><td>2</td><td>5</td><td>3</td><td>4</td><td>3</td><td></td></tr>
<tr><td colspan="2">水平高差(mm)</td><td>+3,0</td><td>1</td><td>2</td><td>2</td><td>2</td><td>3</td><td>0</td><td>3</td><td></td></tr>
<tr><td colspan="3">施工单位检查评定结果</td><td colspan="13">经检查,主控项目全部合格,一般项目满足规范规定要求,检查评定结果为合格。<br>项目专业质量检查员:××× ××年×月×日</td></tr>
<tr><td colspan="3">监理(建设)单位验收结论</td><td colspan="13">同意施工单位评定结果,验收合格。<br>监理工程师:×××<br>(建设单位项目专业技术负责人) ××年×月×日</td></tr>
</table>

**《钢筋安装工程检验批质量验收记录表》填表说明：**

(1)资料流程：本表由施工单位在完成本工序后填写，并报送监理单位；监理单位审批后返还施工单位，各相关单位存档。

(2)相关规定与要求：

1)主控项目：

①纵向受力钢筋的连接方式应符合设计要求；观察检查。

②连接接头力学性能，按《钢筋机械连接通用技术规程》(JGJ 107—2003)、《钢筋焊接及验收规程》(JGJ 18—2003)的规定抽取钢筋连接接头、焊接接头试件作力学性能检验，其质量应符合规定；检查接头力学试验报告。

③钢筋安装时，受力钢筋的品种、级别、规格和数量设计要求；观察和尺量检查。

2)一般项目：

①钢筋接头宜设置在受力较小处。同一纵向受力钢筋不宜设置两个或两个以上的接头，接头末端至钢筋弯起点的距离不少于钢筋直径的 10 倍；观察和尺量检查。

②机械连接、焊接接头的外观质量应符合《钢筋机械连接通用技术规程》(JGJ 107—2003)、《钢筋焊接及验收规程》(JGJ 18—2003)的规定；观察检查。

③设置在同一构件内的受力钢筋接头宜相互错开，其同一级内纵向受力钢筋的接头面积百分率应符合设计要求，当设计无要求时，应符合以下规定：

a. 在受拉区不宜大于 50%；

b. 接头不宜设置在有抗震设防要求的框架梁端、柱端的箍筋加密区；当无法避开时，对等强度高质量机械连接接头，不应大于 50%；

c. 直接承受动力荷载的结构构件中，不宜采用焊接接头；当采用机械连接接头时，不应大于 50%；

④同一构件中相邻纵向受力钢筋绑扎接头宜相互错开，绑扎接头中钢筋的横向净距不应由小于钢筋直径，且不应小于 25mm。同一连接区段内有搭接接头的纵向受力钢筋接头面积百分率应符合设计要求，当设计无要求时，应符合以下规定：

a. 对梁类、板类及墙类构件，不宜大于 25%；

b. 对柱类构件，不宜大于 50%；

c. 当工程中确有必要增大接头面积百分率时，对梁类构件，不应大于 50%；对其他构件，可根据实际情况放宽。

观察尺量检查，纵向受力钢筋绑扎搭接接头的最小搭接长度应符合《混凝土结构工程施工质量验收规范》附录 B 的规定。

⑤在梁柱构件的纵向受力钢筋搭接区内应按设计要求配置箍筋，当设计无要求时应符合：

a. 箍筋直径不应小于搭接钢筋较大直径的 0.25 倍；

b. 受拉搭接区段的箍筋间距不应大于搭接钢筋较小直径的 5 倍，且不应大于 100mm；

c. 受压搭接区段的箍筋间距不应大于搭接钢筋较小直径的 10 倍，且不应大于 200mm；

d 当柱中纵向受力钢筋直径大于 25mm 时，应在搭接接头两个端面外 100mm 范围内各设置两个箍筋，其间跹宜为 50mm。

尺量检查。

⑥钢筋安装位置允许偏差；尺量检查。

5. 混凝土原材料及配合比设计检验批质量验收记录表

**混凝土原材料及配合比设计检验批质量验收记录表**

**GB 50204—2002**

**（Ⅰ）**

010603□□

020103□□

<table>
<tr><td colspan="2">工程名称</td><td>××工程</td><td>分部(子分部)工程名称</td><td colspan="2">混凝土基础</td><td>验收部位</td><td>基础底板①～⑩/Ⓐ～Ⓕ</td></tr>
<tr><td colspan="2">施工单位</td><td colspan="2">××建筑集团公司</td><td>专业工长</td><td>×××</td><td>项目经理</td><td>×××</td></tr>
<tr><td colspan="2">施工执行标准名称及编号</td><td colspan="6">混凝土结构工程施工质量验收规范(GB 50204—2002)</td></tr>
<tr><td colspan="2">分包单位</td><td>××建筑公司</td><td>分包项目经理</td><td colspan="2">×××</td><td>施工班组长</td><td>×××</td></tr>
<tr><td colspan="4">施工质量验收规范的规定</td><td colspan="3">施工单位检查评定记录</td><td>监理(建设)单位验收记录</td></tr>
<tr><td rowspan="4">主控项目</td><td>1</td><td>水泥进场检验</td><td>第7.2.1条</td><td colspan="3">✓</td><td rowspan="4">符合设计及施工质量验收规范要求，同意验收</td></tr>
<tr><td>2</td><td>外加剂质量及应用</td><td>第7.2.2条</td><td colspan="3">✓</td></tr>
<tr><td>3</td><td>混凝土中氯化物、碱的总含量控制</td><td>第7.2.3条</td><td colspan="3">✓</td></tr>
<tr><td>4</td><td>配合比设计</td><td>第7.3.1条</td><td colspan="3">✓</td></tr>
<tr><td rowspan="5">一般项目</td><td>1</td><td>矿物掺合料质量及掺量</td><td>第7.2.4条</td><td colspan="3">✓</td><td rowspan="5">符合设计及施工质量验收规范要求，同意验收</td></tr>
<tr><td>2</td><td>粗细骨料的质量</td><td>第7.2.5条</td><td colspan="3">✓</td></tr>
<tr><td>3</td><td>拌制混凝土用水</td><td>第7.2.6条</td><td colspan="3">✓</td></tr>
<tr><td>4</td><td>开盘鉴定</td><td>第7.3.2条</td><td colspan="3">✓</td></tr>
<tr><td>5</td><td>配合比调整</td><td>第7.3.3条</td><td colspan="3">✓</td></tr>
<tr><td colspan="2">施工单位检查评定结果</td><td colspan="6">经检查，主控项目全部合格，一般项目满足规范规定要求，检查评定结果为合格。<br>项目专业质量检查员：××× ××年×月×日</td></tr>
<tr><td colspan="2">监理(建设)单位验收结论</td><td colspan="6">同意施工单位评定结果，验收合格。<br>监理工程师：×××<br>(建设单位项目专业技术负责人) ××年×月×日</td></tr>
</table>

**《混凝土原材料及配合比设计检验批质量验收记录表》填表说明：**

(1)资料流程：本表由施工单位在完成本工序后填写，并报送监理单位；监理单位审批后返还施工单位，各相关单位存档。

(2)相关规定与要求：

1)主控项目：

①水泥进场检查及复试的要求，其性能指标应符合《硅酸盐水泥，普通硅酸盐水泥》(GB 175—1999)标准的规定。对使用中水泥质量有怀疑或水泥出厂超过三个月(快硬硅酸盐水泥超过一个月)应进行复试，并按复试结果使用。钢筋混凝土、预应力混凝土结构中，严禁使用含氯化物的水泥；检查产品合格证及复试报告。

②混凝土中掺用外加剂的质量应符合《混凝土外加剂》(GB 8076—1997)、《混凝土外加剂应用技术规程》(50119—2003)标准和有关环境保护的规定。预应力混凝土结构中，严禁使用含氯化物的外加剂，钢筋混凝土结构中，当使用含氯化物外加剂时应符合《混凝土质量控制标准》(GB 50164—1992)的规定；检查产品合格证及进场复试报告。

③混凝土中氯化物和碱的总含量应符合设计要求；检查原材料试验报告、氯化物和碱的总含量计算书。

④配合比设计符合《普通混凝土配合比设计规程》(JGJ 55—2000)的规定，并按混凝土强度等级、耐久性和工作性能进行调整。有特殊要求的混凝土，其配合比尚应符合有关专门规定；检查配合设计资料。

2)一般项目：

①混凝土中掺用矿物掺合料质量应符合《用于水泥和混凝土中的粉煤灰》(GB 1596—2005)标准，掺量应通过试验确定；检查产品合格证和进场复试报告。

②普通混凝土所用的粗、细骨料的质量应符合《普通混凝土用砂、石质量及检验方法标准》(JGJ 52—2006)；检查进场复试报告。

③拌制混凝土宜采用饮用水，当采用其他水源时，水质应符合《混凝土用水标准》(JGJ 63—2006)标准的规定；检查水质试验报告。

④开盘鉴定。首次使用的混凝土配合比应进行开盘鉴定，其工作性应满足设计配合比的要求。开始生产时应至少留置一组标准养护试件，作为验证配合比的依据；检查开盘鉴定报告及试件强度试验报告。

⑤配合比调整。混凝土拌制前，应测定砂、石含水率并根据测试结果调整材料用量，提出施工配合比；检查含水率测试报告和施工配合比通知单。

(3)注意事项：应用于现场搅拌混凝土。

6. 混凝土施工检验批质量验收记录表

**混凝土施工检验批质量验收记录表**
**GB 50204—2002**
**(Ⅱ)**

010603□□
020103□□

<table>
<tr><td>工程名称</td><td>××工程</td><td colspan="2">分部(子分部)工程名称</td><td colspan="2">混凝土基础</td><td>验收部位</td><td>基础底板①~⑩/Ⓐ~Ⓕ</td></tr>
<tr><td>施工单位</td><td colspan="3">××建筑集团公司</td><td>专业工长</td><td>×××</td><td>项目经理</td><td>×××</td></tr>
<tr><td>施工执行标准名称及编号</td><td colspan="7">混凝土结构工程施工质量验收规范(GB 50204—2002)</td></tr>
<tr><td>分包单位</td><td>××建筑公司</td><td colspan="2">分包项目经理</td><td colspan="2">×××</td><td>施工班组长</td><td>×××</td></tr>
<tr><td colspan="4">施工质量验收规范的规定</td><td colspan="3">施工单位检查评定记录</td><td>监理(建设)单位验收记录</td></tr>
<tr><td rowspan="4">主控项目</td><td>1</td><td>混凝土强度等级及试件的取样和留置</td><td>第7.4.1条</td><td colspan="3">√</td><td rowspan="4">符合设计及施工质量验收规范要求,同意验收</td></tr>
<tr><td>2</td><td>混凝土抗渗及试件取样和留置</td><td>第7.4.2条</td><td colspan="3">√</td></tr>
<tr><td>3</td><td>原材料每盘称量的偏差</td><td>第7.4.3条</td><td colspan="3">√</td></tr>
<tr><td>4</td><td>混凝土初凝时间控制</td><td>第7.4.4条</td><td colspan="3">√</td></tr>
<tr><td rowspan="3">一般项目</td><td>1</td><td>施工缝的位置及处理</td><td>第7.4.5条</td><td colspan="3">/</td><td rowspan="3">符合设计及施工质量验收规范要求,同意验收</td></tr>
<tr><td>2</td><td>后浇带的位置和浇筑</td><td>第7.4.6条</td><td colspan="3">√</td></tr>
<tr><td>3</td><td>混凝土养护</td><td>第7.4.7条</td><td colspan="3">√</td></tr>
<tr><td>施工单位检查评定结果</td><td colspan="7">经检查,主控项目全部合格,一般项目满足规范规定要求,检查评定结果为合格。<br><br>项目专业质量检查员:××× ××年×月×日</td></tr>
<tr><td>监理(建设)单位验收结论</td><td colspan="7">同意施工单位评定结果,验收合格。<br><br>监理工程师:×××<br>(建设单位项目专业技术负责人) ××年×月×日</td></tr>
</table>

**《混凝土施工检验批质量验收记录表》填表说明：**

(1)资料流程：本表由施工单位在完成本工序后填写，并报送监理单位；监理单位审批后返还施工单位，各相关单位存档。

(2)相关规定与要求：

1)主控项目：

①结构混凝土的强度等级必须符合设计要求。用于检查结构构件混凝土强度的试件，应在混凝土的浇筑地点随机抽取。取样与试件留置应符合下列规定：

a. 每拌制 100 盘且不超过 100m³ 的同配合比的混凝土，取样不得少于一次；

b. 每工作班拌制的同一配合比的混凝土不足 100 盘时，取样不得少于一次；

c. 当一次连续浇筑超过 1000m³ 时，同一配合比的混凝土每 200m³ 取样不得少于一次；

d. 每一楼层、同一配合比的混凝土，取样不得少于一次；

e. 每次取样应至少留置一组标准养护试件，同条件养护试件的留置组数应根据实际需要确定。

检查施工记录及试件强度试验报告。

②对有抗渗要求的混凝土结构，其混凝土试件应在浇筑地点随机取样。同一工程、同一配合比的混凝土，取样不应少于一次，留置组数可根据实际需要确定；检查试件抗渗试验报告。

③混凝土原材料每盘称量的偏差应符合下表的规定。

| 材料名称 | 允许偏差 |
|---|---|
| 水泥、掺合料 | ±2% |
| 粗、细骨料 | ±3% |
| 水、外加剂 | ±2% |

每工作班抽查不少于一次，检查后形成记录。

④混凝土运输、浇筑及间歇的全部时间不应超过混凝土的初凝时间。同一施工段的混凝土应连续浇筑，并应在底层混凝土初凝之前将下一层混凝土浇筑完毕。当底层混凝土初凝后浇筑上一层混凝土时，应按施工技术方案中对施工缝的要求进行处理；观察及检查施工记录。

2)一般项目：

①施工缝的位置应在混凝土浇筑前按设计要求和施工方案确定，施工缝的处理应按施工技术方案执行；观察和检查施工记录。

②后浇带的留置位置应按设计要求和施工技术方案确定。后浇带混凝土浇筑应按施工技术方案进行；观察和检查施工记录。

③混凝土浇筑完毕后，应按施工技术方案及时采取有效的养护措施。

a. 应在浇筑完毕后的 12h 以内对混凝土加以覆盖并保湿养护。

b. 混凝土浇水养护的时间：对采用硅酸盐水泥、普通硅酸盐水泥或矿渣硅酸盐水泥拌制的混凝土，不得少于 7 天；对掺用缓凝型外加剂或有抗渗要求的混凝土，不得少于 14 天，日平均气温低于 5℃时，不得浇水，大体积混凝土应有控温措施。

c. 浇水次数应能保持混凝土处于湿润状态；混凝土养护用水应与拌制用水相同：

d. 采用塑料布覆盖养护的混凝土，其敞露的全部表面应覆盖严密，并应保持塑料布内有凝结水：也可涂刷养护剂。

e. 在混凝土强度达到 1.2N/mm² 前，不得在其上踩踏或安装模板及支架。

观察和检查施工记录。

7. 现浇结构外观及尺寸偏差检验批质量验收记录表

**现浇结构外观及尺寸偏差检验批质量验收记录表**

**GB 50204—2002(Ⅰ)**

010603□□

020105□□

| 工程名称 | ××工程 | 分部(子分部)工程名称 | 混凝土基础 | 验收部位 | 箱形基础①～⑩/Ⓐ～Ⓕ |
|---|---|---|---|---|---|
| 施工单位 | ××建筑集团公司 | 专业工长 | ××× | 项目经理 | ××× |
| 施工执行标准名称及编号 | 混凝土结构工程施工质量验收规范(GB 50204—2002) | | | | |
| 分包单位 | ××建筑公司 | 分包项目经理 | ××× | 施工班组长 | ××× |

| 施工质量验收规范的规定 | | | | | | 施工单位检查评定记录 | | | | | | | | | | 监理(建设)单位验收记录 |
|---|---|---|---|---|---|---|---|---|---|---|---|---|---|---|---|---|
| 主控项目 | 1 | 外观质量 | | | 第8.2.1条 | ✓ | | | | | | | | | | 符合设计及施工质量验收规范要求，同意验收 |
| 主控项目 | 2 | 过大尺寸偏差处理及验收 | | | 第8.3.1条 | ✓ | | | | | | | | | | |
| 一般项目 | 1 | 外观质量一般缺陷 | | | 第8.2.2条 | ✓ | | | | | | | | | | 符合设计及施工质量验收规范要求，不同意验收 |
| | 2 | 轴线位置(mm) | 基础 | | 15 | 10 | 8 | 6 | 5 | 6 | 6 | 7 | 8 | 10 | | |
| | | | 独立基础 | | 10 | | | | | | | | | | | |
| | | | 墙、柱、梁 | | 8 | | | | | | | | | | | |
| | | | 剪力墙 | | 5 | | | | | | | | | | | |
| | 3 | 垂直度(mm) | 层高 | ≤5mm | 8 | 4 | 3 | 3 | 6 | 8 | 2 | 0 | 6 | 5 | | |
| | | | | >5m | 10 | | | | | | | | | | | |
| | | | 全高(H) | | $H$/1000且≤30 | | | | | | | | | | | |
| | 4 | 标高(mm) | 层高 | | ±10 | +8 | −6 | +6 | +4 | −8 | −8 | −6 | +5 | | | |
| | | | 全高 | | ±30 | | | | | | | | | | | |
| | 5 | 截面尺寸 | | | +8,−5 | −2 | −3 | +5 | +4 | +2 | +8 | −1 | 0 | | | |
| | 6 | 电梯井 | 井筒长、宽对定位中心线(mm) | | +25,0 | +10 | +8 | 0 | +2 | +6 | +8 | +10 | 0 | | | |
| | | | 井筒全高(H)垂直度(mm) | | $H$/1000且≤30 | | | | | | | | | | | |
| | 7 | 表面平整度(mm) | | | 8 | 4 | 3 | 6 | 5 | 1 | 0 | 3 | 3 | 5 | | |
| | 8 | 预埋设施中心线位置(mm) | 预埋件 | | 10 | 8 | 8 | 6 | 3 | 5 | 2 | 8 | 10 | 9 | | |
| | | | 预埋螺栓 | | 5 | 3 | 0 | 4 | 2 | 2 | 2 | 3 | 0 | 4 | | |
| | | | 预埋管 | | 5 | 2 | 5 | 4 | 3 | 1 | 4 | 0 | 3 | 1 | | |
| | 9 | 预留洞中心线位置(mm) | | | 15 | 8 | 10 | 9 | 4 | 3 | 6 | 1 | 12 | 10 | | |

| 施工单位检查评定结果 | 经检查，主控项目全部合格，一般项目满足规范规定要求，检查评定结果为合格。<br>项目专业质量检查员：××× ××年×月×日 |
|---|---|
| 监理(建设)单位验收结论 | 同意施工单位评定结果，验收合格。<br>监理工程师：×××<br>项目专业质量检查员：××× ××年×月×日 |

**《现浇结构外观及尺寸偏差检验批质量验收记录表》填表说明：**

(1)资料流程：本表由施工单位在完成本工序后填写，并报送监理单位；监理单位审批后返还施工单位，各相关单位存档。

(2)相关规定与要求：

1)主控项目：

①外观质量不出现严重缺陷。现浇结构的外观质量不应有严重缺陷。对已经出现的严重缺陷，应由施工单位提出技术处理方案，并经监理(建设)单位认可后进行处理；经处理的部位，应重新检查验收；全数检查；观察和检查技术处理方案。

②过大尺寸偏差处理和验收。现浇结构不应有影响结构性能和使用功能的尺寸偏差。对超过尺寸允许偏差且影响结构性能和安装、使用功能的部位，应由施工单位提出技术处理方案，并经监理(建设)单位认可后进行处理；经处理的部位，应重新检查验收；全数检查；观察和尺量检查。

2)一般项目：

①外观质量一般缺陷。现浇结构的外观质量不宜有一般缺陷。对已经出现的一般缺陷，应由施工单位按技术处理方案进行处理，并重新检查验收；观察检查。

②现浇结构允许偏差，经纬仪、水准仪，2m 靠尺和塞尺，拉线和尺量检查。

8. 混凝土设备基础外观及尺寸偏差检验批验收记录表

## 混凝土设备基础外观及尺寸偏差检验批验收记录表
## GB 50204—2002(Ⅱ)

010603□□

| 工程名称 | ××工程 | 分部(子分部)工程名称 | 混凝土基础 | 验收部位 | 地下一层水泵房 |
|---|---|---|---|---|---|
| 施工单位 | ××建筑集团公司 | 专业工长 | ××× | 项目经理 | ××× |
| 施工执行标准名称及编号 | 混凝土结构工程施工质量验收规范(GB 50204—2002) | | | | |
| 分包单位 | ××建筑公司 | 分包项目经理 | ××× | 施工班组长 | ××× |

| 施工质量验收规范的规定 | | | | | 施工单位检查评定记录 | | | | | | | | | 监理(建设)单位验收记录 |
|---|---|---|---|---|---|---|---|---|---|---|---|---|---|---|
| 主控项目 | 1 | 外观质量 | | 第8.2.1条 | √ | | | | | | | | | 符合设计及施工质量验收规范要求,同意验收 |
| | 2 | 过大尺寸偏差处理及验收 | | 第8.3.1条 | √ | | | | | | | | | |
| 一般项目 | 1 | 外观质量一般缺陷 | | 第8.2.2条 | √ | | | | | | | | | 符合设计及施工质量验收规范要求,不同意验收 |
| | 2 | 坐标位置(mm) | | 20 | 16 | 12 | 8 | 5 | 5 | 5 | 10 | 8 | 6 | |
| | 3 | 不同平面的标高(mm) | | 0,−20 | −5 | −5 | −5 | 0 | −2 | −4 | 0 | −4 | | |
| | 4 | 平面外形尺寸(mm) | | ±20 | +10 | +12 | +6 | −8 | −6 | +16 | −12 | +6 | −10 | |
| | 5 | 凸台上平面外形尺寸(mm) | | 0,−20 | +6 | −8 | −8 | −6 | +5 | 0 | 0 | +6 | 0 | |
| | 6 | 凹穴尺寸(mm) | | +20,0 | +6 | +6 | 0 | +8 | +10 | 0 | +6 | +10 | 0 | |
| | 7 | 平面水平度 | 每米(mm) | 5 | | | | | | | | | | |
| | | | 全长(mm) | 10 | 6 | 4 | 3 | 3 | 5 | 6 | 3 | 4 | 6 | |
| | 8 | 垂直度 | 每米(mm) | 5 | 2 | 2 | 3 | 1 | 4 | 3 | 2 | 1 | 1 | |
| | | | 全高(mm) | 10 | | | | | | | | | | |
| | 9 | 预埋地脚螺栓 | 标高(顶部)(mm) | +20,0 | +10 | +12 | +12 | +6 | +8 | 0 | +16 | +8 | | |
| | | | 中心距(mm) | ±2 | +1 | 0 | 0 | 0 | +1 | −2 | +3 | −2 | −2 | |
| | 10 | 预埋地脚螺栓孔 | 中心线位置(mm) | 10 | 6 | 4 | 6 | 5 | 6 | 3 | 5 | 2 | 1 | |
| | | | 深度(mm) | +20,0 | +12 | +8 | +48 | +10 | 0 | +6 | +8 | +12 | 0 | |
| | | | 孔垂直度(mm) | 10 | 6 | 6 | 8 | 2 | 5 | 4 | 3 | 3 | 2 | |
| | 11 | 预埋活动地脚螺栓锚板 | 标高(mm) | +20,0 | | | | | | | | | | |
| | | | 中心线位置(mm) | 5 | 3 | 3 | 4 | 2 | 5 | 3 | 2 | 1 | 3 | |
| | | | 带槽锚板平整度(mm) | 5 | | | | | | | | | | |
| | | | 带螺纹孔锚板平整度(mm) | 2 | 1 | 1 | 1 | 0 | 2 | 0 | 2 | 0 | 0 | |

| 施工单位检查评定结果 | 经检查,主控项目全部合格,一般项目满足规范规定要求,检查评定结果为合格。<br>项目专业质量检查员:××× ××年×月×日 |
|---|---|
| 监理(建设)单位验收结论 | 同意施工单位评定结果,验收合格。<br>监理工程师:×××<br>项目专业质量检查员:××× ××年×月×日 |

**《混凝土设备基础外观及尺寸偏差检验批验收记录表》填表说明：**

(1)资料流程：本表由施工单位在完成本工序后填写，并报送监理单位；监理单位审批后返还施工单位，各相关单位存档。

(2)相关规定与要求：

1)主控项目：

①外观质量不出现严重缺陷。现浇结构的外观质量不应有严重缺陷。对已经出现的严重缺陷，应由施工单位提出技术处理方案，并经监理(建设)单位认可后进行处理；经处理的部位，应重新检查验收；全数检查；观察和检查技术处理方案。

②过大尺寸偏差处理和验收。现浇结构不应有影响结构性能和使用功能的尺寸偏差。对超过尺寸允许偏差且影响结构性能和安装、使用功能的部位，应由施工单位提出技术处理方案，并经监理(建设)单位认可后进行处理；经处理的部位，应重新检查验收；全数检查；观察和尺量检查。

2)一般项目：

①外观质量一般缺陷。现浇结构的外观质量不宜有一般缺陷。对已经出现的一般缺陷，应由施工单位按技术处理方案进行处理，并重新检查验收；观察检查。

②设备基础允许偏差，经纬仪、水准仪，2m 靠尺和塞尺，拉线和尺量检查。

## 二、分项工程质量验收记录

### 1. 模板分项工程质量验收记录表

表 D-2　　模板分项工程质量验收记录表

| 单位(子单位)工程名称 | ××工程 | 结构类型 | 框架剪力墙 |
|---|---|---|---|
| 分部(子分部)工程名称 | 混凝土基础 | 检验批数 | 3 |
| 施工单位 | ××建筑工程公司 | 项目经理 | ××× |
| 分包单位 | / | 分包单位负责人 | / |

| 序号 | 检验批名称及部位、区段 | 施工单位检查评定结果 | 监理(建设)单位验收结论 |
|---|---|---|---|
| 1 | 基础垫层①～⑳/Ⓐ～Ⓓ轴模板安装 | ✓ | 符合要求 |
| 2 | 基础底板①～⑳/Ⓐ～Ⓓ轴模板安装 | ✓ | |
| 3 | 基础底板⑫～⑳/Ⓐ～Ⓓ轴模板安装 | ✓ | |
| | | | |
| | | | |
| | | | |
| | | | |
| | | | |
| | | | |
| | | | |
| | | | |

| 检查结论 | 验收结论 |
|---|---|
| 地下室结构模板安装及拆除工程施工质量符合《混凝土结构工程施工质量验收规范》(GB 50204—2002)的规定。<br><br>项目专业技术负责人:×××<br>××年×月×日 | 合格,同意验收。<br><br>监理工程师:×××<br>(建设单位项目专业技术负责人)<br>××年×月×日 |

注:地基基础、主体结构工程的分项工程质量验收不填写"分包单位"、"分包项目经理"。

2. 钢筋分项工程质量验收记录表

表 D-2　　钢筋分项工程质量验收记录表

<table>
<tr><td colspan="2">单位(子单位)工程名称</td><td>××工程</td><td>结构类型</td><td colspan="2">框架剪力墙</td></tr>
<tr><td colspan="2">分部(子分部)工程名称</td><td>混凝土基础</td><td>检验批数</td><td colspan="2">6</td></tr>
<tr><td>施工单位</td><td colspan="2">××建筑工程公司</td><td>项目经理</td><td colspan="2">×××</td></tr>
<tr><td>分包单位</td><td colspan="2">/</td><td>分包单位负责人</td><td colspan="2">/</td></tr>
<tr><td>序号</td><td>检验批名称及部位、区段</td><td colspan="2">施工单位检查评定结果</td><td colspan="2">监理(建设)单位验收结论</td></tr>
<tr><td>1</td><td>基础钢筋加工</td><td colspan="2">√</td><td colspan="2" rowspan="12">符合要求</td></tr>
<tr><td>2</td><td>基础钢筋安装①～⑩/Ⓐ～Ⓔ</td><td colspan="2">√</td></tr>
<tr><td>3</td><td>基础钢筋安装⑩～⑳/Ⓐ～Ⓔ</td><td colspan="2">√</td></tr>
<tr><td>4</td><td>地下一层钢筋加工</td><td colspan="2">√</td></tr>
<tr><td>5</td><td>地下一层墙柱钢筋安装<br>①～⑩/Ⓐ～Ⓔ</td><td colspan="2">√</td></tr>
<tr><td>6</td><td>地下一层墙柱钢筋加工<br>⑩～⑳/Ⓐ～Ⓔ</td><td colspan="2">√</td></tr>
<tr><td></td><td></td><td colspan="2"></td></tr>
<tr><td></td><td></td><td colspan="2"></td></tr>
<tr><td></td><td></td><td colspan="2"></td></tr>
<tr><td></td><td></td><td colspan="2"></td></tr>
<tr><td></td><td></td><td colspan="2"></td></tr>
<tr><td></td><td></td><td colspan="2"></td></tr>
<tr><td>检查结论</td><td colspan="2">基础钢筋加工及安装施工质量符合《混凝土结构工程施工质量验收规范》(GB 50204—2002)的规定。<br><br>项目专业技术负责人:×××<br>××年×月×日</td><td>验收结论</td><td colspan="2">同意施工单位检查结论,验收合格。<br><br>监理工程师:×××<br>(建设单位项目专业技术负责人)<br>××年×月×日</td></tr>
</table>

注:地基基础、主体结构工程的分项工程质量验收不填写“分包单位”、“分包项目经理”。

3. 混凝土分项工程质量验收记录表

**表 D-2** **混凝土分项工程质量验收记录表**

<table>
<tr><td colspan="2">单位(子单位)工程名称</td><td>××工程</td><td>结构类型</td><td colspan="2">框架剪力墙</td></tr>
<tr><td colspan="2">分部(子分部)工程名称</td><td>混凝土基础</td><td>检验批数</td><td colspan="2">6</td></tr>
<tr><td>施工单位</td><td colspan="2">××建筑工程公司</td><td>项目经理</td><td colspan="2">×××</td></tr>
<tr><td>分包单位</td><td colspan="2">/</td><td>分包单位负责人</td><td colspan="2">/</td></tr>
<tr><td>序号</td><td>检验批名称及部位、区段</td><td colspan="2">施工单位检查评定结果</td><td colspan="2">监理(建设)单位验收结论</td></tr>
<tr><td>1</td><td>基础混凝土配合比设计</td><td colspan="2">✓</td><td colspan="2" rowspan="12">符合要求</td></tr>
<tr><td>2</td><td>基础底板①～⑩/Ⓐ～Ⓔ轴</td><td colspan="2">✓</td></tr>
<tr><td>3</td><td>基础底板⑩～⑳/Ⓐ～Ⓔ轴</td><td colspan="2">✓</td></tr>
<tr><td>4</td><td>地下一层混凝土配合比设计</td><td colspan="2">✓</td></tr>
<tr><td>5</td><td>地下一层墙柱①～⑩/Ⓐ～Ⓔ轴</td><td colspan="2">✓</td></tr>
<tr><td>6</td><td>地下一层墙柱⑩～⑳/Ⓐ～Ⓔ轴</td><td colspan="2">✓</td></tr>
<tr><td></td><td></td><td colspan="2"></td></tr>
<tr><td></td><td></td><td colspan="2"></td></tr>
<tr><td></td><td></td><td colspan="2"></td></tr>
<tr><td></td><td></td><td colspan="2"></td></tr>
<tr><td></td><td></td><td colspan="2"></td></tr>
<tr><td></td><td></td><td colspan="2"></td></tr>
<tr><td>检查结论</td><td>基础混凝土材料、配合比设计及混凝土施工质量符合《混凝土结构工程施工质量验收规范》(GB 50204—2002)的规定。<br><br>项目专业技术负责人:×××<br>××年×月×日</td><td>验收结论</td><td colspan="3">合格,同意验收。<br><br>监理工程师:×××<br>(建设单位项目专业技术负责人)<br>××年×月×日</td></tr>
</table>

注:地基基础、主体结构工程的分项工程质量验收不填写“分包单位”、“分包项目经理”。

## 三、子分部工程质量验收记录表

表 D-2　　混凝土基础分部(子分部)工程质量验收记录表

<table>
<tr><td>工程名称</td><td colspan="2">××工程</td><td>结构类型</td><td>框架剪力墙</td><td>层数</td><td>地下2层<br>地上20层</td></tr>
<tr><td>施工单位</td><td colspan="2">××建筑工程公司</td><td>技术部门负责人</td><td>×××</td><td>质量部门负责人</td><td>×××</td></tr>
<tr><td>分包单位</td><td colspan="2">/</td><td>分包单位负责人</td><td>/</td><td>分包技术负责人</td><td>/</td></tr>
<tr><td>序号</td><td colspan="2">子分部(分项)工程名称</td><td>分项工程<br>(检验批)数</td><td>施工单位检查评定</td><td colspan="2">验收意见</td></tr>
<tr><td>1</td><td colspan="2">模板</td><td>4</td><td>√</td><td colspan="2" rowspan="12">同意验收</td></tr>
<tr><td>2</td><td colspan="2">钢筋</td><td>6</td><td>√</td></tr>
<tr><td>3</td><td colspan="2">混凝土</td><td>8</td><td>√</td></tr>
<tr><td>4</td><td colspan="2">后浇带混凝土</td><td>4</td><td>√</td></tr>
<tr><td>5</td><td colspan="2">混凝土结构缝处理</td><td>2</td><td>√</td></tr>
<tr><td></td><td colspan="2"></td><td></td><td></td></tr>
<tr><td></td><td colspan="2"></td><td></td><td></td></tr>
<tr><td></td><td colspan="2"></td><td></td><td></td></tr>
<tr><td></td><td colspan="2"></td><td></td><td></td></tr>
<tr><td></td><td colspan="2"></td><td></td><td></td></tr>
<tr><td></td><td colspan="2"></td><td></td><td></td></tr>
<tr><td></td><td colspan="2"></td><td></td><td></td></tr>
<tr><td colspan="3">质量控制资料</td><td colspan="2">完整,符合要求</td><td colspan="2">同意施工单位评定</td></tr>
<tr><td colspan="3">安全和功能检验(检测)报告</td><td colspan="2">符合要求,合格</td><td colspan="2">同意施工单位评定</td></tr>
<tr><td colspan="3">观感质量验收</td><td colspan="2">好</td><td colspan="2">同意施工单位评定</td></tr>
<tr><td rowspan="5">验收单位</td><td>分包单位</td><td colspan="5">项目经理:　　　　　　年　月　日</td></tr>
<tr><td>施工单位</td><td colspan="5">项目经理:×××　　　　　　××年×月×日</td></tr>
<tr><td>勘察单位</td><td colspan="5">项目负责人:×××　　　　　　××年×月×日</td></tr>
<tr><td>设计单位</td><td colspan="5">项目负责人:×××　　　　　　××年×月×日</td></tr>
<tr><td>监理(建设)单位</td><td colspan="5">总监理工程师:×××<br>(建设单位项目专业负责人)　　　　　　××年×月×日</td></tr>
</table>

# 第九章　砌体基础工程资料

## 第一节　砌体基础工程资料分类

砌体基础工程施工资料分类见下表。

**砌体基础工程施工资料分类**

<table>
<tr><th>类别及编号</th><th>表格编号<br>（或资料来源）</th><th colspan="2">资料名称</th><th>备　注</th></tr>
<tr><td rowspan="9">施工技术<br>资料(C2)</td><td>施工单位提供</td><td colspan="2">施工组织设计及施工方案</td><td></td></tr>
<tr><td rowspan="5">C2-1</td><td rowspan="5">技术交底<br>记录</td><td>砖基础砌筑工程技术交底记录</td><td rowspan="5"></td></tr>
<tr><td>混凝土砌块基础砌体工程技术交底记录</td></tr>
<tr><td>配筋砌块基础砌体工程技术交底记录</td></tr>
<tr><td>条石基础砌体工程技术交底记录</td></tr>
<tr><td>毛石基础砌体工程技术交底记录</td></tr>
<tr><td>C2-2</td><td colspan="2">图纸会审记录</td><td>见本书第二章</td></tr>
<tr><td>C2-3</td><td colspan="2">设计变更单</td><td>见本书第二章</td></tr>
<tr><td>C2-4</td><td colspan="2">工程洽商记录</td><td>见本书第二章</td></tr>
<tr><td rowspan="6">施工物资<br>资料(C4)</td><td>C4-1</td><td colspan="2">材料、构配件进场检验记录</td><td>见本书第四章</td></tr>
<tr><td>供应单位提供</td><td colspan="2">各种物资出厂合格证、质量保证书和商检证等</td><td>见本书第四章</td></tr>
<tr><td>供应单位提供</td><td colspan="2">砖(砌块)性能检测报告</td><td>见本书第四章</td></tr>
<tr><td>C4-11</td><td colspan="2">砂试验报告</td><td>见本书第四章</td></tr>
<tr><td>C4-12</td><td colspan="2">碎(卵)石试验报告</td><td>见本书第四章</td></tr>
<tr><td>C4-17</td><td colspan="2">砖(砌块)试验报告</td><td></td></tr>
<tr><td rowspan="7">施工记录<br>(C5)</td><td>C5-1</td><td colspan="2">隐蔽工程检查记录</td><td>见本书第四章</td></tr>
<tr><td>C5-2</td><td colspan="2">预检记录</td><td>见本书第四章</td></tr>
<tr><td>C5-3</td><td colspan="2">施工检查记录</td><td>见本书第四章</td></tr>
<tr><td>C5-4</td><td colspan="2">交接检查记录</td><td>见本书第四章</td></tr>
<tr><td>C5-8</td><td colspan="2">混凝土浇灌申请书</td><td>见本书第八章</td></tr>
<tr><td>C5-9</td><td colspan="2">预拌混凝土运输单</td><td>见本书第八章</td></tr>
<tr><td>C5-10</td><td colspan="2">混凝土开盘鉴定</td><td>见本书第八章</td></tr>
</table>

续表

| 类别及编号 | 表格编号（或资料来源） | 资料名称 | | 备注 |
|---|---|---|---|---|
| 施工试验报告(C6) | C6-7 | 砂浆配合比申请单、通知单 | | |
| | C6-8 | 砂浆抗压强度试验报告 | | |
| | C6-9 | 砌筑砂浆试块强度统计、评定记录 | | |
| | C6-10 | 混凝土配合比申请单、通知单 | | |
| | C6-11 | 混凝土抗压强度试验报告 | | |
| 施工质量验收记录(C7) | 施工单位提供 | 检验批质量验收记录 | 砖砌体工程检验批质量验收记录表 | |
| | | | 配筋砌体工程检验批质量验收记录表 | |
| | | | 石砌体检验批质量验收记录表 | |
| | 施工单位提供 | 分项工程质量验收记录 | 砖砌体分项工程质量验收记录表 | |
| | | | 配筋砌体分项工程质量验收记录表 | |
| | | | 石砌体分项工程质量验收记录表 | |
| | 施工单位提供 | 子分部工程质量验收记录 | 砌体基础子分部工程质量验收记录表 | |

## 第二节　砌体基础工程施工物资资料

**表 C4-17**　　**砖(砌块)试验报告**

编号：××× 
试验编号：××－0011 
委托编号：××－00736

| 工程名称 | ××工程地下一层墙体砌筑 | | | 试样编号 | 012 |
|---|---|---|---|---|---|
| 委托单位 | ××建筑工程公司 | | | 试验委托人 | ××× |
| 种类 | 烧结普通砖 | | | 生产厂 | ××砖厂 |
| 强度等级 | MU10 | 密度等级 | / | 代表数量 | 16万 |
| 试件处理日期 | ××年×月×日 | 来样日期 | ××年×月×日 | 试验日期 | ××年×月×日 |

<table>
<tr><td rowspan="13">试验结果</td><td colspan="8">烧结普通砖</td></tr>
<tr><td colspan="2" rowspan="2">抗压强度平均值 $f$ (MPa)</td><td colspan="3">变导系数 $\delta \leqslant 0.21$</td><td colspan="3">变导系数 $\delta > 0.21$</td></tr>
<tr><td colspan="3">强度标准值 $f_k$(MPa)</td><td colspan="3">单块最小强度值 $f_k$(MPa)</td></tr>
<tr><td colspan="2">16</td><td colspan="3">14.8</td><td colspan="3"></td></tr>
<tr><td colspan="8">轻集料混凝土小型空心砌块</td></tr>
<tr><td colspan="5">砌块抗压强度(MPa)</td><td colspan="3" rowspan="2">砌块干燥表面密度(kg/m³)</td></tr>
<tr><td colspan="2">平均值</td><td colspan="3">最小值</td></tr>
<tr><td colspan="2"></td><td colspan="3"></td><td colspan="3"></td></tr>
<tr><td colspan="8">其他种类</td></tr>
<tr><td colspan="2">抗压强度(MPa)</td><td colspan="6">抗折强度(MPa)</td></tr>
<tr><td rowspan="2">平均值</td><td rowspan="2">最小值</td><td colspan="2">大面</td><td colspan="2">条面</td><td rowspan="2">平均值</td><td rowspan="2">最小值</td></tr>
<tr><td>平均值</td><td>最小值</td><td>平均值</td><td>最小值</td></tr>
<tr><td></td><td></td><td></td><td></td><td></td><td></td><td></td><td></td></tr>
<tr><td colspan="9">结论：<br>**根据《烧结普通砖》(GB/T 5101—2003)标准，符合 MU10 砖抗压强度要求。**</td></tr>
</table>

| 批准 | ××× | 审核 | ××× | 试验 | ××× |
|---|---|---|---|---|---|
| 试验单位 | ××建筑工程公司试验室 | | | | |
| 报告日期 | ××年×月×日 | | | | |

注：本表由试验单位提供，建设单位、施工单位、城建档案馆各保存一份。

**《砖(砌块)试验报告》填表说明：**

(1)资料流程：材料试验报告由具备相应资质等级的检测单位出具，作为各种相关材料的附件进入资料流程。

(2)相关规定与要求：

1)对于不需要进场复试的物资，由供货单位直接提供。

2)对于需要进场复试的物资，由施工单位及时取样后送至规定的检测单位，检测单位根据相关标准进行试验后填写材料试验报告并返还施工单位。

(3)注意事项：

1)工程名称、使用部位及代表数量应准确并符合规范要求(应对检测单位告之准确内容)。

2)返还的试验报告应重点保存。

# 第三节　砌体基础工程施工试验记录

## 一、砌筑砂装配合比申请单及通知单

表 C6-7　　　　砂浆配合比申请单

编号：×××
委托编号：××－01370

| 工程名称 | ××工程地下基础砌体 | | | | |
|---|---|---|---|---|---|
| 委托单位 | ××建筑工程公司 | | | 试验委托人 | ××× |
| 砂浆种类 | 混合砂浆 | | | 强度等级 | M5 |
| 水泥品种 | P·O 32.5 | | | 厂别 | ×××水泥厂 |
| 水泥进场日期 | ××年×月×日 | | | 试验编号 | ××C-012 |
| 砂产地 | ××× | 粗细级别 | 中砂 | 试验编号 | ××S-016 |
| 掺合料种类 | 白灰膏 | | | 外加剂种类 | / |
| 申请日期 | ××年×月×日 | | | 要求使用日期 | ××年×月×日 |

表 C6-7　　　　砂浆配合比通知单

配合比编号：××－0082
试配编号：×××

| 强度等级 | M5 | 试验日期 | | ××年×月×日 | |
|---|---|---|---|---|---|
| 配合比 | | | | | |
| 材料名称 | 水泥 | 砂 | 白灰膏 | 掺合料 | 外加剂 |
| 每立方米用量（$kg/m^3$） | 238 | 1571 | 95 | | |
| 比例 | 1 | 6.6 | 0.4 | | |
| 注：砂浆稠度为 70～100mm，白灰膏稠度为 120±5mm | | | | | |

| 批准 | ××× | 审核 | ××× | 试验 | ××× |
|---|---|---|---|---|---|
| 试验单位 | ××建筑工程公司试验室 | | | | |
| 报告日期 | ××年×月×日 | | | | |

注：本表由施工单位保存。

## 二、砂浆抗压强度试验报告

**表 C6-8** **砂浆抗压强度试验报告**

编号：×××
试验编号：××－0039
委托编号：××－01375

<table>
<tr><td colspan="2">工程名称及部位</td><td colspan="3">××工程　基础砌体①～⑩/Ⓐ～Ⓔ轴</td><td>试件编号</td><td colspan="3">××－007</td></tr>
<tr><td colspan="2">委托单位</td><td colspan="3">×××</td><td>试验委托人</td><td colspan="3">×××</td></tr>
<tr><td colspan="2">砂浆种类</td><td>水泥混合砂浆</td><td>强度等级</td><td>M10</td><td>稠度</td><td colspan="3">70mm</td></tr>
<tr><td colspan="2">水泥品种及强度等级</td><td colspan="3">P·O 32.5</td><td>试验编号</td><td colspan="3">××－0017</td></tr>
<tr><td colspan="2">矿产地及种类</td><td colspan="3">×××　中砂</td><td>试验编号</td><td colspan="3">××－0012</td></tr>
<tr><td colspan="2">掺合料种类</td><td colspan="3">/</td><td>外加剂种类</td><td colspan="3">/</td></tr>
<tr><td colspan="2">配合比编号</td><td colspan="7">××－0206</td></tr>
<tr><td colspan="2">试件成型日期</td><td>××年×月×日</td><td>要求龄期</td><td colspan="2">28天</td><td colspan="2">要求试验日期</td><td>××年×月×日</td></tr>
<tr><td colspan="2">养护方法</td><td>标准</td><td>试件收到日期</td><td colspan="2">××年×月×日</td><td colspan="2">试件制作人</td><td>×××</td></tr>
<tr><td rowspan="8">试验结果</td><td rowspan="2">试压日期</td><td rowspan="2">实际龄期（天）</td><td rowspan="2">试件边长（mm）</td><td rowspan="2">受压面积（mm）²</td><td colspan="2">荷载（kN）</td><td rowspan="2">抗压强度（MPa）</td><td rowspan="2">达设计强度等级（%）</td></tr>
<tr><td>单块</td><td>平均</td></tr>
<tr><td rowspan="6">××年×月×日</td><td rowspan="6">28</td><td rowspan="6">70.7</td><td rowspan="6">5000</td><td>54.6</td><td rowspan="6">62.7</td><td rowspan="6">12.5</td><td rowspan="6">125</td></tr>
<tr><td>56.3</td></tr>
<tr><td>69.8</td></tr>
<tr><td>65.5</td></tr>
<tr><td>60.7</td></tr>
<tr><td>69.4</td></tr>
<tr><td colspan="9">结论：<br>合格</td></tr>
<tr><td colspan="2">批准</td><td>×××</td><td>审核</td><td colspan="2">×××</td><td>试验</td><td colspan="2">×××</td></tr>
<tr><td colspan="2">试验单位</td><td colspan="7">×××试验室</td></tr>
<tr><td colspan="2">报告日期</td><td colspan="7">××年×月×日</td></tr>
</table>

注：本表建设单位、施工单位各保存一份。

## 三、砌筑砂浆试块强度统计、评定记录

表 C6-9　　　　砌筑砂浆试块强度统计、评定记录

编号：×××

<table>
<tr><td>工程名称</td><td colspan="4">××工程</td><td colspan="2">强度等级</td><td colspan="3">M7.5</td></tr>
<tr><td>施工单位</td><td colspan="4">××建筑工程公司</td><td colspan="2">养护方法</td><td colspan="3">标养</td></tr>
<tr><td>统计期</td><td colspan="4">××年×月×日至××年×月×日</td><td colspan="2">结构部位</td><td colspan="3">基础砌体</td></tr>
<tr><td>试块组数<br>$n$</td><td colspan="2">强度标准值<br>$f_2$(MPa)</td><td colspan="2">平均值<br>$f_{2,m}$(MPa)</td><td colspan="2">最小值<br>$f_{2,min}$(MPa)</td><td colspan="3">$0.75f_2$</td></tr>
<tr><td>8</td><td colspan="2">7.5</td><td colspan="2">11.46</td><td colspan="2">9.1</td><td colspan="3">5.63</td></tr>
<tr><td rowspan="8">每组强度值(MPa)</td><td>12.6</td><td>10.6</td><td>9.8</td><td>10.6</td><td>14.6</td><td>11</td><td>9.1</td><td>13.4</td><td></td></tr>
<tr><td></td><td></td><td></td><td></td><td></td><td></td><td></td><td></td><td></td></tr>
<tr><td></td><td></td><td></td><td></td><td></td><td></td><td></td><td></td><td></td></tr>
<tr><td></td><td></td><td></td><td></td><td></td><td></td><td></td><td></td><td></td></tr>
<tr><td></td><td></td><td></td><td></td><td></td><td></td><td></td><td></td><td></td></tr>
<tr><td></td><td></td><td></td><td></td><td></td><td></td><td></td><td></td><td></td></tr>
<tr><td></td><td></td><td></td><td></td><td></td><td></td><td></td><td></td><td></td></tr>
<tr><td></td><td></td><td></td><td></td><td></td><td></td><td></td><td></td><td></td></tr>
<tr><td>判定式</td><td colspan="4">$f_{2,m} \geqslant f_2$</td><td colspan="5">$f_{2,min} \geqslant 0.75f_2$</td></tr>
<tr><td>结果</td><td colspan="4">11.46>7.5</td><td colspan="5">9.1>5.63</td></tr>
<tr><td colspan="10">结论：<br><br>依据《砌体工程施工质量验收规范》(GB 50203—2002)第 4.0.12 条标准评定为合格</td></tr>
<tr><td colspan="3">批准</td><td colspan="4">审核</td><td colspan="3">统计</td></tr>
<tr><td colspan="3">×××</td><td colspan="4">×××</td><td colspan="3">×××</td></tr>
<tr><td colspan="3">报告日期</td><td colspan="7">××年×月×日</td></tr>
</table>

# 第四节　砌体基础工程施工质量验收记录

## 一、检验批质量验收记录表

### 1. 砖砌体工程检验批质量验收记录表

**砖砌体检验批质量验收记录表**

**GB 50203—2002**

020301□□

| 工程名称 | ××工程 | 分部(子分部)工程名称 | 砌体基础 | 验收部位 | 基础砌体①～⑫/Ⓐ～Ⓕ |
|---|---|---|---|---|---|
| 施工单位 | ××建筑集团公司 | 专业工长 | ××× | 项目经理 | ××× |
| 施工执行标准名称及编号 | 砌体工程施工质量验收规范(GB 50323—2002) | | | | |
| 分包单位 | ××建筑公司 | 分包项目经理 | ××× | 施工班组长 | ××× |

| 施工质量验收规范的规定 | | | | 施工单位检查评定记录 | | | | | | | 监理(建设)单位验收记录 |
|---|---|---|---|---|---|---|---|---|---|---|---|
| 主控项目 | 1 | 砖强度等级 | 设计要求 MU10 | 4份试验报告　MU10 | | | | | | | 符合设计及施工质量验收规范要求,同意验收 |
| | 2 | 砂浆强度等级 | 设计要求 M7.5 | 符合要求 | | | | | | | |
| | 3 | 水平灰缝砂浆饱满度 | ≥80% | 85,88,92,94,87,86 | | | | | | | |
| | 4 | 斜槎留置 | 第5.2.3条 | ✓ | | | | | | | |
| | 5 | 直槎拉结筋及接槎处理 | 第5.2.4条 | ✓ | | | | | | | |
| | 6 | 轴线偏移 | ≤10mm | 6 | 3 | 3 | 4 | 2 | 5 | 7 | |
| | 7 | 垂直度(每层) | ≤5mm | 2 | 2 | 2 | 1 | 0 | 3 | 4 | |
| 一般项目 | 1 | 组砌方法 | 第5.3.1条 | ✓ | | | | | | | 符合设计及施工质量验收规范要求,同意验收 |
| | 2 | 水平灰缝厚度10mm | 8～12mm | 8 | 10 | 8 | 8 | 12 | 10 | 8 | |
| | 3 | 顶(楼)面标高 | ±15mm | +8 | +6 | −5 | −10 | −8 | +6 | +5 | |
| | 4 | 表面平整度 | 清水:5mm<br>混水:8mm | 4 | 4 | 6 | 5 | 7 | 4 | 7 | |
| | 5 | 门窗洞口 | ±5mm | 0 | −2 | +4 | +2 | 0 | −3 | 0 | |
| | 6 | 窗口偏移 | 20mm | 7 | 8 | 10 | 6 | 5 | 6 | 6 | |
| | 7 | 水平灰缝平直度 | 清水:7mm<br>混水:10mm | 6 | 5 | 5 | 8 | 10 | 6 | 8 | |
| | 8 | 清水墙游丁走缝 | 20mm | / | | | | | | | |

| 施工单位检查评定结果 | 经检查,主控项目全部合格,一般项目满足规范规定要求,检查评定结果为合格。<br><br>项目专业质量检查员:×××　　××年×月×日 |
|---|---|
| 监理(建设)单位验收结论 | 同意施工单位评定结果,验收合格。<br><br>监理工程师:×××<br>(建设单位项目专业技术负责人)　　××年×月×日 |

**《砖砌体工程检验批质量验收记录表》填表说明：**

(1)资料流程：本表由施工单位在完成本工序后填写，并报送监理单位；监理单位审批后返还施工单位，各相关单位存档。

(2)相关规定与要求：

1)主控项目：

①砖及砂浆强度等级，按设计要求检查和验收；砖应有进场验收报告，批量及强度满足设计要求为合格；砂浆有配合比报告，计量配制，按规定留试块，在试块强度未出来之前，先将试块编号填写，出来后核对，并在分项工程中，按进行批强度评定，符合要求为合格。

②水平灰缝砂浆饱满度不小于80%；用百格网检查每检验批不少于5处，每处3块砖，砖底面砂浆痕迹的面积，取平均值，不小于80%为合格。

③斜槎留置，按规范留置，水平投影长度不小于高度的2/3为合格。

④直槎拉结筋及接槎处理。按规定设置，留槎正确，拉结筋数量、直径正确，竖向间距偏差±100mm，留置长度基本正确为合格。

⑤轴线位置偏移10mm，经纬仪、尺量及吊线测量，不大于10mm为合格。垂直度每层5mm，2m托线板，不超过5mm为合格。

2)一般项目：

①组砌方法，上下错缝，内外塔砌，砖柱不用包心砌法。混水墙≤300mm的通缝，每间房不超过3处，且不得在同一墙体上，为合格。清水墙不得有通缝。

注：上下二皮砖搭接长度小于25mm的为通缝。

②水平灰缝厚度10mm，量10皮砖砌体高度，按皮数杆10皮砖的高度计算。10皮砖在－8，＋12范围内为合格。

③基础顶面、墙面标高±15mm；用水平仪和尺量检查。

表面平整度混水墙：8mm；用2m靠尺和楔形塞尺检查。

门窗洞口高宽度(后塞口)±5mm；用尺检查。

外墙上下窗口偏移20mm；用经纬仪吊线检查。

水平灰缝平直度10mm；拉10m线和尺栓检查。

各项目80%检测点应满足要求，其余20%点可超过允许值，但不得超过其值的150%，即为合格，否则，返工处理。

如果验收清水墙，其表面平整度为5mm：水平灰缝平直度为7mm；并增加项目清水墙游丁走缝偏差为20mm。

2. 配筋砌体工程检验批质量验收记录表

**配筋砌体工程检验批质量验收记录表**

**GB 50203—2002**

020305□□

<table>
<tr><td colspan="2">工程名称</td><td>××工程</td><td>分部（子分部）<br>工程名称</td><td colspan="5">砌体基础</td><td colspan="5">验收部位</td><td>基础砌体①～⑫<br>/Ⓐ～Ⓕ</td></tr>
<tr><td colspan="2">施工单位</td><td colspan="2">××建筑集团公司</td><td colspan="3">专业工长</td><td colspan="2">×××</td><td colspan="5">项目经理</td><td>×××</td></tr>
<tr><td colspan="2">施工执行标准名称及编号</td><td colspan="13">砌体工程施工质量验收规范（GB 50323—2002）</td></tr>
<tr><td colspan="2">分包单位</td><td>××建筑公司</td><td colspan="3">分包项目经理</td><td colspan="3">×××</td><td colspan="5">施工班组长</td><td>×××</td></tr>
<tr><td colspan="4">施工质量验收规范的规定</td><td colspan="10">施工单位检查评定记录</td><td>监理（建设）单位验收记录</td></tr>
<tr><td rowspan="9">主控项目</td><td>1</td><td>钢筋品种规格数量</td><td>第 8.2.1 条</td><td colspan="10">✓</td><td rowspan="9">符合设计及施工质量验收规范要求，同意验收</td></tr>
<tr><td>2</td><td>混凝土、砂浆强度</td><td>设计要求 C20<br>设计要求 M5.0</td><td colspan="10">符合要求</td></tr>
<tr><td>3</td><td>马牙槎拉结筋</td><td>第 8.2.3 条</td><td colspan="10">✓</td></tr>
<tr><td>4</td><td>芯柱</td><td>第 8.2.5 条</td><td colspan="10">✓</td></tr>
<tr><td>5</td><td>柱中心线位置</td><td>≤10mm</td><td>6</td><td>8</td><td>5</td><td>8</td><td>8</td><td>10</td><td>6</td><td>5</td><td>5</td><td></td></tr>
<tr><td>6</td><td>柱层间错位</td><td>≤8mm</td><td>3</td><td>5</td><td>6</td><td>5</td><td>4</td><td>2</td><td>5</td><td>2</td><td>2</td><td></td></tr>
<tr><td rowspan="3">7</td><td rowspan="3">柱垂直度</td><td>每层≤10mm</td><td>8</td><td>2</td><td>5</td><td>6</td><td>3</td><td>4</td><td>5</td><td>6</td><td>2</td><td></td></tr>
<tr><td>全高（≤10mm）<br>≤15mm</td><td></td><td></td><td></td><td></td><td></td><td></td><td></td><td></td><td></td><td></td></tr>
<tr><td>全高（>10mm）<br>≤20mm</td><td></td><td></td><td></td><td></td><td></td><td></td><td></td><td></td><td></td><td></td></tr>
<tr><td rowspan="5">一般项目</td><td>1</td><td>水平灰缝钢筋</td><td>第 8.3.1 条</td><td colspan="10">✓</td><td rowspan="5">符合设计及施工质量验收规范要求，同意验收</td></tr>
<tr><td>2</td><td>钢筋防锈</td><td>第 8.3.2 条</td><td colspan="10">✓</td></tr>
<tr><td>3</td><td>网状配筋间距</td><td>第 8.3.3 条</td><td colspan="10">✓</td></tr>
<tr><td>4</td><td>组合砌体及拉结筋</td><td>第 8.3.4 条</td><td colspan="10">✓</td></tr>
<tr><td>5</td><td>砌块砌体钢筋搭接</td><td>第 8.3.5 条</td><td colspan="10">✓</td></tr>
<tr><td colspan="3">施工单位检查评定结果</td><td colspan="12">经检查，主控项目全部合格，一般项目满足规范规定要求，检查评定结果为合格。<br><br>项目专业质量检查员：××× ××年×月×日</td></tr>
<tr><td colspan="3">监理（建设）单位验收结论</td><td colspan="12">同意施工单位评定结果，验收合格。<br><br>监理工程师：×××<br>（建设单位项目专业技术负责人） ××年×月×日</td></tr>
</table>

**《配筋砌体工程检验批质量验收记录表》填表说明：**

(1)资料流程：本表由施工单位在完成本工序后填写，并报送监理单位；监理单位审批后返还施工单位，各相关单位存档。

(2)相关规定与要求：

1)主控项目：

①钢筋的品种、规格和数量符合设计要求；检查钢筋合格证书，钢筋性能试验报告、隐蔽工程记录。

②构造柱、芯柱、组合砌体构件、配筋砌体剪力墙构件的混凝土或砂浆强度等级符合设计要求；检查混凝土、砂浆试块试验报告。

③构造柱与墙体的连接处应砌成马牙槎，马牙槎应先退后进，预留的拉结钢筋应位置正确，施工中不得任意弯折；观察检查。

④配筋混凝土小型宜心砌块砌体，芯柱混凝土应在装配式楼盖处贯通，不得削弱芯柱截面尺寸；观察检查。

⑤柱中心线位置、柱层间错位、柱垂直度允许偏差；用经纬仪和尺量检查，柱层高垂直度用2m 托线板检查。

2)一般项目：

①设置在砌体水平灰缝内的钢筋，应居中置于灰缝中。水平灰缝厚度应大于钢筋直径 4mm 以上。砌体外露面砂浆保护层的厚度不应小于 15mm；观察及尺量检查。

②设置在砌体灰缝内的钢筋在潮湿环境或有化学侵蚀介质环境中应有防腐措施。防腐涂料无漏刷(喷浸)，无起皮脱落现象；观察检查。

③网状配筋砌体中，钢筋网及放置间距应符合设计规定。钢筋网沿砌体高度位置超过设计规定一皮砖厚不得多于 1 处。

钢筋规格检查钢筋网成品，钢筋网放置间距局部剔缝观察，或用探针刺入灰缝内检查，或用钢筋位置测定仪测定。

④组合砖砌体构件，竖向受力钢筋保护层应符合设计要求，距砖砌体表面距离不应小于 5mm；拉结筋两端应设弯钩，拉结筋及箍筋的位置应正确。钢筋保护层符合设计要求；拉结筋位置及弯钩设置在 80%及以上符合要求，箍筋间距超过规定者，每件不得多于 2 处，且每处不得超过 1 皮砖；支模前观察和尺量检查。

⑤配筋砌块砌体剪力墙中，采用搭接接头的受力钢筋搭接长度不应小于 35 天，且不应少于 300mm；尺量检查。

3. 石砌体工程检验批质量验收记录表

**石砌体工程检验批质量验收记录表**

**GB 50203—2002**

020303□□

| 工程名称 | ××工程 | 分部(子分部)工程名称 | | 砌体基础 | 验收部位 | 基础砌体①～⑫/Ⓐ～Ⓕ |
|---|---|---|---|---|---|---|
| 施工单位 | ××建筑集团公司 | | 专业工长 | ××× | 项目经理 | ××× |
| 施工执行标准名称及编号 | 砌体结构工程施工质量验收规范(GB 50323—2002) | | | | | |
| 分包单位 | ××建筑公司 | 分包项目经理 | | ××× | 施工班组长 | ××× |

| 施工质量验收规范的规定 | | | | 施工单位检查评定记录 | | | | | | | | | 监理(建设)单位验收记录 |
|---|---|---|---|---|---|---|---|---|---|---|---|---|---|
| 主控项目 | 1 | 石材强度等级 | 设计要求 MU20 | 符合要求 | | | | | | | | | 符合设计及施工质量验收规范要求,同意验收 |
| | 2 | 砂浆强度等级 | 设计要求 M | ✓ | | | | | | | | | |
| | 3 | 砂浆饱满度 | ≥80% | 90 | 85 | 85 | 95 | 90 | 90 | 90 | 85 | 90 | |
| | 4 | 轴线位移 | 第 7.2.3 条 | 5 | 3 | 3 | 3 | 7 | 6 | 2 | 5 | 5 | |
| | 5 | 垂直度(每层) | 第 7.2.3 条 | 6 | 4 | 6 | 5 | 8 | 2 | 2 | 5 | 8 | |
| 一般项目 | 1 | 顶面标高 | 第 7.3.1 条 | 7 | 7 | 6 | 10 | 3 | 5 | 2 | 6 | 8 | 符合设计及施工质量验收规范要求,同意验收 |
| | 2 | 砌体厚度 | 第 7.3.1 条 | 4 | 6 | 6 | 10 | 8 | 5 | 5 | 10 | 6 | |
| | 3 | 表面平整度 | 第 7.3.1 条 | 3 | 3 | 2 | 6 | 5 | 10 | 4 | 5 | 3 | |
| | 4 | 灰缝平直度 | 第 7.3.1 条 | 1 | 5 | 2 | 4 | 3 | 3 | 4 | 2 | 5 | |
| | 5 | 组砌形式 | 第 7.3.2 条 | ✓ | | | | | | | | | |

| 施工单位检查评定结果 | 经检查,主控项目全部合格,一般项目满足规范规定要求,检查评定结果为合格。<br><br>项目专业质量检查员:××× ××年×月×日 |
|---|---|
| 监理(建设)单位验收结论 | 同意施工单位评定结果,验收合格。<br><br>监理工程师:×××<br>(建设单位项目专业技术负责人) ××年×月×日 |

**《石砌体工程检验批质量验收记录表》填表说明：**

(1)资料流程：本表由施工单位在完成本工序后填写，并报送监理单位；监理单位审批后返还施工单位，各相关单位存档。

(2)相关规定与要求：

1)主控项目：

①石材强度等级符合设计要求；检查石材试验报告。

②砂浆强度等级符合设计要求，有配合比报告，计量配制，在试块强度出来之前先将试件编号填写，试验报告出来后校对。

③砂浆饱满度不应小于 80%；观察检查，每步架不少于 1 处。

④石砌体的轴线位置及垂直度允许偏差应符合规定；经纬仪、吊线及尺量检查。

2)一般项目：

①砌体的一般尺寸允许偏差应符合规定。其每项的 80%点符合要求，其余 20%点，可放宽到偏差值的 150%，但不应有超过 150%的点出现；水准仪、拉线及尺量检查。

②石砌体的组砌形式规定；观察检查。

a. 内外搭砌，上下错缝、拉结石、丁砌石交错设置；

b. 毛石墙拉结石每 0.7$m^2$ 墙面不应少于 1 块。

## 二、分项工程质量验收记录

表 D-3　　砖砌体分项工程质量验收记录表

| 单位(子单位)工程名称 | ××工程 | 结构类型 | 框架剪力墙 |
|---|---|---|---|
| 分部(子分部)工程名称 | 砌体基础 | 检验批数 | 4 |
| 施工单位 | ××建筑工程公司 | 项目经理 | ××× |
| 分包单位 | / | 分包项目经理 | / |

| 序号 | 检验批名称及部位、区段 | 施工单位检查评定结果 | 监理(建设)单位验收结论 |
|---|---|---|---|
| 1 | 基础砌体①～⑫/Ⓐ～Ⓕ轴 | √ | 符合要求 |
| 2 | 基础砌体⑫～⑳/Ⓐ～Ⓕ轴 | √ | |
| 3 | 基础砌体⑳～㉖/Ⓐ～Ⓕ轴 | √ | |
| 4 | 基础砌体㉖～㉚/Ⓐ～Ⓕ轴 | √ | |
| | | | |
| | | | |
| | | | |
| | | | |
| | | | |
| | | | |
| | | | |
| | | | |
| | | | |
| | | | |

说明：

| 检查结论 | 基础砌体①～㉚/Ⓐ～Ⓕ轴施工质量符合《砌体工程施工质量验收规范》(GB 50203—2002)的规定。<br><br>项目专业技术负责人：×××<br>××年×月×日 | 验收结论 | 合格，同意验收。<br><br>监理工程师：×××<br>(建设单位项目专业技术负责人)<br>××年×月×日 |
|---|---|---|---|

注：地基基础、主体结构工程的分项工程质量验收不填写“分包单位”、“分包项目经理”。

## 三、子分部工程质量验收记录

**表 D-3　　砌体基础分部(子分部)工程质量验收记录表**

<table>
<tr><td>工程名称</td><td>××工程</td><td>结构类型及层数</td><td colspan="3">框架剪力墙</td></tr>
<tr><td>施工单位</td><td>××建筑工程公司</td><td>技术部门负责人</td><td>×××</td><td>质量部门负责人</td><td>×××</td></tr>
<tr><td>分包单位</td><td>/</td><td>分包单位负责人</td><td>/</td><td>分包技术负责人</td><td>/</td></tr>
<tr><td>序号</td><td>子分部(分项)工程名称</td><td>分项工程<br>(检验批)数</td><td>施工单位检查评定</td><td colspan="2">验收意见</td></tr>
<tr><td>1</td><td>砖砌体</td><td>4</td><td>√</td><td colspan="2" rowspan="12">同意验收</td></tr>
<tr><td>2</td><td>混凝土砌块砌体</td><td>6</td><td>√</td></tr>
<tr><td>3</td><td>配筋砌体</td><td>2</td><td>√</td></tr>
<tr><td>4</td><td>石砌体</td><td>4</td><td>√</td></tr>
<tr><td></td><td></td><td></td><td></td></tr>
<tr><td></td><td></td><td></td><td></td></tr>
<tr><td></td><td></td><td></td><td></td></tr>
<tr><td></td><td></td><td></td><td></td></tr>
<tr><td></td><td></td><td></td><td></td></tr>
<tr><td></td><td></td><td></td><td></td></tr>
<tr><td></td><td></td><td></td><td></td></tr>
<tr><td></td><td></td><td></td><td></td></tr>
<tr><td colspan="2">质量控制资料</td><td colspan="2">完整,符合要求</td><td colspan="2">同意施工单位评定</td></tr>
<tr><td colspan="2">安全和功能检验(检测)报告</td><td colspan="2">符合要求,合格</td><td colspan="2">同意施工单位评定</td></tr>
<tr><td colspan="2">观感质量验收</td><td colspan="2">好</td><td colspan="2">同意施工单位评定</td></tr>
<tr><td rowspan="5">验收单位</td><td>分包单位</td><td colspan="3">项目经理:×××</td><td>××年×月×日</td></tr>
<tr><td>施工单位</td><td colspan="3">项目经理:×××</td><td>××年×月×日</td></tr>
<tr><td>勘察单位</td><td colspan="3">项目负责人:×××</td><td>××年×月×日</td></tr>
<tr><td>设计单位</td><td colspan="3">项目负责人:×××</td><td>××年×月×日</td></tr>
<tr><td>监理(建设)单位</td><td colspan="3">总监理工程师:×××<br>(建设单位项目专业负责人)</td><td>××年×月×日</td></tr>
</table>

# 第十章　工程资料归档管理

## 第一节　工程资料编制与组卷

### 一、质量要求

(1)工程资料应真实反映工程实际的状况,具有永久和长期保存价值的材料必须完整、准确和系统。

(2)工程资料应使用原件,因各种原因不能使用原件的,应在复印件上加盖原件存放单位公章、注明原件存放处,并有经办人签字及时间。

(3)工程资料应保证字迹清晰,签字、盖章手续齐全,签字必须使用档案规定用笔。计算机形成的工程资料应采用内容打印,手工签名的方式。

(4)施工图的变更、洽商绘图应符合技术要求。凡采用施工蓝图改绘竣工图的,必须使用反差明显的蓝图,竣工图图画应整洁。

(5)工程档案的填写和编制应符合档案微缩管理和计算机输入的要求。

(6)工程档案的微缩制品,必须按国家微缩标准进行制作,主要技术指标(解像力、密度、海波残留量等)应符合国家标准规定,保证质量,以适应长期安全保管。

(7)工程资料的照片(含底片)及声像档案,应图像清晰,声音清楚,文字说明或内容准确。

### 二、载体形式

(1)工程资料可采用以下两种载体形式:

1)纸质载体。

2)光盘载体。

(2)工程档案可采用以下三种载体形式:

1)纸质载体。

2)微缩品载体。

3)光盘载体。

(3)纸质载体和光盘载体的工程资料应在过程中形成、收集和整理,包括工程音像资料。

(4)微缩品载体的工程档案:

1)在纸质载体的工程档案经城建档案馆和有关部门验收合格后,应持城建档案馆发给的准可微缩证明书进行微缩,证明书包括案卷目录、验收签章、城建档案馆的档号、胶片代数、质量要求等,并将证书缩拍在胶片"片头"上。

2)报送微缩制品载体工程竣工档案的种类和数量,一般要求报送三代片,即:

①第一代(母片)卷片一套,作长期保存使用。

②第二代(拷贝片)卷片一套,作复制工作用。

③第三代(拷贝片)卷片或者开窗卡片、封套片、平片,作提供日常利用(阅读或复原)使用。

3)向城建档案馆移交的微缩卷片、开窗卡片、封套片、平片必须按城建档案馆的要求进行标注。

(5)光盘载体的电子工程档案：

1)纸质载体的工程档案经城建档案馆和有关部门验收合格后，进行电子工程档案的核查，核查无误后，进行电子工程档案的光盘刻制。

2)电子工程档案的封套、格式必须按城建档案馆的要求进行标注。

## 三、组卷要求

### 1. 组卷的质量要求

(1)组卷前应保证基建文件、监理资料和施工资料齐全、完整，并符合规程要求。

(2)编绘的竣工图应反差明显、图面整洁、线条清晰、字迹清楚，能满足微缩和计算机扫描的要求。

(3)文字材料和图纸不满足质量要求的一律返工。

### 2. 组卷的基本原则

(1)建设项目应按单位工程组卷。

(2)工程资料应按照不同的收集、整理单位及资料类别，按基建文件、监理资料、施工资料和竣工图分别进行组卷。

(3)卷内资料排列顺序应依据卷内资料构成而定，一般顺序为封面、目录、资料部分、备考表和封底。组成的卷案应美观、整齐。

(4)卷内若存在多类工程资料时，同类资料按自然形成的顺序和时间排序，不同资料之间的排列顺序可参照本书第一章表1-2的顺序排列。

(5)案卷不宜过厚，一般不超过40mm。案卷内不应有重复资料。

### 3. 组卷的具体要求

(1)基建文件组卷。基建文件可根据类别和数量的多少组成一卷或多卷，如工程决策立项文件卷、征地拆迁文件卷、勘察、测绘与设计文件卷、工程开工文件卷、商务文件卷、工程竣工验收与备案文件卷。同一类基建文件还可根据数量多少组成一卷或多卷。

基建文件组卷具体内容和顺序可参考本书第一章表1-2；移交城建档案馆基建文件的组卷内容和顺序可参考资料规程。

(2)监理资料组卷。监理资料可根据资料类别和数量多少组成一卷或多卷。

(3)施工资料组卷。施工资料组卷应按照专业、系统划分，每一专业、系统再按照资料类别从C1～C7顺序排列，并根据资料数量多少组成一卷或多卷。

对于专业化程度高，施工工艺复杂，通常由专业分包施工的子分部(分项)工程应分别单独组卷，如有支护土方、地基(复合)、桩基、预应力、钢结构、木结构、网架(索膜)、幕墙、供热锅炉、变配电室和智能建筑工程的各系统，应单独组卷子分部(分项)工程并按照顺序排列，并根据资料数量的多少组成一卷或多卷。

按规程规定应由施工单位归档保存的基建文件和监理资料按本书第一章表1-1的要求组卷。

(4)竣工图组卷。应竣工图应按专业进行组卷。可分为工艺平面布置竣工图卷、建筑竣工图卷、结构竣工图卷、给排水及采暖竣工图卷、建筑电气竣工图卷、智能建筑竣工图卷、通风空调竣工图卷、电梯竣工图卷、室外工程竣工图卷等，每一专业可根据图纸数量多少组成一卷或多卷。

(5)向城建档案馆报送的工程档案应按《建设工程文件归档整理规范》(GB/T 50328—2001)的要求进行组卷。

(6)文字材料和图纸材料原则上不能混装在一个装具内，如资料材料较少，需放在一个装具内时，文字材料和图纸材料必须混合装订，其中文字材料排前，图样材料排后。

(7)单位工程档案总案卷数超过20卷的，应编制总目录卷。

4. 案卷页号的编写

(1)编写页号应以独立卷为单位。在案卷内资料材料排列顺序确定后，均以有书写内容的页面编写页号。

(2)每卷从阿拉伯数字1开始，用打号机或钢笔一次逐张连续标注页号，采用黑色、蓝色油墨或墨水。案卷封面、卷内目录和卷内备案表不编写页号。

(3)页号编写位置：单面书写的文字材料页号编写在右下角，双面书写的文字材料页号正面编写在右下角，背面编写在左下角。

(4)图纸折叠后无论何种形式，页号一律编写在右下角。

## 四、封面与目录

1. 工程资料封面与目录(E1)

(1)工程资料案卷封面(表E1-1)：案卷封面包括名称、案卷题名、编制单位、技术主管、编制日期(以上由移交单位填写)、保管期限、密级、共____册第____册等(由档案接收部门填写)。

1)名称：填写工程建设项目竣工后使用名称(或曾用名)。若本工程分为几个(子)单位工程应在第二行填写(子)单位工程名称。

2)案卷题名：填写本卷卷名。第一行按单位、专业及类别填写案卷名称；第二行填写案卷内主要资料内容提示。

3)编制单位：本卷档案的编制单位，并加盖公章。

4)技术主管：编制单位技术负责人签名或盖章。

5)编制日期：填写卷内资料材料形成的起(最早)、止(最晚)日期。

6)保管期限：由档案保管单位按照本单位的保管规定或有关规定填写。

7)密级：由档案保管单位按照本单位的保密规定或有关规定填写。

(2)工程资料卷内目录(表E1-2)：工程资料的卷内目录，内容包括序号、工程资料题名、原编字号、编制单位、编制日期、页次和备注。卷内目录内容应与案卷内容相符，排列在封面之后，原资料目录及设计图纸目录不能代替。

1)序号：案卷内资料排列先后用阿拉伯数字从1开始一次标注。

2)工程资料题名：填写文字材料和图纸名称，无标题的资料应根据内容拟写标题。

3)原编字号：资料制发机关的发字号或图纸原编图号。

4)编制单位：资料的形成单位或主要负责单位名称。

5)编制日期：资料的形成时间(文字材料为原资料形成日期，竣工图为编制日期)。

6)页次：填写每份资料在本案卷的页次或起止的页次。

7)备注：填写需要说明的问题。

(3)分项目录(表E1-3、E1-4)：

1)分项目录(一)(表E1-3)适用于施工物资材料(C4)的编目，目录内容应包括资料名称、厂名、型号规格、数量、使用部位等，有进场见证试验的，应在备注栏中注明。

2)分项目录(二)(表E1-4)适用于施工测量记录(C3)和施工记录(C5)的编目，目录内容包括资料名称、施工部位和日期等。

资料名称：填写表格名称或资料名称；

施工部位：应填写测量、检查或记录的层、轴线和标高位置；

日期：填写资料正式形成的年、月、日。

(4)混凝土(砂浆)抗压强度报告目录(表 E1-5)：混凝土(砂浆)抗压强度报告目录应分单位工程，按不同龄期汇总、编目。有见证试验应在备注栏中注明。

(5)钢筋连接试验报告目录(表 E1-6)：钢筋连接试验报告目录适用于各种焊(连)接形式。有见证试验应在备注栏中注明。

(6)工程资料卷内备考表(表 E1-7)：内容包括卷内文字材料张数、图样材料张数、照片张数等，立卷单位的立卷人、审核人及接收单位的审核人、接收人应签字。

1)案卷审核备考表分为上下两栏，上一栏由立卷单位填写，下一栏由接收单位填写。

2)上栏应表明本案卷一编号资料的总张数：指文字、图纸、照片等的张数。审核说明填写立卷时资料的完整和质量情况，以及应归档而缺少的资料的名称和原因；立卷人有责任立卷人签名；审核人有案卷审查人签名；年月日按立卷、审核时间分别填写。

3)下栏由接收单位根据案卷的完成及质量情况标明审核意见。技术审核人由接收单位工程档案技术审核人签名；档案接收人由接收单位档案管理接收人签名；年月日按审核、接收时间分别填写。

2. 工程档案封面和目录(E2)

(1)工程档案案卷封面：使用城市建设档案封面(表 E2-1)，注明工程名称、案卷题名、编制单位、技术主管、保存期限、档案密级等。

(2)工程档案卷内目录：使用城建档案卷内目录(表 E2-2)，内容包括顺序号、文件材料题名，原编字号、编制单位、编制日期、页次、备注等。

(3)工程档案卷内备案：使用城建档案案卷审核备考表(表 E2-3)，内容包括卷内为字材料张数，图样材料张数，照片张数等和立卷单位的立卷人、审核人及接收单位的审核人、接收人签字。

城建档案案卷审核备考表(表 E2-2)的下栏部分由城建档案馆根据案卷的完整及质量情况标明审核意见。

3. 案卷脊背编制

案卷脊背项目有档号、案卷题名，有档案保管单位填写。城建档案的案卷脊背由城建档案馆填写。

4. 移交书

(1)工程资料移交书(表 E3-1)：工程资料移交书是工程资料进行移交的凭证，应有移交日期和移交单位、接收单位的盖章。

(2)工程档案移交书：使用城市建设档案移交书(表 E3-2)，为竣工档案进行移交的凭证，应有移交日期和移交单位、接收单位的盖章。

(3)工程档案微缩品移交书：使用城市建设档案馆微缩品移交书(表 E3-3)，为竣工档案进行移交的凭证，应有移交日期和移交单位、接收单位的盖章。

(4)工程资料移交目录：工程资料移交，办理的工程资料移交书(表 E3-1)应附工程资料移交目录(表 E3-4)。

(5)工程档案移交目录：工程档案移交，办理的工程档案移交书(表 E3-2)应附城市建设档案移交目录(表 E3-5)。

## 五、案卷规格与装订

1. 案卷规格

卷内资料、封面、目录、备考表统一采用 A4 幅(197mm×210mm)尺寸，图纸分别采用 A0

(841mm×1189mm)、A1(594mm×841mm)、A2(420mm×594mm)、A3(297mm×420mm)、A4(297mm×210mm)幅面。小于A4幅面的资料要用A4白纸(297mm×210mm)衬托。

2. 案卷装具

案卷采用统一规格尺寸的装具。属于工程档案的文字、图纸材料一律采用城建档案馆监制的硬壳卷夹或卷盒,外表尺寸310mm(高)×220mm(宽),卷盒厚度尺寸分别为50mm、30mm两种,卷夹厚度尺寸为25mm;少量特殊的档案也可采用外表尺寸为310mm(高)×430mm(宽),厚度尺寸为50mm。案卷软(内)卷皮尺寸为297mm(高)×210mm(宽)。

3. 案卷装订

(1)文字材料必须装订成册,图纸材料可装订成册,也可散装存放。

(2)装订时要剔除金属物,装订线一侧根据案卷薄厚加垫草板纸。

(3)案卷用棉线在左侧三孔装订,棉线装订结打在背面。装订线距左侧20mm,上下两孔分别距中孔80mm。

(4)装订时,须将封面、目录、备考表、封底与案卷一起装订。图纸散装在卷盒内时,需将案卷封面、目录、备考表三件用棉线在左上角装订在一起。

## 第二节　工程竣工图内容与要求

竣工图是建筑工程竣工档案的重要组成部分,是工程建设完成后主要凭证性材料,是建筑物真实的写照,是工程竣工验收的必备条件,是工程维修、管理、改建、扩建的依据。各项新建、改建、扩建项目均必须编制竣工图。

竣工图绘制工作应由建设单位负责,也可由建设单位委托施工单位、监理单位或设计单位。

### 一、编制要求

(1)凡按施工图施工没有变动的,由竣工图编制单位在施工图图签附近空白处加盖并签署竣工图章。

(2)凡一般性图纸变更,编制单位可根据设计变更依据,在施工图上直接改绘,并加盖及签署竣工图章。

(3)凡结构形式、工艺、平面布置、项目等重大改变及图面变更超过40%的,应重新绘制竣工图。重新绘制的图纸必须有图名和图号,图号可按原图编号。

(4)编制竣工图必须编制各专业竣工图的图纸目录,绘制的竣工图必须准确、清楚、完整、规范、修改必须到位,真实反映项目竣工验收时的实际情况。

(5)用于改绘竣工图的图纸必须是新蓝图或绘图仪绘制的白图,不得使用复印的图纸。

(6)竣工图编制单位应按照国家建筑制图规范要求绘制竣工图,使用绘图笔或签字笔及不褪色的绘图墨水。

### 二、主要内容

(1)竣工图应按单位工程,并根据专业、系统进行分类和整理。

(2)竣工图包括以下内容:

工艺平面布置图等竣工图

建筑竣工图、幕墙竣工图

结构竣工图、钢结构竣工图

建筑给水、排水与采暖竣工图

燃气竣工图

建筑电气竣工图

智能建筑竣工图(综合布线、保安监控、电视天线、火灾报警、气体灭火等)

通风空调竣工图

地上部分的道路、绿化、庭院照明、喷泉、喷灌等竣工图

地下部分的各种市政、电力、电信管线等竣工图

## 三、竣工图绘制类型

(1)利用施工蓝图改绘的竣工图。

(2)在二底图上修改的竣工图。

(3)重新绘制的竣工图。

(4)用CAD绘制的竣工图。

## 四、竣工图绘制要求

1. 利用施工蓝图改绘的竣工图

在施工蓝图上一般采用杠(划)改、叉改法,局部修改可以圈出更改部位,在原图空白处绘出更改内容,所有变更处都必须引划索引线并注明更改依据。在施工图上改绘,不得使用涂改液涂抹、刀刮、补贴等方法修改图纸。

具体的改绘方法可视图面、改动范围和位置、繁简程度等实际情况而定,以下是常见改绘方法的举例说明。

(1)取消的内容。

1)尺寸、门窗型号、设备型号、灯具型号、钢筋型号和数量、注解说明等数字、文字、符号的取消,可采用杠改法。即将取消的数字、文字、符号等用横杠杠掉(不得涂抹掉),从修改的位置引出带箭头的索引线,在索引线上注明修改依据,即"见×号洽商×条",也可注明"见×年×月×日洽商×条"。

2)隔墙、门窗、钢筋、灯具、设备等取消,可用叉改法。即在图上将取消的部分打"×",在图上描绘取消的部分较长时,可视情况打几个"×",达到表示清楚为准。并从图上修改处见箭头索引线引出,注明修改依据。

(2)增加的内容。

1)在建筑物某一部位增加隔墙、门窗、灯具、设备、钢筋等,均应在图上的实际位置用规范制图方法绘出,并注明修改依据。

2)如增加的内容在原位置绘不清楚时,应在本图适当位置(空白处)按需要补绘大样图,并保证准确清楚,如本图上无位置可绘时,应另用硫酸纸绘补图并晒成蓝图或用绘图仪绘制白图后附在本专业图纸之后。注意在原修改位置和补绘图纸上均应注明修改依据,补图要有图名和图号。

(3)内容变更。

1)数字、符号、文字的变更,可在图上用杠改法将取消的内容杠去,在其附近空白处增加更正后的内容,并注明修改依据。

2)设备配置位置,灯具、开关型号等变更引起的改变;墙、板、内外装修等变化……均应在原图上改绘。

3)当图纸某部位变化较大、或在原位置上改绘有困难,或改绘后杂乱无章,可以采用以下办法改绘。

①画大样改绘:在原图上标出应修改部位的范围,后在须要修改的图纸上绘出修改部位的大

样图,并在原图改绘范围和改绘的大样图处注明修改依据。

②另绘补图修改:如原图纸无空白处,可把应改绘的部位绘制硫酸纸补图晒成蓝图后,作为竣工图纸,补在本专业图纸之后。具体做法为:在原图纸上画出修改范围,并注明修改依据和见某图(图号)及大样图名;在补图上注明图号和图名,并注明是某图(图号)某部位的补图和修改依据。

③个别蓝图需重新绘制竣工图:如果某张图纸修改不能在原蓝图上修改清楚,应重新绘制整张图作为竣工图。重绘的图纸应按国家制图标准和绘制竣工图的规定制图。

(4)加写说明。凡设计变更、洽商的内容应当在竣工图上修改的,均应用绘图方法改绘在蓝图上,不再加写说明。如果修改后的图纸仍然有内容无法表示清楚,可用精炼的语言适当加以说明。

1)图上某一种设备、门窗等型号的改变,涉及多处修改时,要对所有涉及的地方全部加以改绘,其修改依据可标注在一个修改处,但需在此处做简单说明。

2)钢筋的代换,混凝土强度等级改变,墙、板、内外装修材料的变化,由建设单位自理的部分等在图上修改难以用作图方法表达清楚时,可加注或用索引的形式加以说明。

3)凡涉及说明类型的洽商,应在相应的图纸上使用设计规范用语反映洽商内容。

(5)注意事项。

1)施工图纸目录必须加盖竣工图章,作为竣工图归档。凡有作废、补充、增加和修改的图纸,均应在施工图目录上标注清楚。即作废的图纸在目录上杠掉,补充的图纸在目录上列出图名、图号。

2)如某施工图改变量大,设计单位重新绘制了修改图的,应以修改图代替原图,原图不再归档。

3)凡是洽商图作为竣工图,必须进行必要的制作。

①如洽商图是按正规设计图纸要求进行绘制的可直接作为竣工图,但需统一编写图名图号,并加盖竣工图章,作为补图。并在说明中注明是哪张图哪个部位的修改图,还要在原图修改部位标注修改范围,并标明见补图的图号。

②如洽商图未按正规设计要求绘制,均应按制图规定另行绘制竣工图,其余要求同上。

4)某一条洽商可能涉及两张或两张以上图纸,某一局部变化可能引起系统变化……,凡涉及的图纸和部位均应按规定修改,不能只改其一,不改其二。

一个高标的变动,可能在平、立、剖、局部大样图上都要涉及,均应改正。

5)不允许将洽商的附图原封不动的贴在或附在竣工图上作为修改,也不允许将洽商的内容抄在蓝图上作为修改。凡修改的内容均应改绘在蓝图上或做补图附在图纸之后。

6)根据规定须重新绘制竣工图时,应按绘制竣工图的要求制图。

7)改绘注意事项:

修改时,字、线、墨水使用的规定:

①字:采用仿宋字,字体的大小要与原图采用字体的大小相协调,严禁错、别、草字。

②线:一律使用绘图工具,不得徒手绘制。

8)施工蓝图的规定:图纸反差要明显,以适应缩微等技术要求。凡旧图、反差不好的图纸不得作为改绘用图。修改的内容和有关说明均不得超过原图框。

2. 在二底图上修改的竣工图

(1)用设计底图或施工图制成二底(硫酸纸)图,在二底图上依据设计变更、工程洽商内容用刮改法进行绘制,即用刀片将需更改部位刮掉,再用绘图笔绘制修改内容,并在图中空白处做一修改备考表，注明变更、洽商编号（或时间）和修改内容。

修改备考表见表 10-1。

**表 10-1　　修改备考表**

| 变更、洽商编号（或时间） | 内　容（简要提示） |
|---|---|
| | |
| | |
| | |
| | |
| | |

(2)修改的部位用语言描述不清楚时，也可用细实线在图上画出修改范围。

(3)以修改后的二底图或蓝图作为竣工图，要在二底图或蓝图上加盖竣工图章。没有改动的二底图转做竣工图也要加盖竣工图章。

(4)如果二底图修改次数较多，个别图面可能出现模糊不清等技术问题，必须进行技术处理或重新绘制，以期达到图面整洁、字迹清楚等质量要求。

3. 重新绘制的竣工图

根据工程竣工现状和洽商记录绘制竣工图，重新绘制竣工图要求与原图比例相同，符合制图规范，有标准的图框和内容齐全的图签，图签中应有明确的"竣工图"字样或加盖竣工图章。

4. 用 CAD 绘制的竣工图

在电子版施工图上依据设计变更、工程洽商的内容进行修改，修改后用云图圈出修改部位，并在图中空白处做一修改备考表，表示要求同上述 2. 要求。同时，图签上必须有原设计人员签字。

## 五、竣工图章

(1)"竣工图章"应具有明显的"竣工图"字样，并包括编制单位名称、制图人、审核人和编制日期等基本内容。编制单位、制图人、审核人、技术负责人要对竣工图负责。

竣工图章内容、尺寸如图 10-1 所示。

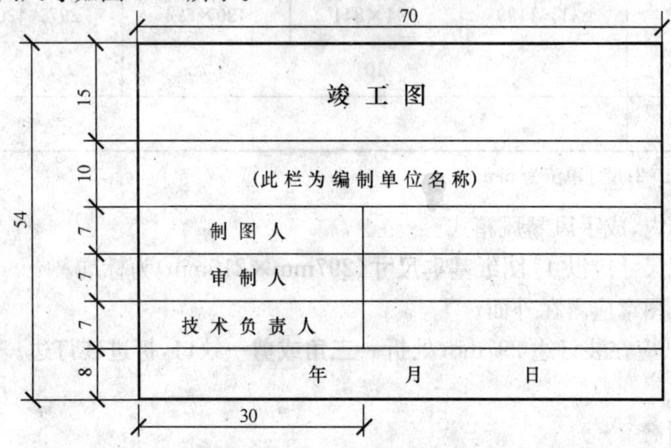


图 10-1　竣工图章(单位:mm)

(2)所有竣工图应由编制单位逐张加盖、签署竣工图章。竣工图章中签名必须齐全，不得代签。

(3)凡由设计院编制的竣工图，其设计图签中必须明确竣工阶段，并由绘制人和技术负责人在设计图签中签字。

(4)竣工图章应加盖在图签附近的空白处。

(5)竣工图章应使用不褪色红或蓝色印泥。

**六、竣工图图纸折叠方法**

(1)一般要求：

1)图纸折叠前应按裁图线裁剪整齐，其图纸幅面应符合图 10-2 及表 10-2 的规定。

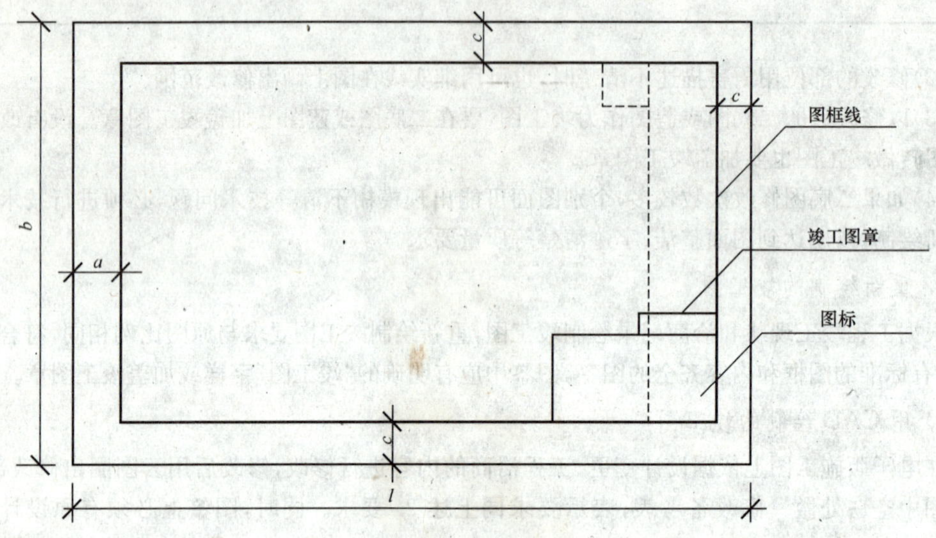


图 10-2 图纸幅面

**表 10-2** 图纸幅面尺寸(mm)

| 基本幅面代号 | 0 | 1 | 2 | 3 | 4 |
|---|---|---|---|---|---|
| $b/l$ | 841×1189 | 594×841 | 420×594 | 297×420 | 297×210 |
| $c$ | 10 | | | 5 | |
| $a$ | 25 | | | | |

注：尺寸代号见图 10-2；尺寸单位为 mm。

2)图面应折向内，成手风琴风箱式。

3)折叠后幅面尺寸应以 4# 图纸基本尺寸(297mm×210mm)为标准。

4)图纸及竣工图章应露在外面。

5)3# ～0# 图纸应在装订边 297mm 处折一三角或剪一缺口，折进装订边。

(2)折叠方法：

1)4# 图纸不折叠。

2)3# 图纸折叠如图 10-3(图中序号表示折叠次序，虚线表示折起的部分，以下同)所示。

3)2# 图纸折叠如图 10-4 所示。

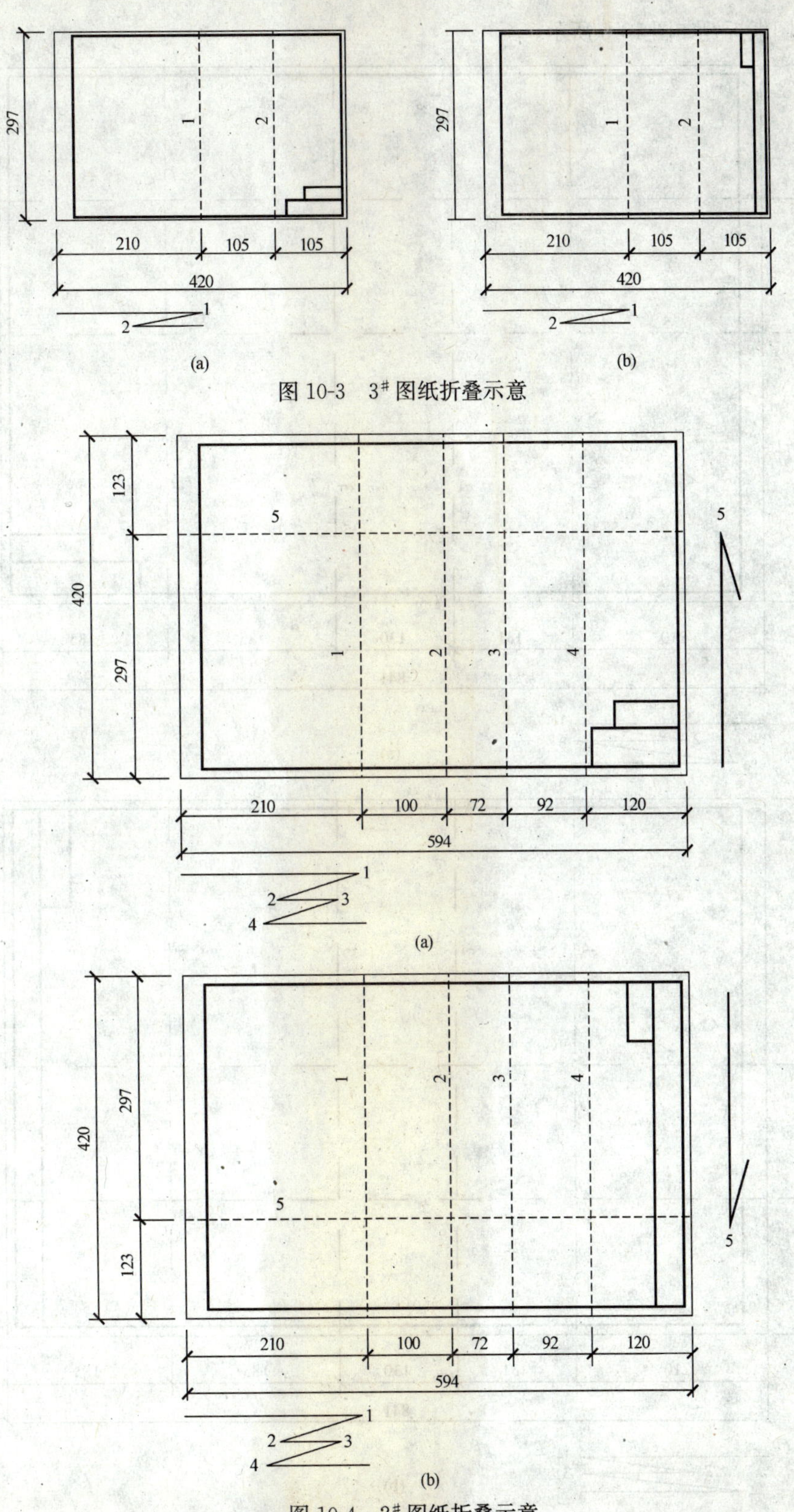


图 10-3 3# 图纸折叠示意

图 10-4 2# 图纸折叠示意

4)1# 图纸折叠如图 10-5 所示。

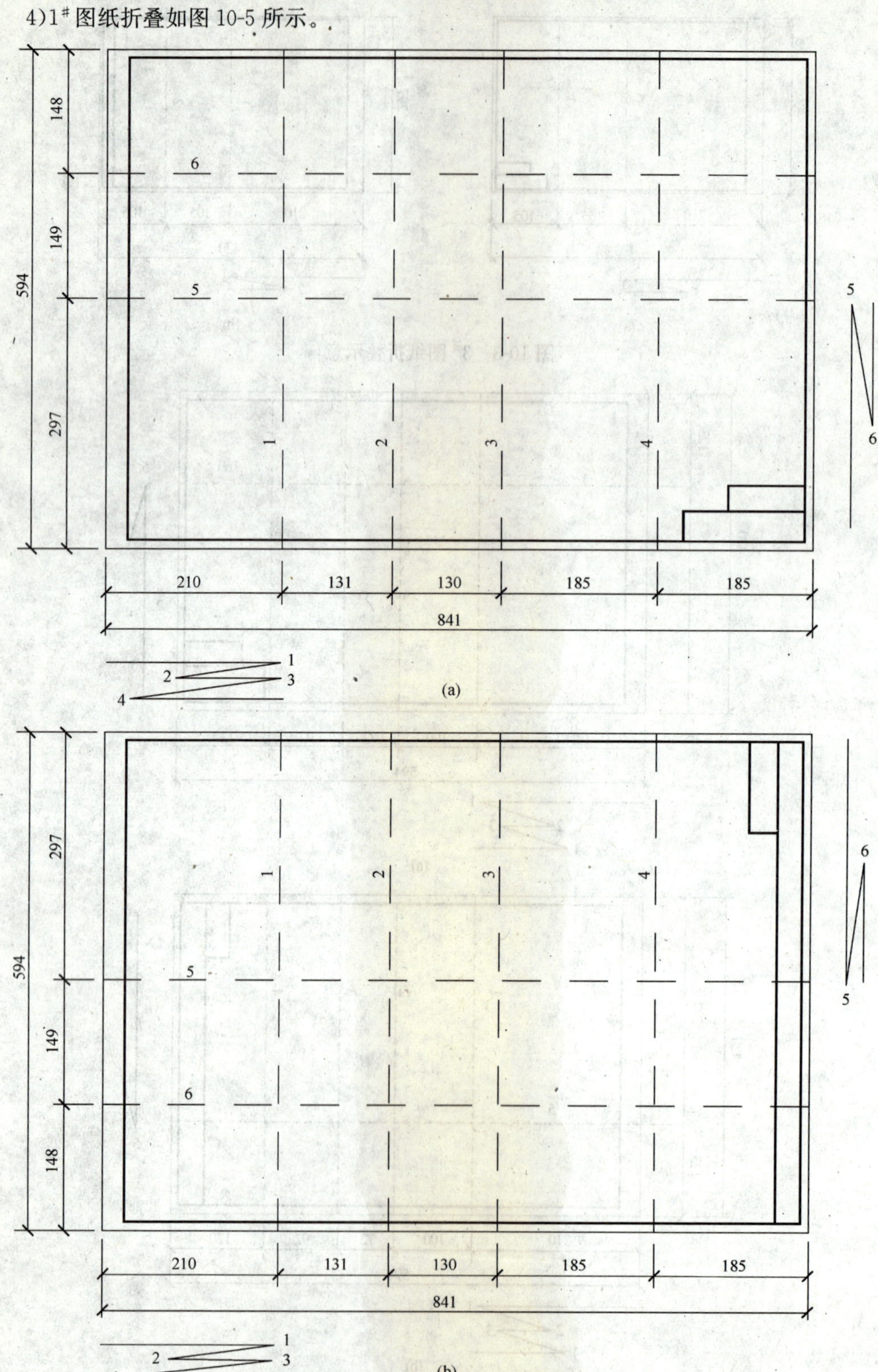


图 10-5　1# 图纸折叠示意图

5)0# 图纸折叠如图 10-6 所示。

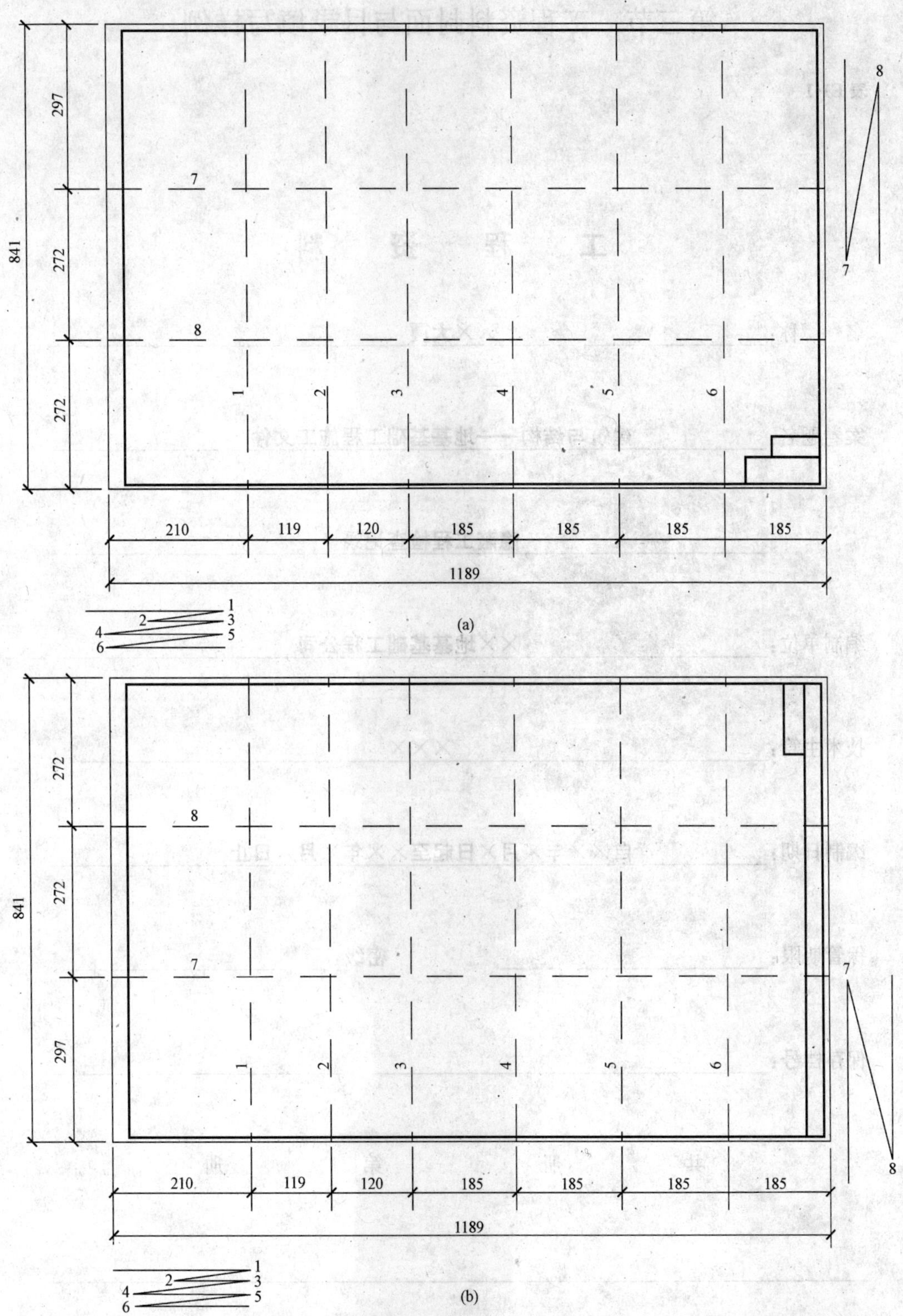


图 10-6　0# 图纸折叠示意

## 第三节 工程资料封面与目录填写样例

**表 E1-1**

# 工 程 资 料

名　　称：××大厦

案卷题名：建筑与结构——地基基础工程施工文件

隐蔽工程检查记录

编制单位：××地基基础工程公司

技术主管：×××

编制日期：自××年×月×日起至××年×月×日止

保管期限：＿＿＿＿＿＿　密级：＿＿＿＿＿＿

保存档号：＿＿＿＿＿＿

共　　　册　　　第　　　册

表 E1-2 工程资料卷内目录

| 工程名称 | ××大厦 | | | | | |
|---|---|---|---|---|---|---|
| 序号 | 工程资料题名 | 原编字号 | 编制单位 | 编制日期 | 页次 | 备注 |
| 1 | 钢筋质量证明及试验报告 | ××× | ××× | ××年×月×日 | 1 | |
| 2 | 水泥质量证明及试验报告 | ××× | ××× | ××年×月×日 | 42 | |
| 3 | 砂试验报告 | ××× | ××× | ××年×月×日 | 59 | |
| 4 | 石试验报告 | ××× | ××× | ××年×月×日 | 67 | |
| 5 | 外加剂质量证明及试验报告 | ××× | ××× | ××年×月×日 | 76 | |
| 6 | 防水卷材质量证明及试验报告 | ××× | ××× | ××年×月×日 | 82 | |
| 7 | 防水涂料质量证明及试验报告 | ××× | ××× | ××年×月×日 | 89 | |
| | | | | | | |
| | | | | | | |
| | | | | | | |
| | | | | | | |

表 E1-3 分项目录(一)

| 工程名称 | ××大厦 | | | | 物资类别 | 水泥 | |
|---|---|---|---|---|---|---|---|
| 序号 | 资料名称 | 厂名 | 品种、型号、规格 | 数量 | 使用部位 | 页次 | 备注 |
| 1 | 水泥出厂检验报告及28天强度补报单 | ××× | P·O 42.5 | 100t | 基础 | 1 | |
| 2 | 水泥厂家资质证书 | ××× | | 3 | | | |
| 3 | 水泥试验报告 | ××× | P·O 42.5 | 100t | 基础 | 5 | |
| 4 | 水泥出厂检验报告及28天强度补报单 | ××× | P·O 42.5 | 56t | 基础 | 9 | |
| 5 | 水泥出厂检验报告及28天强度补报单 | ××× | P·O 32.5 | 87t | 地下一层 | 11 | |
| 6 | 水泥试验报告 | ××× | P·O 32.5 | 87t | 地下二层 | 13 | |
| 7 | | | | | | | |
| | | | | | | | |
| | | | | | | | |
| | | | | | | | |
| | | | | | | | |
| | | | | | | | |

表 E1-4　　分项目录(二)

| 工程名称 | ×××大厦 | 物资类别 | 基础钢筋工程 | |
|---|---|---|---|---|
| 序号 | 施工部位(内容摘要) | 日期 | 页次 | 备注 |
| 1 | 基础底板钢筋绑扎 | ××年×月×日 | 1 | |
| 2 | 地下二层墙体钢筋绑扎 | ××年×月×日 | 2 | |
| 3 | 地下二层顶板钢筋绑扎 | ××年×月×日 | 3 | |
| 4 | 地下一层墙体钢筋绑扎 | ××年×月×日 | 4 | |
| 5 | 地下一层顶板钢筋绑扎 | ××年×月×日 | 5 | |
| | | | | |
| | | | | |
| | | | | |
| | | | | |
| | | | | |
| | | | | |

表 E1-5　　混凝土(砂浆)抗压强度报告目录

| 工程名称 | ××大厦 | | | | | | | | |
|---|---|---|---|---|---|---|---|---|---|
| 序号 | 试件编号 | 试验日期 | 施工部位 | 设计强度等级 | 龄期(天) | 实际抗压强度(MPa) | 达到设计强度(%) | 配合比编号 | 备注 |
| 1 | 001 | ××年×月×日 | 地下一层墙体 | C30 | 28 | 41.5 | 138 | ××-0121 | |
| 2 | 002 | ××年×月×日 | 地下一层顶板 | C30 | 28 | 38.5 | 128 | ××-0124 | |
| 3 | 003 | ××年×月×日 | 基础墙体 | C30 | 28 | 39.1 | 130 | ××-0127 | |
| | | | | | | | | | |
| | | | | | | | | | |
| | | | | | | | | | |
| | | | | | | | | | |

表 E1-6　　钢筋连接试验报告目录

| 工程名称 | ××大厦 | | | | | | | | |
|---|---|---|---|---|---|---|---|---|---|
| 序号 | 试件编号 | 试验日期 | 种类及规格 | 施工部位 | 连接形式 | 代表数量 | 抗拉强度(MPa) | 屈服点(MPa) | 备注 |
| 1 | 001 | ××年×月×日 | HRB335⏀20 | 用于基础桩钢筋笼 | | 60.9 | 590 | 430 | |
| 2 | 002 | ××年×月×日 | HRB335⏀20 | 用于基础桩钢筋笼 | | 53.4 | 567 | 396 | |
| 3 | 003 | ××年×月×日 | HRB335⏀16 | 用于基础桩钢筋笼 | | 50.3 | 590 | 428 | |
| 4 | 004 | ××年×月×日 | HRB335⏀16 | 用于基础桩钢筋笼 | | 61.5 | 556 | 389 | |
| 5 | 005 | ××年×月×日 | HRB335⏀14 | 用于基础桩钢筋笼 | | 42.6 | 570 | 388 | |
| | | | | | | | | | |
| | | | | | | | | | |

表 E1-7　　**工程资料备考表**

<table>
<tr><td>本案卷已编号的文件材料共 <u>230</u> 张，其中：文字材料 <u>206</u> 张，图样材料 <u>20</u> 张，照片 <u>4</u> 张。<br><br>立卷单位对本案卷完整准确情况的审核说明：<br><br>**本案卷完整准确。**<br><br>立卷人：×××　　日期：××年×月×日<br>审核人：×××　　日期：××年×月×日</td></tr>
<tr><td>保存单位的审核说明：<br><br>**工程资料齐全、有效，符合规定要求。**<br><br>技术审核人：×××　　日期：××年×月×日<br>档案接收人：×××　　日期：××年×月×日</td></tr>
</table>

# 第四节　工程档案封面和目录填写样例

**表 E2-1**

档案馆代号：

## 城市建设档案

名称：××大厦

案卷题名：建筑与结构——地基基础工程施工文件

隐蔽工程检查记录

编制单位：××地基基础工程公司

技术主管：×××

编制日期：自××年×月×日起至××年×月×日止

保管期限：　　　　密级：

保存档号：

共　　册　　　　第　　册

表 E2-2　　　　　　　　　　　　城建档案卷内目录

| 序号 | 文件材料题名 | 原编字号 | 编制单位 | 编制日期 | 页次 | 备注 |
|---|---|---|---|---|---|---|
| 1 | 图纸会审记录 | C2－×× | ××建筑工程公司 | ××年×月×日 | 1～6 | |
| 2 | 工程洽商记录 | C2－×× | ××建筑工程公司 | ××年×月×日 | 7～21 | |
| 3 | 工程定位测量记录 | C3－×× | ××建筑工程公司 | ××年×月×日 | 22～23 | |
| 4 | 基槽验线记录 | C3－×× | ××建筑工程公司 | ××年×月×日 | 24 | |
| 5 | 钢材试验报告 | C4－×× | ××建筑工程公司 | ××年×月×日 | 25～67 | |
| 6 | 水泥试验报告 | C4－×× | ××建筑工程公司 | ××年×月×日 | 68～91 | |
| 7 | 砂试验报告 | C4－×× | ××建筑工程公司 | ××年×月×日 | 92～110 | |
| 8 | 碎(卵)石试验报告 | C4－×× | ××建筑工程公司 | ××年×月×日 | 111～126 | |
| 9 | 预拌混凝土出厂合格证 | C4－×× | ××混凝土公司 | ××年×月×日 | 127～153 | |
| 10 | 地基验槽检查记录 | C5－×× | ××建筑工程公司 | ××年×月×日 | 154 | |
| 11 | 隐蔽工程检查记录 | C5－×× | ××建筑工程公司 | ××年×月×日 | 155～275 | |
| 12 | 钢筋连接试验报告 | C6－×× | ××建筑工程公司 | ××年×月×日 | 276～283 | |
| 13 | 混凝土试块强度统计、评定记录 | C6－×× | ××建筑工程公司 | ××年×月×日 | 284～301 | |
| | | | | | | |
| | | | | | | |
| | | | | | | |
| | | | | | | |
| | | | | | | |
| | | | | | | |
| | | | | | | |
| | | | | | | |
| | | | | | | |
| | | | | | | |
| | | | | | | |
| | | | | | | |
| | | | | | | |
| | | | | | | |
| | | | | | | |
| | | | | | | |
| | | | | | | |
| | | | | | | |
| | | | | | | |
| | | | | | | |
| | | | | | | |

## 第五节　工程资料移交书填写样例

**表 E3-1**

### 工 程 资 料 移 交 书

×× **建筑工程公司(全称)** 按有关规定向 ×× **房地产开发公司(全称)** 办理 ×× **大厦** 工程资料移交手续。共计 **3 套 63** 册。其中图样材料 **26** 册，文字材料 **37** 册，其他材料 / 张(　　)。

附：工程资料移交目录

移交单位(公章)：　　　　接收单位(公章)：

单位负责人：×××　　　　单位负责人：×××

技术负责人：×××　　　　技术负责人：×××

移　交　人：×××　　　　接　收　人：×××

移交日期：××年×月×日

表 E3-2

# 城市建设档案移交书

××房地产开发公司(全称)向××市城市建设档案馆移交××大厦档案共计 15 册。其中:图样材料 3 册,文字材料 12 册,其他材料 / 张(　　)。

附:城市建设档案移交目录一式三份,共 3 张。

移 交 单 位:×××　　　　接 收 单 位:×××

单位负责人:×××　　　　单位负责人:×××

移　交　人:×××　　　　接　收　人:×××

移交日期:××年×月×日

表 E3-3

# 城市建设档案缩微品移交书

**××房地产开发公司(全称)** 向××市城市建设档案馆移交 **××大厦** 工程缩微品档案。档号 ××× ，缩微号 ×× 。卷片共 ×× 盘，开窗卡 ×× 张。其中母片：卷片共 ×× 盘，开窗卡 ×× 张；拷贝片：卷片共 × 套 × 盘，开窗卡 × 套 × 张。缩微原件共 **23** 册，其中文字材料 **16** 册，图样材料 **7** 册，其他材料 / 册。

附：城市建设档案缩微品移交目录

移交单位(公章)： 接收单位(公章)：

单位法人： ××× 单位法人： ×××

移 交 人： ××× 接 收 人： ×××

移交日期：××年×月×日

表 E3-4

## 工程资料移交目录

工程项目名称：××大厦

| 序号 | 案卷题名 | 数量 | | | | | | 备注 |
|---|---|---|---|---|---|---|---|---|
| | | 文字材料 | | 图样资料 | | 综合卷 | | |
| | | 册 | 张 | 册 | 张 | 册 | 张 | |
| 1 | 施工资料—建筑与结构工程施工管理资料 | 1 | 19 | | | | | |
| 2 | 施工资料—建筑与结构工程施工技术资料 | 2 | 213 | | | | | |
| 3 | 施工资料—建筑与结构工程施工测量资料 | 1 | 87 | | | | | |
| 4 | 施工资料—建筑与结构工程施工物资资料 | 4 | 306 | | | | | |
| 5 | 施工资料—建筑与结构工程施工记录 | 3 | 210 | | | | | |
| 6 | 施工资料—建筑与结构工程施工质量验收记录 | 1 | 25 | | | | | |
| 7 | 建筑竣工图 | | | 2 | 51 | | | |
| 8 | 结构竣工图 | | | 1 | 30 | | | |
| 9 | 建筑给排水及采暖竣工图 | | | 1 | 27 | | | |
| 10 | 建筑电气竣工图 | | | 1 | 24 | | | |
| | | | | | | | | |
| | | | | | | | | |
| | | | | | | | | |

表 E3-5

## 城市建设档案移交目录

| 序号 | 工程项目名称 | 案卷题名 | 形成年代 | 文字材料 | | 图样材料 | | 综合卷 | | 备注 |
|---|---|---|---|---|---|---|---|---|---|---|
| | | | | 册 | 张 | 册 | 张 | 册 | 张 | |
| 1 | ××大厦 | 基建文件 | ××年×月 | 1 | 167 | | | | | |
| 2 | ××大厦 | 监理文件 | ××年×月 | 1 | 113 | | | | | |
| 3 | ××大厦 | 工程管理与验收施工文件 | ××年×月 | 1 | 46 | | | | | |
| 4 | ××大厦 | 建筑与结构工程施工文件 | ××年×月 | 4 | 359 | | | | | |
| 5 | ××大厦 | 建筑给排水及采暖工程施工文件 | ××年×月 | 2 | 218 | | | | | |
| 6 | ××大厦 | 建筑通风与空调工程施工文件 | ××年×月 | 1 | 165 | | | | | |
| 7 | ××大厦 | 建筑电气工程施工文件 | ××年×月 | 2 | 274 | | | | | |
| 8 | ××大厦 | 建筑竣工图 | ××年×月 | | | 3 | 72 | | | |
| 9 | ××大厦 | 结构竣工图 | ××年×月 | | | 2 | 54 | | | |
| 10 | ××大厦 | 给排水及采暖工程竣工图 | ××年×月 | | | 1 | 33 | | | |
| 11 | ××大厦 | 通风与空调工程竣工图 | ××年×月 | | | 1 | 28 | | | |
| 12 | ××大厦 | 建筑电气工程竣工图 | ××年×月 | | | 1 | 31 | | | |
| | | | | | | | | | | |
| | | | | | | | | | | |
| | | | | | | | | | | |

# 参考文献


[1] 北京市建设委员会. DBJ 01—51—2003 北京市规划委员会发布. 建设工程资料管理规程[S].

[2] 中国建筑工业出版社. 建筑工程施工质量验收规范汇编[S]. 修订版. 北京：中国建筑工业出版社，中国计划出版社，2003.

[3] 中国建筑工程总公司. 地基与基础工程施工工艺标准[M]. 北京：中国建筑工业出版社，2003.

[4] 北京城建集团. 地基与基础施工工艺标准[M]. 北京：中国计划出版社，2004.

[5] 上海市建筑行业协会工程质量安全专业委员会. 桩基工程质量竣工资料实例[M]. 上海：同济大学出版社，2004.

[6] 蔡高金. 建筑安装工程施工技术资料管理实例应用手册[M]. 2 版. 北京：中国建筑工业出版社，2003.

[7] 北京土木建筑学会. 建筑工程资料表格填写范例[M]. 北京：经济科学出版社，2003.

[8] 中国建筑工业出版社. 现行建筑施工规范大全[S]. 修订缩印本. 北京：中国建筑工业出版社，2002.

[9] 中国建筑工业出版社. 现行建筑材料规范大全[S]. 增补本. 北京：中国建筑工业出版社，2000.

[10] 中华人民共和国国家标准. GB/T 50328—2001 建设工程文件归档整理规范[S]. 北京：中国建筑工程出版社，2002.